경제통계분석의 원리와 응용

통계홍수 속에서 경제데이터를 활용하는 지혜 — 이긍희 · 이한식 지음

경제통계분석의 원리와 응용

초판 1쇄 펴낸날 / 2012년 5월 30일
초판 2쇄 펴낸날 / 2018년 4월 3일

지은이 / 이긍희·이한식
펴낸이 / 류수노
펴낸곳 / 한국방송통신대학교출판문화원
주소 서울특별시 종로구 이화장길 54 (우03088)
대표전화 1644-1232
팩스 (02) 741-4570
http://press.knou.ac.kr
출판등록 1982. 6. 7. 제1-491호

출판위원장 / 김무홍
편집 / 박혜원·김수미
본문디자인 / 동국문화사
표지디자인 / 북디자인SM
인쇄용지/한솔제지(주)

ISBN 978-89-20-00952-5 (93310)
값 23,000원

머 리 말

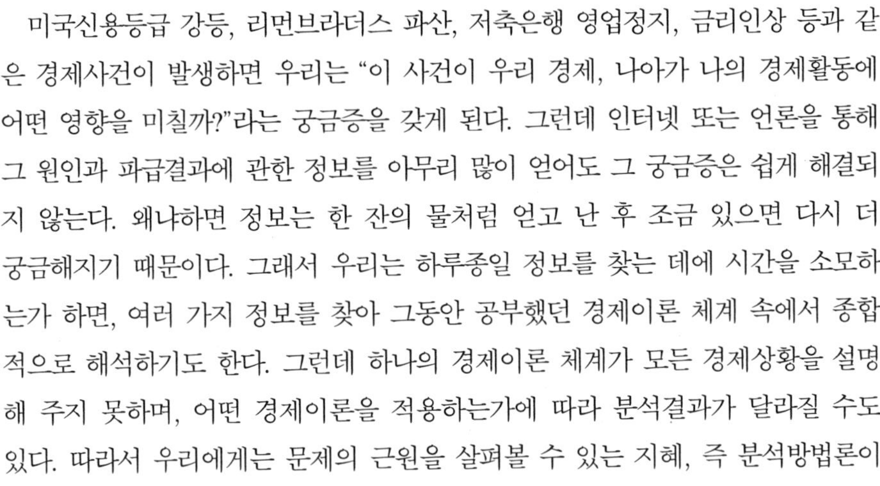

미국신용등급 강등, 리먼브라더스 파산, 저축은행 영업정지, 금리인상 등과 같은 경제사건이 발생하면 우리는 "이 사건이 우리 경제, 나아가 나의 경제활동에 어떤 영향을 미칠까?"라는 궁금증을 갖게 된다. 그런데 인터넷 또는 언론을 통해 그 원인과 파급결과에 관한 정보를 아무리 많이 얻어도 그 궁금증은 쉽게 해결되지 않는다. 왜냐하면 정보는 한 잔의 물처럼 얻고 난 후 조금 있으면 다시 더 궁금해지기 때문이다. 그래서 우리는 하루종일 정보를 찾는 데에 시간을 소모하는가 하면, 여러 가지 정보를 찾아 그동안 공부했던 경제이론 체계 속에서 종합적으로 해석하기도 한다. 그런데 하나의 경제이론 체계가 모든 경제상황을 설명해 주지 못하며, 어떤 경제이론을 적용하는가에 따라 분석결과가 달라질 수도 있다. 따라서 우리에게는 문제의 근원을 살펴볼 수 있는 지혜, 즉 분석방법론이 필요하다.

경제통계는 경제현황을 오랫동안 측정한 것이다. 따라서 경제통계는 숫자로 쓴 일종의 경제사라고 할 수 있다. 경제통계를 통해 역사의 흐름과 반복되는 패턴을 이해할 수 있다. 그러므로 경제통계를 분석하는 작업은 경제사를 통해 평균적인 결과를 도출하고 이를 역사 속에서 입증하는 작업이라고 할 수 있다. 경제통계를 분석하는 방법을 알면 경제상황을 이해하고 객관적으로 판단하는 지혜를 얻을 수 있다. 경제통계분석 방법은 경제이론을 풍부하게 해주며, 주장 또는 판단이 얼마나 공정하고 근거가 있는지를 확인해 주는 역할을 한다.

우리나라에서는 정책당국, 금융기관, 연구소 등에서 경제현황 파악과 정책수립을 위한 경제통계분석이 광범위하게 이루어지고 있다. 하지만 경제통계분석을 왜 하는지, 어떻게 하는지에 대한 이해는 부족한 실정이다.

이 책은 우리나라 경제통계를 읽고 분석하는 원리를 기술하는 것을 목적으로 작성되었다. 일상적으로 이용되고 있는 경제통계분석에 숨겨져 있는 경제통계분석의 원리를 학술적으로 정리하고 경제통계의 모형화 원리를 설명했다. 특히 우리나라 경제통계의 계절조정방법, 추세추출법, 순환변동추출방법에 대한 연구에 대해 체계적으로 정리했다. 이 책은 경제통계를 활용하고 있거나 작성하고 있는 경제분석자가 경제통계분석의 원리를 이해하고 이를 현실경제에 응용하는 데에 도움이 될 것으로 판단된다. 또한 일반 독자의 경우 경제통계를 읽는 안목을 넓히고 경제분석자가 도출한 결과의 의미를 이해할 수 있을 것으로 기대된다.

차 례

Contents

제 1 장

경제현상을 어떻게 측정하고 분석할 것인가?

개 요

경제주체들이 경제상황을 파악하고 의사결정을 할 때 경제통계와 이를 바탕으로 한 수리모형 분석결과를 살펴보게 된다. 예를 들면 정책당국이 통화정책 또는 재정정책을 수립할 때 현재의 경제상황을 파악하여 성장, 물가를 예측하고 동 정책이 성장, 물가에 미치는 영향을 정량적으로 파악하게 된다. 최근 정부, 한국은행 또는 경제연구소 등에서 작성되는 보고서나 경제신문을 보면 경제현상을 정량적으로 분석하는 경제통계분석의 이용도가 커지고 있다. 그 이유는 경제통계분석이 경제분석에 대한 객관적 근거를 제시하는 것 외에도 분석오차에 대한 분석이 가능하기 때문이다. 이 장에서는 경제통계와 모형에 대한 기초적인 개념을 설명하고자 한다.

1. 경제현상은 어떻게 측정하는가?

우리는 "경기가 작년보다 나쁘다.", "물가가 상승하고 있다.", "인구가 장기적으로 감소해서 장기적으로 성장동력이 훼손될 우려가 있다.", "한미 FTA의 경제적 효과가 얼마이다.", "경제위기가 온다." 등의 신문기사를 흔히 볼 수 있다. 이러한 내용은 경제현상을 수치로 측정한 경제통계를 바탕으로 서술된 것이다. 대표적인 경제통계로는 GDP, 환율, 주가지수, 실업률, 소비자물가지수, 경상수지, 경기종합지수 등이 있다.

일반적으로 정부를 포함한 경제연구기관에서는 경제현황을 [예 1-1]과 같이 경제통계를 바탕으로 이해하고 있다(재정경제부 보도자료 2011.6.28). 경제의 전반적인 흐름을 경기동행지수, 재고·출하 순환, GDP 등과 같은 경제통계를 통해 파악하고 있음을 알 수 있다.

예 1-1 **정부의 경제현황 분석**

정부의 하반기 경제대책(2011.6.28) 보도자료에서의 경제현황 분석은 다음과 같다.

1 **경기** 경기동행지수는 4월 중에는 다소 주춤했으나 대체로 횡보세를 보이는 가운데, 재고·출하 순환은 회복국면을 유지

- 다만, 경기선행지수[1]가 지속적으로 하락하고 있어 향후 경기둔화 가능성에 유의할 필요

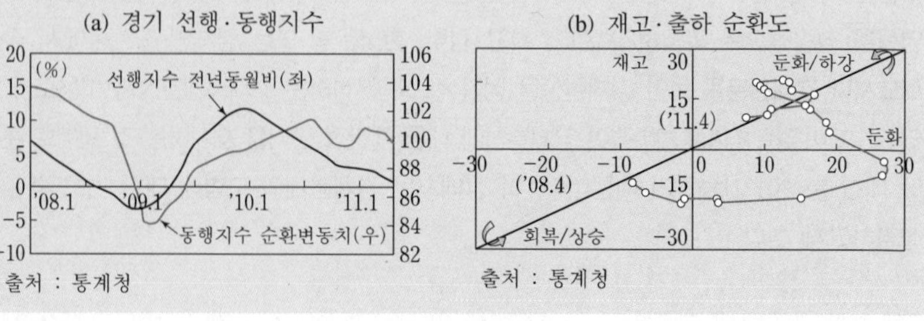

출처 : 통계청

출처 : 통계청

1) 2012년 2월부터 선행지수 전년동월비 대신 선행지수 순환변동치를 공표하고 있다.

2 **GDP 성장** 수출호조에 힘입어 2011년 1/4분기 GDP가 전기비 1.3%(전년동기비 4.2%) 성장하는 등 경기회복 흐름이 지속

- 세계경제 회복세 지속에 따라 자동차 석유제품 등 주요 품목을 중심으로 수출이 호조세를 이어가면서 성장을 주도
  - 내수는 유가상승 등으로 인한 교역조건 악화, 경제심리 위축 등으로 다소 부진
  - * 교역조건 악화로 2011년 1/4분기 국민총소득(GNI)은 전기대비 0.1% 감소

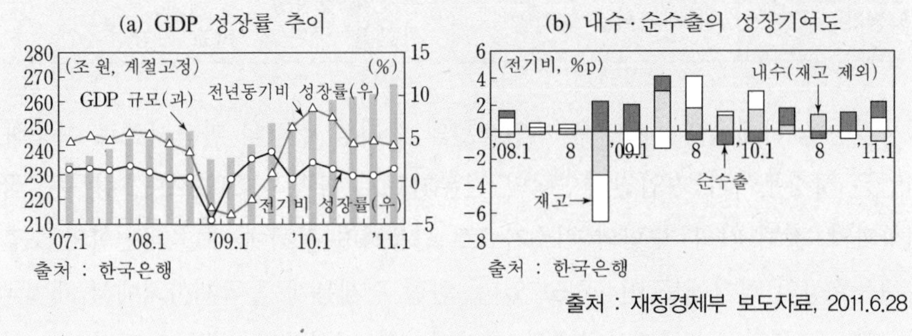

출처 : 재정경제부 보도자료, 2011.6.28

1.1. 경제통계란 무엇인가?

경제학자들은 경제현상을 살펴보고 이를 바탕으로 경제이론을 만든다. 작성된 경제이론을 구체화하고 적절한지 살펴보려면 경제현상을 수치형태로 주기적으로 관측한 역사적 자료가 필요한데, 이 수치자료를 경제통계라고 한다. 경제통계는 우리 몸의 상태를 파악하기 위해 측정하는 체온, 체중, 심박수 등과 같이 경제현상을 숫자로 표현한 정보이다. 만약 의사가 체온, 체중, 심박수 등을 측정할 수 없어서 이를 무시하고 환자를 치료한다면 환자가 제대로 치료되기 어렵다. 마찬가지로 우리 경제현상을 측정할 수 있는 경제통계가 없다면 국가의 각종 정책 또는 계획을 수립하거나 이를 세내로 수행하기 어렵다.

경제통계는 개인, 기업, 정부 등 국가 구성원에게 합리적인 판단 및 선택의 기본정보를 제공하고 있다. 경제주체들은 경제통계를 이용하여 경제상황이 과거에 비해 어떻게 변했으며 미래에는 어떻게 될 것인지 예측하고 이를 바탕으로

표 1-1 **정책과 통계**

정책	통계작업 수준	주요 통계문제
① 진단과 계획	-통계의 필요성에 대해 정책수립자와 상담 -통계의 선택	-가용한 통계자원 -개념의 정의 -지표와 설문의 정의 -통계수집 준비
② 수행	-통계생산	-통계 또는 지표의 정확성과 관련성 -산업분류, 지역분류 등의 분류별 통계작성 가능 여부 -통계 및 통계정보(metadata) 전달 시의성
③ 평가	-통계분석	-통계의 밀접성 -시간별, 국가 간 비교 가능성

의사결정을 하게 된다. 개인은 개인생활의 합리성 추구의 판단자료로 이용하고, 기업은 시장분석과 기업전략수립의 기본자료로 활용하고 있으며, 정부는 국가현황파악, 정책 기획·수립의 기초자료로 활용하며 정책에 대한 국민합의 도출과 정책유효성의 평가에도 이용하고 있다. 한편 경제통계는 국제사회에서 개별국가의 분담금 분담 등 국제사회에서 우리나라의 역할분담 기준이 된다.

특히 경제통계는 정부정책의 ① 진단과 계획, ② 수행, ③ 평가 단계를 거치며, 각 단계는 서로 밀접한 관계를 가지고 작성되고 있다(표 1-1 참조).

경제주체들의 경제활동은 [그림 1-1]의 경제순환 모형도로 단순화할 수 있다. 한 나라의 경제주체로는 가계, 기업이 있다. 이들 경제주체는 상품을 생산하고 서비스를 제공하는 생산활동을 하고 있으며, 이 생산활동의 대가로 소득을 얻고, 이 소득으로 상품과 서비스를 구입하기 위해 지출을 한다. 이와 같이 경제는 '생산 → 분배 → 지출'의 과정을 통해 순환한다. 경제주체별로 살펴보면 기업은 가계 등으로부터 구매한 노동, 토지, 자본과 같은 생산요소를 투입하여 상품과 서비스를 생산한다. 여기서 상품이란 TV, 컴퓨터, 쌀, 라면, 옷 등의 유형의 제품이며, 서비스는 통신, 교통, 도소매업 등 무형의 용역을 의미한다. 상품을 생산하는 산업은 제조업, 용역을 제공하는 산업은 서비스업이다. 한편 가계는 노동 등 생산요소를 기업에 공급하여 받은 소득으로 상품과 서비스를 소비한다.

이러한 경제주체들의 경제활동 과정을 경제통계로 측정하게 된다. 경제활동에 대한 기초적 정보는 기업의 사업체 또는 가계를 조사하여 얻을 수 있다. 사업체조사로는 통계청에서 실시하는 경제총조사, 광업제조업조사, 서비스업조사 등이

[그림 1-1] 경제순환 모형도

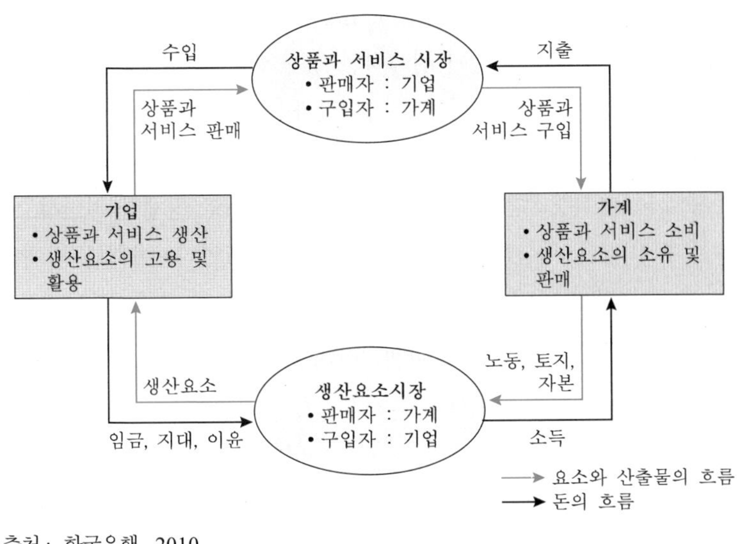

출처 : 한국은행, 2010

있으며, 가구조사로는 도시가계조사, 경제활동인구조사 등이 있다.

기업의 활동은 사업체를 조사하여 파악하게 된다. 사업체조사에서는 해당 사업체에서 생산하는 상품 및 서비스의 매출액과 영업이익 등을 조사하게 된다. 매출액은 양과 가격으로 구분하여 조사한다. 또한 사업체에 종사하는 사람의 수와 상품과 서비스를 생산하는 데 필요한 중간제품과 비용 등을 조사하게 된다. 이러한 부분 중 상품과 서비스의 양은 생산지수로, 가격은 물가지수로 종합하게 된다. 생산지수는 광업·제조업 동향조사, 서비스업동향조사 등에서 통계로 측정, 공표된다. 물가지수는 소비자물가조사, 생산자물가조사 등에서 통계로 측정, 공표된다.

가계의 활동은 가구조사로 파악할 수 있는데 가구에서 상품과 서비스를 얼마나 소비하고, 사업체에 가서 임금을 얼마나 받았는지를 파악하게 된다. 이러한 내용은 도시가계조사 등을 통해 파악한다. 상품과 서비스는 국내에서만 생산, 소비되는 것이 아니라 다른 나라와의 교역을 통해서도 유통된다. 이는 수출입통계, 국제수지로 측정된다.

이러한 여러 형태의 조사통계만으로는 눈 감고 코끼리를 만지듯이 경제의 한 측면만 살펴볼 수밖에 없기 때문에 이들을 종합해야 한다. 1929년 미국 대공황

때를 살펴보면 철강생산량 등이 크게 줄면서 수백만의 사람들이 직업을 잃었다. 당시 미국 대통령 루스벨트는 이러한 사실을 알았으나 GDP 통계(경제성장률 계산에 이용되는 국민소득통계)와 같이 전체적인 경제상황에 대한 통계가 없어서 경제정책을 어떻게 실시해야 할지 몰랐다. 그 결과 심각한 경기침체로 인해 대규모 실업이 오랫동안 지속되었다. 그러나 1930년대 초 경제주체의 경제활동조사를 종합한 GDP 통계(국민소득통계)가 만들어지고 이를 바탕으로 경제를 진단하고 정책을 세우면서 이후 미국은 극심한 경기침체를 피할 수 있었다. 이러한 점에서 GDP 통계가 20세기의 최대 발명품 중 하나라고 말하고 있다. 국민소득통계를 도입한 1930년대 경제학자인 쿠즈네츠(Simon Kuznets)는 국민소득통계 작성 공로로 1971년 노벨 경제학상을 받았다.

국민소득통계를 통해 경제활동의 '생산 → 분배 → 지출'의 순환과정을 입체적으로 파악할 수 있다. 이를 각각 생산국민소득, 분배국민소득, 지출국민소득이라 한다. 생산국민소득은 기업이 노동, 자본 등을 투입하여 자동차, 컴퓨터와 같은 상품과 영화, 교육과 같은 서비스를 생산하는 데 이들의 부가가치를 합하여 구한다. 생산과정에서 발생한 부가가치는 생산에 참여한 근로자가 받는 급여, 돈을 빌려준 사람이 받는 이자, 토지를 빌려준 사람이 받는 임료 그리고 기업이 경영성과로 얻는 이윤 등으로 나눌 수 있는데 분배국민소득은 이들을 합하여 구한다. 분배된 소득은 개인이 물건을 구입하거나 기업이 공장을 짓거나 기계를 사들이는 데 지출한다. 지출국민소득은 이들을 합하여 구한다. 이와 같이 국민소득은 생산, 분배, 지출의 세 측면에서 측정될 수 있다.

국민소득통계는 한 나라의 종합적 경제수준을 나타내는 대표적인 통계이기 때문에 각종 경제정책을 수행하거나 정책목표를 세우는 데 기준이 되고 있다. 예를 들면 '1인당 국민소득 2만 달러 시대를 열자.' 또는 '금년 경제성장률을 5%를 목표로 한다.'와 같이 국민소득통계 관련 지표는 정책의 중요한 목표가 되고 있다.

기업의 성적은 손익계산서, 제조원가명세서, 현금흐름표, 대차대조표 등 재무제표로 파악할 수 있다. 한 나라의 경제성적도 기업의 재무제표 작성기준과 비슷한 방식으로 정리될 수 있으며 이를 국민계정이라고 한다. 국민계정은 국민소득통계, 산업연관표, 자금순환표, 국제수지표, 국민대차대조표의 5개 통계로 구성되어 있다. 국민소득통계는 국민경제의 손익계산서라고 할 수 있다.

참고 1-1 통계청의 「KOSTAT 경제동향」으로 본 우리나라 경제

주요 경제통계는 통계청의 「KOSTAT 경제동향」에 정리되어 있다. 이를 보면 우리나라 경제현황을 살펴보는 데 중요한 통계가 정리되어 있다. 이 통계를 이용하여 우리나라 경제현실이 어떤지 파악할 수 있다.

▶ 최근(2012년 1월~2월) 국내경제 요약

국내경제는 지난해 9월 이후 경기가 하강하고는 있으나, 금년 들어 물가상승세가 완화되고 고용여건도 다소 개선되는 모습

현재 경기	• 국내경제는 지난해 9월 이후 5개월 연속 경기하강 추세 * 동행지수 순환변동치 : ('11.9) 100.4 → (10) 100.3 → (11) 99.8 → (12) 99.8 → ('12.1) 99.7
생산	• 전산업생산(1월)은 전년동월대비 0.1% 증가하며 지난해 9월 이후 증가율 둔화 – 광공업은 감소(2.8% → △2.0%)했으며, 서비스업은 낮은 증가(1.6% → 0.9%)
내수	• 1월 소매판매는 전년동월대비 0.9%의 낮은 증가 – 건설기성은 감소(1.8% → △6.4%)했으나, 설비투자는 증가(△1.1% → 7.8%)
고용	• 1월 고용은 취업자가 서비스업을 중심으로 전년동월대비 53.6만 명 증가하고, 실업률(3.5%)이 0.3%p 하락하는 등 개선세 지속
물가	• 2월 소비자물가는 3.1% 상승하며, 전월(3.4%)보다 상승세 둔화
무역	• 2월 수출은 전년동월대비 22.7% 증가하여 무역수지 흑자(+22억 달러) 전환
금융	• 2월 금융시장은 유럽 재정위기 완화 등으로 원/달러 환율이 하락(1월 말 → 2월 말, 1,123원 → 1,119원)하고, 주가는 상승(1,956 → 2,030)
향후 경기	• 선행지수 순환변동치는 기계류 내수출하, 건설수주가 호조세를 보임에 따라 전월보다 0.3p 상승하여 향후 경기에 긍정신호 * 선행지수 순환변동치 : ('11.9) 99.4 → (10) 99.2 → (11) 99.0 → (12) 99.0 → ('12.1) 99.3

출처 : 통계청(2012.3), 「KOSTAT 경제동향」

참고 1-2 국민계정으로 본 2010년 우리나라 경제

국민계정을 통해 우리나라 경제를 파악할 수 있으며 이는 [그림 1-2]에 정리되어 있다. 2010년 중 우리나라 경제의 흐름을 국민계정체계를 이용하여 살펴보면 2010년 중 경제주체에게 공급된 재화(상품)와 서비스의 총액은 국내생산분(3,071조 원)에 국외로부터의 수입분(582조 원)을 더한 3,653조 원이다. 국내생산(3,071조 원)을 위해 1,898조 원의 재화와 서비스가 중간재로 투입되었으며 그 결과 1,119조 원의 부가가치가 발생했다. 부가가치 1,173조 원은 노동, 자본에 분배되어 소비지출되거나 자본축적의 재원으로 이용되었다.

노동에 분배된 결과인 피용자보수는 528조 원, 자본에 분배된 영업잉여는 361조 원을 기록했다 생산 및 수입세에서 보조금을 차감한 순생산 및 수입세는 130조 원을 기록했다. 대체투자를 위한 재원으로 축적된 고정자본소모는 154조 원이다. 국민소득에 순생산 및 수입세를 더한 시장가격국민소득은 1,019조 원이다. 재화와 서비스의 수요금액은 총공급액과 같은 3,653조 원인데, 이중 1,898조 원

[그림 1-2] 국민계정으로 본 우리나라 경제

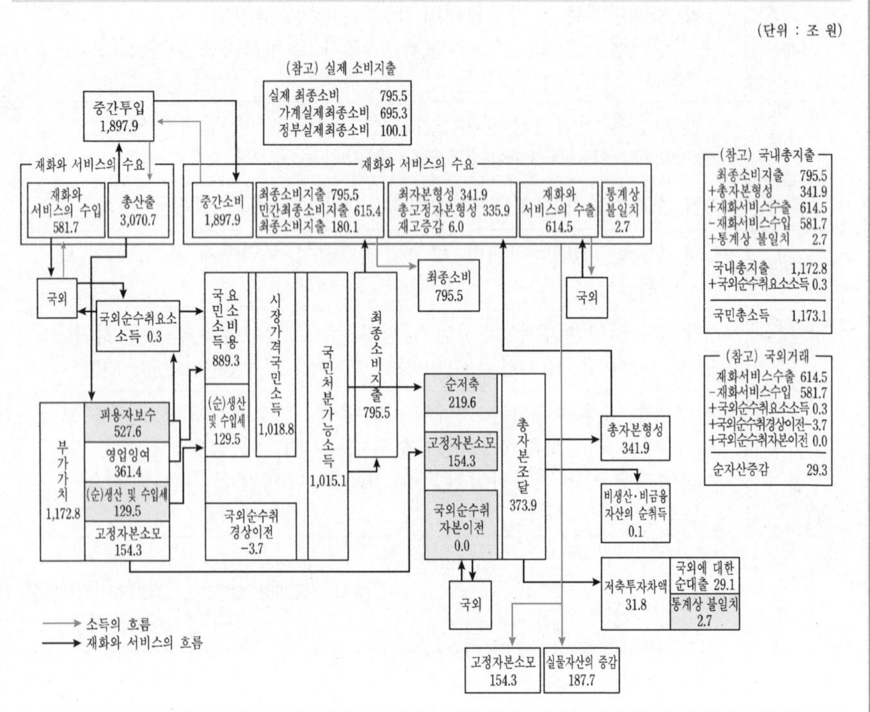

이 국내생산을 위한 중간재로 소비되었다. 민간 및 정부 부문에 의해 최종소비된 규모는 796조 원이다. 국내자본형성을 위해 투자지출된 규모는 342조 원이다. 여기서 고정자본소모 154조 원을 제외하면 실제로 늘어난 실물자산의 규모는 188조 원이다. 한편 수출된 재화와 서비스 규모는 615조 원이다. 앞서 국민처분가능소득 1,015조 원 중 최종 소비된 796조 원을 제외한 220조 원이 저축으로 남아 투자재원으로 활용되었다.

1.2. 경제통계는 왜 필요한가?

[그림 1-3]의 상자를 살펴보자. 첫 번째 상자에는 파란색 공이 3개, 검은색 공이 2개 들어 있다. 두 번째 상자는 공의 구성을 알 수 없다. 상자에서 파란색 공을 뽑으면 상금을 준다고 할 때 여러분은 어떤 항아리를 선택할 것인가? 여러분의 어머니가 병원에서 수술을 받아야 한다. 의사가 보호자에게 물어본다. "기존의 수술법은 성공률이 80%입니다. 새로운 수술법은 아직 성공률이 확인되지 않았으나 임상실험 결과 기존의 수술법보다 우수합니다. 어떤 수술법을 선택하시겠습니까?"

누구나 짐작하듯이 사람들은 파란색 공이 3개, 검은색 공이 2개 들어 있는 첫 번째 상자를 선택한다. 또 수술법으로는 새로운 수술법이 아닌 기존의 수술법을 선택한다. 왜 그럴까? 첫 번째 상자에서는 파란색 공을 꺼낼 확률이 0.6임을 미리

[그림 1-3] **두 가지 상자**

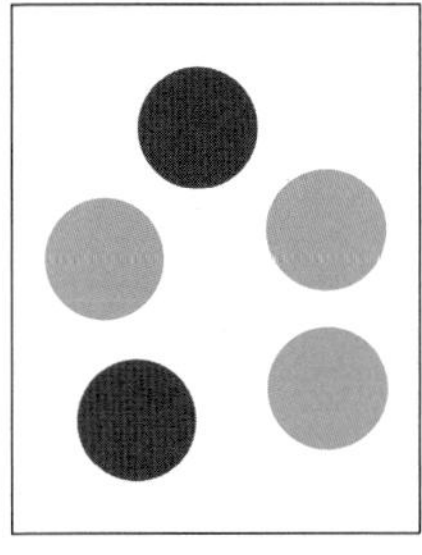
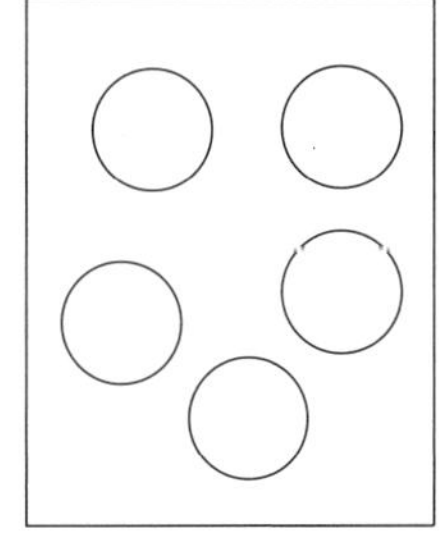

알 수 있으나 두 번째 상자에서는 이를 알 수 없기 때문에 불확실하다. 사람들은 두 번째 상자에 파란색 공이 하나도 없을 때를 상정하여 이 상자를 선택하지 않는 것이다. 따라서 사람들은 두 번째 상자의 기대 상금이 첫 번째 상자의 기대 상금보다 작다고 판단한다. 또 기존 수술법의 성공률(80%)을 데이터가 없는 새로운 수술법보다 신뢰하게 된다.

위의 현상을 엘즈버그 패러독스라고 부른다. 이 실험을 통해 알 수 있는 것은 사람들은 불확실한 것을 싫어한다는 점이다. 즉, 어떤 일에 정보가 부족한 경우 사람들은 여러 가지 상상을 하여 최악의 경우를 회피하는 결정을 하게 된다.

경제통계는 경제현상을 일관되게 측정하여 사람들의 불확실성을 제거해 준다. 이를 통해 경제주체 간 경제현상에 대한 인식을 같이하게 되는 것이다. 우리는 위환위기 때 여러 가지 경제통계, 예측된 경제통계를 통해 우리의 경제현황이 어떻고 이를 해결하려면 경제주체 간 어떤 노력을 해야 하는지를 공유했고 이를 바탕으로 구조조정과 경기회복을 꾀하게 되었다. 또 경제개발계획을 세우면서는 100억 달러 수출, 1인당 국민소득 1,000달러를 목표로 세웠고, 이를 이루기 위해 국민들이 힘을 합쳐 경제발전을 도모했다. 이런 점에서 경제통계는 경제상황에 대한 국민의 합의를 도출하여 일관된 경제정책을 추구하기 위해 반드시 필요한 하부구조 역할을 하고 있다.

영국정부는 「통계에서의 신뢰의 구축(Building Trust in Statistics)」이라는 보고서에서 "우리 모두가 신뢰할 수 있는 공식통계에 접근하는 것은 모든 건강한 사회에서 기본적 조건이다. 통계는 토론을 진작시키고, 정부 내외의 의사결정에 기여하며, 국민들에게 정부가 그 약속을 지키고 있는가를 판단할 수 있게 해주며, 이러한 점에서 공식통계는 믿음을 기저로 하는 민주주의 제도에서 핵심적 역할을 수행한다."라고 기술하고 있다. 경제통계는 정보공유를 통해 사회통합과 국가체제의 유지와 효율을 향상시켜 '건강한 사회'를 구축하기 위한 핵심적인 소프트웨어 인프라이다.

우리가 효율적으로 살려면 경제통계를 체계적으로 이해하고 분석하는 능력이 필요하다. 영국의 미래학자 조지 웰스(1866～1946)는 일찍이 다음과 같이 말했는데 오늘날 시사하는 바가 크다. "오늘날 읽고 쓰는 능력이 그렇듯이 21세기에는 통계적인 사고능력이 효율적인 시민이 되는 필수 자질 요건이 될 것이다."

참고 1-3 나이팅게일과 통계

나이팅게일은 간호사로 유명하지만 영국통계학회의 최초의 여성 회원이기도 하다. 그녀는 통계를 이용해 19세기 영국의 군대 및 공공보건과 사회개혁에 기여했다. 1854년 러시아와 영국을 비롯한 연합국 간에 크림전쟁이 일어났다. 나이팅게일은 부상병을 간호하러 전쟁터로 갔다. 그곳에서 그녀는 야전병원의 위생 상태를 개선하기 위해 사망 관련 통계를 산출했다. 그녀가 통계를 내기 전까지는 아무도 크림전쟁에서의 영국군 사망자수를 알지 못했다. 그녀는 기준을 만들고 기준에 따라 입원, 부상, 질병, 사망 등의 내역을 정리하고 이를 '장미도표'라는 아래의 도표로 정리했다. 이를 바탕으로 영국정부는 야전병원의 위생 상태 개선에 힘썼으며 그 결과 야전병원의 사망률이 급격히 감소했다. 나이팅게일은 통계를 통해 위생과 부상병의 생존 여부가 밀접한 관계가 있음을 보였으며, 그 결과 영국군대와 공공보건을 개선하고 간호사의 지위가 높아졌다. 그녀는 간호를 통해 부상자를 구했을 뿐만 아니라 통계를 통해 영국사회를 변화시켰다. 통계로 현상을 측정하는 것은 세상을 이해하는 출발점이자 종착점이다.

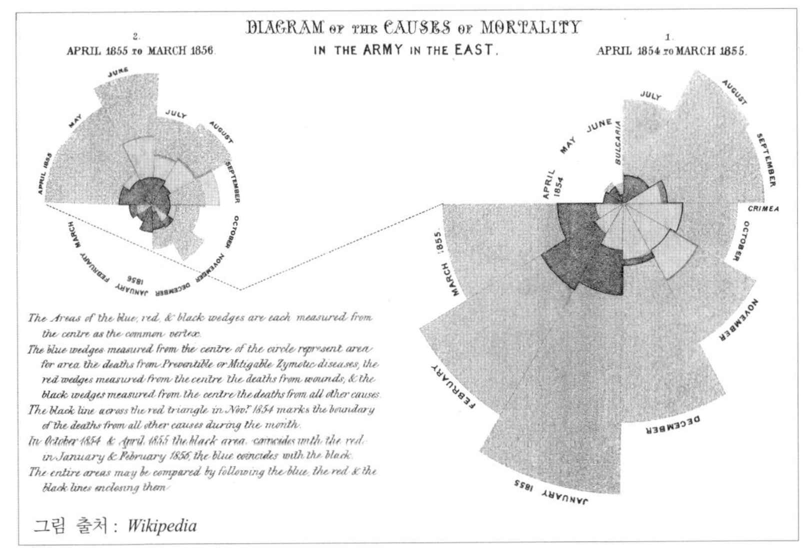

그림 출처 : *Wikipedia*

1.3. 경제현상을 지수로 어떻게 정리할 수 있는가?

경제현상은 상품별, 산업별로 금액, 가격과 물량과 같이 절대적 수치로 측정하게 된다. 그런데 이를 과거와 비교하거나 다른 지역과 비교하려면 지수를 이용하는 것이 보다 더 유용하다. 지수(Index)는 시간의 흐름에 따라 수량이나 가격 등 통계량이 어떻게 변화되었는지를 쉽게 파악할 수 있게 만든 통계로, 통상 비교기준이 되는 시점의 수치를 100으로 하여 산출한다. 지수는 여러 분야에 활용되고 있으나 가격지수와 물량지수 등과 같이 경제현상 측정에 가장 많이 사용되어 왔다.

지수는 기준시점, 가중치, 지수식에 의해 구분된다. 기준시점은 특정일이 될 수도 있지만 산업생산지수, 물가지수의 경우처럼 일정 기간의 평균을 100으로 한다. 상품별 또는 산업별 결과를 종합할 때에는 단순평균하지 않고 중요도를 고려한 가중평균을 이용한다. 물가지수의 경우 상품거래금액 또는 소비지출금액을 가중치로 이용하고 있다. 지수식을 산출하는 방식에 따라 라스파이레스식(Laspeyres), 파셰식(Paasche), 피셔식(Fisher) 등으로 구분된다.

여러 개의 상품을 생산하면 그 상품과 관련된 생산량과 가격이 존재한다. 우리는 상품의 물량의 변화 또는 가격의 변화만을 종합해서 파악할 것이다. 다음과 같이 기준년 가격 p_{0i}를 가중치로 고정하고 물량의 변화를 살펴보는 지수를 라스파이레스식 물량지수라고 한다. 물가지수는 기준년 물량을 가중치로 고정하고 가격의 변화를 비교하게 된다. 이 지수는 계산의 편리하므로 지수산출에 자주 이용된다. 우리나라의 물가지수는 다음과 같은 라스파이레스식에 따라 작성된다.

$$Q^L_{(0,\,t)} = \frac{\sum_i p_{0i} q_{ti}}{\sum_i p_{0i} q_{0i}}$$

한편 최근의 가격을 가중치로 둘 수 있는데 이를 파셰식이라고 한다. 다음은 최근년 가격 p_{ti}를 가중치로 고정하고 물량의 변화를 살펴보는 파셰식 물량지수이다. 이 지수는 최근의 산업구조 변화 및 소비자의 기호 변화를 반영한다는 점에서 유용하나 가중치를 매번 조사해야 하는 어려움이 있다.

$$Q^P_{(0,t)} = \frac{\sum_i p_{ti} q_{ti}}{\sum_i p_{ti} q_{0i}}$$

피셔식은 라스파이레스식과 파셰식을 기하평균한 것으로 이론적으로는 가장 완벽하다는 평가를 받고 있다. 라스파이레스지수와 파셰지수는 순환성 테스트와 시점역전 테스트, 요소역전 테스트가 성립하지 않는 데 비해 피셔지수는 시점역전 테스트 및 요소역전 테스트를 만족시킨다.

지금까지 설명된 지수는 모두 기준시와 비교시의 두 시점을 비교하는 지수이다. 그러나 우리의 경제현상은 두 시점의 비교가 아니라 여러 시점을 연속적으로 비교, 측정하고 있다. 이처럼 연속적인 시점$(0, 1, 2 \cdots t-1, t)$ 비교에서 시간적으로 상당히 떨어진 두 기간 간의 가격 및 물량 변동은 단기변동을 누적함으로써 가능해진다. 누적된 모든 시점 자료를 사용하여 0년도에서 t년도까지 지수를 순차적으로 비교하는 비교지수로는 연쇄지수가 있다. 연쇄지수는 인접한 두 기간 간의 가격 또는 물량 변동을 나타내는 매 기간의 연환지수를 산출한 다음 이를 누적적으로 곱하여 산출한 가격 또는 물량지수이다. $t-1$기와 t기를 비교할 때 $t-1$기의 가중치를 사용하는 연쇄 라스파이레스 물량지수는 다음과 같다.

$$Q^L_{(t-1,t)} = \frac{\sum_i p_{t-1,i}\, q_{t,i}}{\sum_i p_{t-1,i}\, q_{t-1,i}}$$

기준시점 0부터 t 시점까지 매 기의 연환지수를 연결하여 t기의 연쇄지수를 산출한다. 다음은 t기의 연쇄 라스파이레스 지수이다.

$$Q^{LC}_{(0,t)} = Q^L_{(0,1)} \times Q^L_{(1,2)} \times \cdots \times Q^L_{(t-1,t)}$$

GDP를 예로 지수 산출을 생각해 보자. 명목국내총생산(Nominal GDP)은 그 해의 생산물에 그 해의 가격(당해년 가격)을 곱하여 구한다. 따라서 명목국내총생산에는 생산물의 수량과 가격 변동이 혼합되어 나타난다. 실질국내총생산(Real GDP)은 생산수량으로만 소득을 표현한 것이다. 실질국내총생산을 구할 때는 기준년 국내총생산에 연쇄물량지수를 곱해서 구한다. 만약 생산물량은 일정한데 물가가 오른다면 명목국내총생산은 그만큼 커지지만 실질국내총생산은 물량증가율만 반영되기 때문에 커지지 않는다.[2)]

연쇄가중법에 의한 실질국내총생산 추계절차는 세 단계로 구분된다. 첫째, 매년 직전연도를 기준년으로 삼아 당해년의 전년대비 물량증가율(연환지수)을 산출한다. 즉, t기의 $t-1$기 대비 물량 변화인 라스파이레스식 연환지수 $Q^L_{(t-1,t)}$ 을 구한다.

둘째, 지수기준년 다음해부터 당해년까지 연도들의 연환지수를 누적적으로 곱하여 당해년의 지수기준년 대비 물량 변화를 나타내는 연쇄지수를 구할 수 있다. t기의 0기(기준년) 대비 물량 변화를 나타내는 연쇄지수 $Q^L_{(0,t)}$ 은 다음과 같다.

$$Q^{LC}_{(0,t)} = Q^L_{(0,1)} \times Q^L_{(1,2)} \times \cdots \times Q^L_{(t-2,t-1)} \times Q^L_{(t-1,t)}$$

셋째, 기준년의 GDP 금액 GDP_0에 당해년의 연쇄지수 $Q^{LC}_{(0,t)}$ 를 곱하여 연쇄가격기준 실질GDP 금액 GDP_t를 다음과 같이 계산한다.

$$GDP_t = GDP_0 \times Q^{LC}_{(0,t)} = GDP_{t-1} \times Q^L_{(t-1,t)}$$

$$\text{여기서}\ \ GDP_0 = \sum_i p_{0,i}\, q_{0,i}$$

이러한 지수들은 그대로 이용되기보다는 증감률 형태로 이용된다. 실질GDP를 증감률 형태로 표현한 것이 경제성장률이다.

2) 2009년부터 실질국내총생산 추계방법이 고정가중법에서 연쇄가중법으로 변경되었다.

2. 경제통계는 어떻게 구분되는가?

2.1. 경제통계는 작성과정에 따라 어떻게 구분되는가?

경제현상은 '기초통계 → 가공통계 → 정책지표'의 3단계로 측정되어 정책 및 계획 수립에 활용되고 있다. 먼저 기초통계(1차 통계)는 경제의 한 측면을 파악하기 위해 경제현상을 직접 조사하거나 행정기관 또는 관련협회에 보고하여 측정되는 통계이다. 통계청 등 통계작성기관이 개인 또는 사업체를 직접조사(전수조사 및 표본조사)하거나, 국세청 등 행정기관이 기업 및 개인으로부터 보고받아 작성하는 통계이다. 예를 들면 광업·제조업통계조사, 산업총조사, 소비자물가지수, 국세자료, 교육통계, 수출입(통관)통계, 기업경영분석 등이 있다. 기초통계는 그 분야의 전문가 및 정책담당자에 의해 활용되지만 주로 가공통계 작성자가 활용하고 있다. 가공통계 작성자는 기초통계 활용 중 기초통계의 품질을 점검한다.

둘째, 가공통계(2차 통계)는 경제현상을 종합적으로 살펴보기 위해 관련 기초통계를 비교·결합하여 작성한 통계이다. 이 통계의 작성과정에서 통계작성자

표 1-2 경제현상의 측정

경제현상 →	기초통계 →	가공통계 →	정책지표
작성목적	경제현상의 한 측면 파악	경제현상을 종합적으로 측정	정책목표의 설정
작성방법	경제현상을 직접조사(전수, 표본), 행정기관을 통해 보고	기초통계를 결합(판단도 포함)하여 작성	가공통계를 비율 또는 증가율 형태로 변형하여 작성
예	·국세, 주민등록, 국민연금 등 행정자료 ·산업총조사, 광공업동태조사, 도소매동태조사 등	·국민소득, 국제수지, 자금순환 등 국민계정통계 ·경기종합지수 등	·1인당 국민소득 ·경제성장률 조세부담률 ·잠재성장률 ·근원인플레이션율
이용자	·가공통계 작성자 ·연구자	· 정책수립자 · 연구자	·국민 ·언론

판단이 가미되는 것이 일반적이다. 예를 들면 국민소득통계, 국제수지통계, 자금순환통계, 경기종합지수 등이 있다. 하나의 기초통계만으로는 경제현상을 종합적으로 살펴보기 어렵기 때문에 여러 측면의 기초통계를 결합하여 가공작성하고 있다. 가공통계는 경제정책 수립자 및 경제현상 연구자가 주로 활용하고 있다. 이 통계는 정책수립자 및 연구자에 의해 동 통계가 경제현실을 얼마나 잘 설명하는지 품질평가가 이루어진다.

마지막으로 정책지표(3차 통계)는 국민들이 관련 정책을 이해하기 쉽도록 하기 위해 가공통계를 지표형태로 바꾸어 작성한다. 정책지표는 가공통계를 비율 및 증가율 형태로 바꾸어 작성하며 작성과정에서 서로 다르게 측정된 통계들이 합쳐진다. 예를 들면 경제성장률, 1인당 국민소득, 조세부담률, 소비자물가상승률, 경상수지 등이다. 경제정책 수립자는 정량적인 정책지표를 제시하고 국민과 언론에서는 동 지표를 활용하여 정책의 성과를 판단한다. 정책지표의 품질은 국민, 언론, 연구자 등에 의해 포괄적으로 품질이 점검된다.

2.2. 경제통계는 형태에 따라 어떻게 구분되는가?

경제통계는 크게 횡단면 자료(cross-sectional data)와 시계열 자료(time series data)로 구분된다. 횡단면 자료는 한 시점에서 구해지는 자료이다. 예를 들면 우리나라 기업 중 100개를 임의로 추출하여 2010년 중 영업이익, 고용자수를 구한다면 이는 횡단면 자료이다. 한편 시계열 자료는 시점에 따라 일정하게 수집되는 자료이다. 예를 들면 우리나라 제조업체의 평균 영업이익을 매년 계산하여 1970년부터 2000년까지의 연간 자료가 있다면 이는 시계열 자료이다. 시계열 자료의 예로는 GDP, 산업생산지수, 소비자물가지수, 경상수지 등이 있다. 우리가 분석하고자 하는 대부분의 자료가 시계열 자료 형태를 띤다.

시계열은 스톡(stock) 계열과 플로(flow) 계열로 구분된다. 스톡 계열은 일정시점까지 축적된 내용을 통계로 표현한 것이다. 예를 들면 은행통장의 잔고, 기업의 재고와 같은 것이다. 반면 플로 계열은 일정기간 동안 활동한 내역을 정리한 것이다. 예를 들면 매월 기업의 생산량, 월급과 같은 것이다. 은행통장의 이달의 수입과 같은 것이다. 시계열의 형태와 따라 계절조정방법 및 분석이 달라진다.

참고 1-4 경제통계 찾기

경제통계는 통계청의 KOSIS(www.kosis.kr)와 한국은행의 ECOS(ecos.bok.or.kr)를 통해 찾고 엑셀 또는 텍스트 등으로 저장할 수 있다. 해당 경제통계를 찾을 때에는 경제통계에 대한 정의, 공표주기, 작성방법 등에 대한 경제통계정보인 메타 데이터를 같이 살펴봐야 한다.

[그림 1-4] 통계청의 KOSIS(국가통계포털)

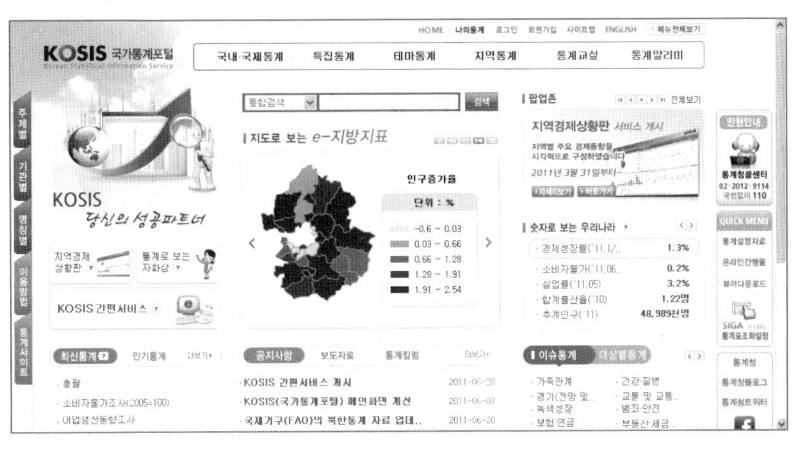

[그림 1-5] 한국은행의 ECOS(한국은행 경제통계시스템)

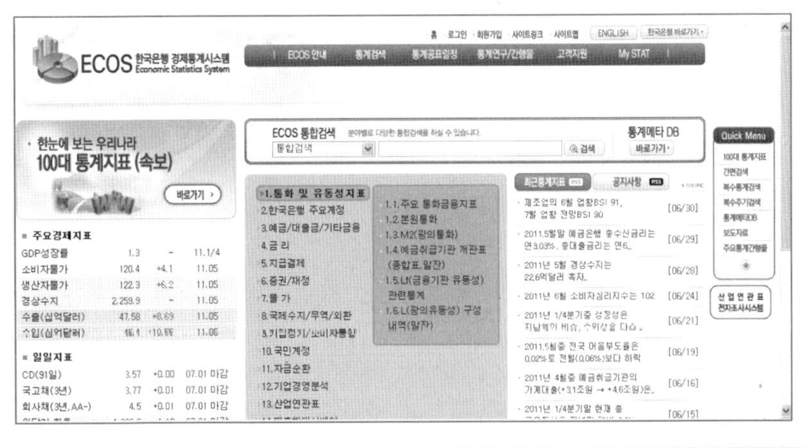

3. 경제통계에는 어떤 변동이 존재하는가?

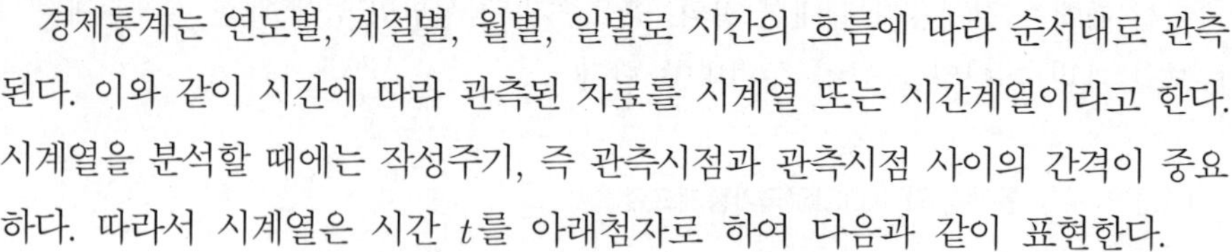

경제통계는 연도별, 계절별, 월별, 일별로 시간의 흐름에 따라 순서대로 관측된다. 이와 같이 시간에 따라 관측된 자료를 시계열 또는 시간계열이라고 한다. 시계열을 분석할 때에는 작성주기, 즉 관측시점과 관측시점 사이의 간격이 중요하다. 따라서 시계열은 시간 t를 아래첨자로 하여 다음과 같이 표현한다.

$$\{y_t : t = 1, 2, 3, \cdots\} \text{ 또는 } y_1,\ y_2,\ y_3, \cdots$$

경제통계는 그래프로 살펴보면 그 패턴을 볼 수 있다. 주로 이용되는 그래프는 시계열도표이다. 시계열도표(time series plot)는 시간의 경과에 따라 경제통계가 변하는 것을 그린 그림으로, 시간을 가로축으로 하고 경제통계의 관측값을 세로축으로 하여 그린 그림이다. 주로 꺾은선 그래프가 이용된다. 시계열도표를 이용하면 경제통계가 가지는 특징을 한눈에 알아볼 수 있다. 따라서 경제통계를 분석할 때 가장 먼저 해야 할 일은 시계열도표를 그려보는 것이다. 이를 통해 해당 경제통계가 어떤 형태를 가지고 있는지 느낌으로 알 수 있다.

[그림 1-6] GDP 추이

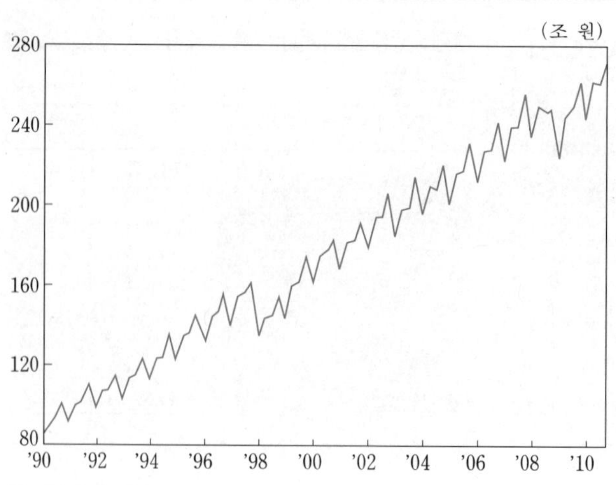

시계열은 시간에 따른 세상의 이치를 표현하고 있다. 사람들이 세상을 살면서 경제활동을 하다 보면 취업을 하고 임금을 받고 자산을 취득하면서 경제규모가 커지게 된다. 그러나 항상 규모가 커지는 것이 아니라 여러 가지 굴곡을 가지게 된다. 이 굴곡은 5년 주기를 가질 수도 있고 1년 주기를 가질 수도 있고 1개월 주기를 가질 수도 있다. 이러한 사람들의 모습을 종합해서 측정해 보면 경제통계로 정리할 수 있다. 경제통계의 변동은 크게 추세변동(T_t), 순환변동(C_t), 계절변동(S_t), 불규칙변동(I_t)으로 구분된다. 여기서 추세변동은 인구변화, 기술변화, 생산성증대, 물가상승 등에 따른 장기적 변동으로 통상 10년 이상의 변동주기를 가진 것이다. 경제통계분석에서 이와 관련된 통계로는 잠재GDP, 자연실업률, P* 등이 있다. 경제통계에서 장기변동에 대한 관심은 한 국가가 장기적인 발전을 이루려면 반드시 살펴봐야 할 변동이다.

순환변동은 경기순환에 따라 반복되는 변동으로 2~5년 주기로 변동한다. 경기순환은 경제정책과 밀접한 관련이 있으므로 정책당국이 주요하게 살펴보고 있으며 기업과 개인도 관심을 가지는 변동이다. 케인스는 "장기분석은 현재 벌어지고 있는 상황을 이해하는 데 도움이 되지 않는다. 장기에는 모두가 죽는다." 따라서 경제통계분석에서 주로 관심을 가지는 것은 2~5년 주기의 순환변동이다. 경제통계의 순환변동은 순환변동치를 직접 구하거나 전년동기대비 증감률 또는 전

[그림 1-7] 경기종합지수 순환변동 추이

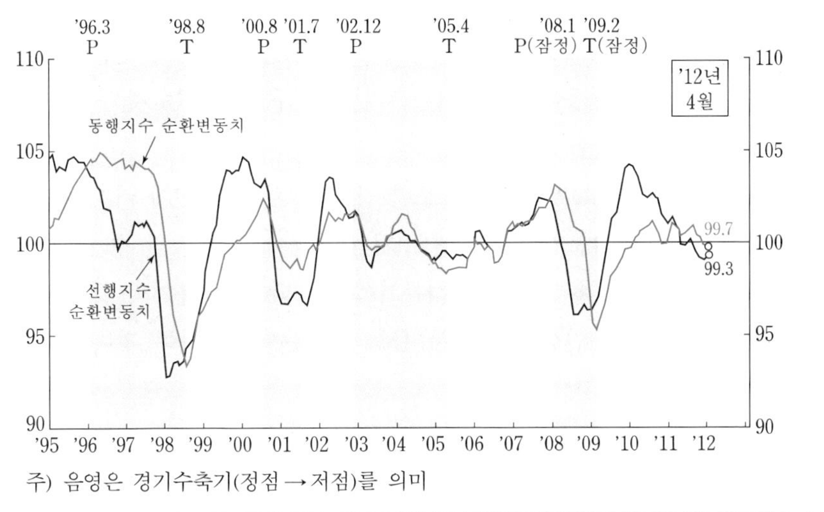

주) 음영은 경기수축기(정점 → 저점)를 의미

[그림 1-8] **경제성장률 추이**

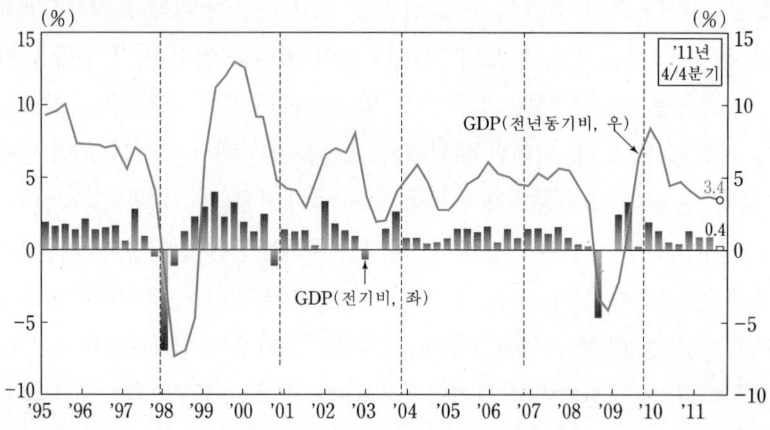

기대비 증감률 형식의 성장률 등으로 파악하고 있다. [그림 1-7]의 동행지수 순환변동치와 선행지수 순환변동치를 통해 우리나라 경기변동을 나타내는 순환변동을 볼 수 있다. [그림 1-8]의 경제성장률을 통해서도 우리나라의 경기의 좋고 나쁨을 파악할 수 있다.

계절변동은 1년 주기로 반복되는 변화인데 이는 앞서 설명된 계절의 변화 및 각종 관습에 의해 생성되는 변동, 요일구성변동과 설, 추석 등 명절변동이 포함된다. 계절변동은 경제통계분석에 주요 관심사가 아니라 이를 제거하고 분석하려는 노력을 하게 된다.

불규칙변동은 파업, 태풍, 지진, 홍수 등 돌발적인 요인이나 원인불명의 요인에 의거해 일어나는 변동이다. 이 변동은 일정한 주기가 있는 것이 아니라 국지적으로 짧은 주기변동을 의미한다.

[그림 1-6]의 실질GDP의 추이를 보면 장기적으로는 GDP가 커지는 추세이지만 1/4분기는 작고 4/4분기는 큰 1년 주기의 변동이 있음을 알 수 있다. 이러한 계절변동은 주로 농산물, 즉 쌀이 4/4분기에 추수되고 1/4분기의 경우 영업일수가 적고 한파 등으로 건설활동이 부진하기 때문에 나타나는 것이다.

4. 모형이란 무엇인가?

경제학자들은 경제현상을 추상화하여 단순화할 때 수리적 모형을 이용한다. 이 모형은 수학의 방정식 형태로 또는 그래프 형태로 표현될 수 있다. 수리적 모형을 구체화하거나 검증하려면 경제통계를 이용해야 한다. 경제통계가 하나만 있다면 그 변동을 파악하는 것이고, 경제통계가 두 개 있다면 이들의 관계를 파악하는 것이다. 경제통계가 두 개 이상이라면 서로간의 관계를 입체적으로 살펴보는 것이다.

4.1. 경제통계가 하나만 있다면 어떤 모형으로 분석하는가?

경제통계는 일정한 패턴을 가지고 움직이는 경향이 있다. 이러한 일정한 패턴은 시간과 관련된 다음의 가정하에서 모형화될 수 있다.

① 경제통계는 주기가 다른 4개의 변동에 의해 결정된다.
② 경제통계는 과거 경제통계의 움직임에 의해 결정된다.
③ 경제통계는 과거의 임의적인 경제적 충격이 누적되어 형성된다.

첫 번째 가정은 경제통계를 변동으로 분해해서 모형화하는 것이고, 두 번째와 세 번째 가정은 경제통계를 과거의 오차항의 함수, 과거의 경제통계(시차변수)의 함수로 모형을 설정하는 것이다. 시계열모형 중 ①에 해당하는 모형은 MA모형이고, ②에 해당하는 모형은 AR모형이다.

첫 번째 모형을 생각해 보자. GDP를 보면 장기적으로 성장하는 추세와 계절변동이 존재한다. 이와 같은 한 개의 경제통계를 통해 현재의 경제상황을 살펴보려면 변동을 이용한 모형을 고려해야 한다. 앞서 설명한 경제통계(y_t)의 4개 변동이 승법형, 가법형, 로그가법형 등으로 결합된다고 생각하고 있다. 우리는 이러한 4개의 변동을 알 수 없다. 이 변동은 일종의 비관측변동이다.

$$\text{승법모형} : y_t = T_t \cdot C_t \cdot S_t \cdot I_t$$

$$\text{가법모형} : y_t = T_t + C_t + S_t + I_t$$

$$\text{로그가법모형} : \ln y_t = \ln T_t + \ln C_t + \ln S_t + \ln I_t$$

경제통계의 경우 일반적으로 시계열의 각 요인이 비례적으로 증가하는 경향이 크므로 승법모형 또는 로그가법모형을 선택하는 것이 바람직하다. 그러나 경상수지와 같이 0을 중심으로 변동하는 경제통계의 경우 가법모형을 이용해서 이해하는 것이 필요하다. 그렇다면 이러한 변동을 어떻게 파악할까? 주로 단변량 시계열 분석방법과 필터링 방법을 이용하여 파악하고 있다. [그림 1-9]는 필터링 방법으로 실질GDP를 분해한 결과이다. 적절한 이동평균을 통해 추세변동, 순환변동, 계절변동, 불규칙변동으로 분해했다.

두 번째와 세 번째 모형은 경제통계 y_t를 다음과 같은 모형으로 표현하여 분석하는 것이다. 여기서 $y_{t-1}, y_{t-2}, \cdots$는 과거의 경제통계이며, ϵ_t는 오차항이다.

[그림 1-9] 실질GDP의 분해

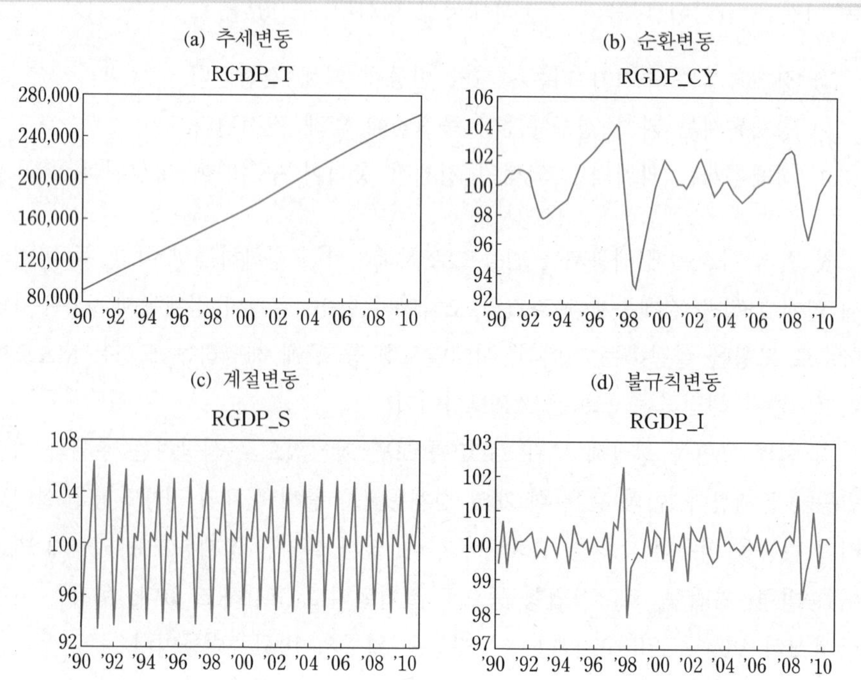

$$\text{두 번째 모형}: y_t = \phi_0 + \phi_1 y_{t-1} + \phi_2 y_{t-2} + \cdots + \phi_p y_{t-p} + \epsilon_t$$
$$\text{세 번째 모형}: y_t = \theta_0 + \theta_1 \epsilon_{t-1} + \theta_2 \epsilon_{t-2} + \cdots + \theta_q \epsilon_{t-q} + \epsilon_t$$

두 번째 모형을 AR(p)모형, 세 번째 모형을 MA(q)모형이라 한다. 이 모형은 추후에 설명할 ARIMA모형으로 일반화될 수 있다.

4.2. 경제통계가 두 개 있다면 어떤 모형으로 분석하는가?

경제통계가 두 개 있다면 어떻게 분석할까? 두 변수 사이에 어떤 관계가 있고, 어떤 변수가 원인변수이고 어떤 변수가 결과변수인지 살펴보게 된다. 이때 가정은 두 변수 외의 다른 변수는 불변이라는 것이다.

두 개의 변수 간의 관계를 나타내는 모형은 경제이론에 따라 사전에 정해질 수 있다. 경제이론을 결합해서 새로운 결론을 도출하는 연역적 방법을 통해 경제현상을 설명하거나 예견할 수 있다. 그러나 경제이론이 명확하지 않은 경우 경제통계를 세밀하게 관찰한 후 이를 바탕으로 관계를 파악할 수 있다. 이와 같은 분석법은 귀납법의 일종이다. 그 예로는 오쿤의 법칙과 필립스 곡선이 있다. 오쿤의 법칙은 실질GDP가 변동할 때 실업률이 얼마나 변하는지를 알려주는 법칙이다. 이 법칙은 경제이론에 따라 구했다기보다는 미국의 실질GDP와 실업률 간의 관계를 관찰하여 발견한 것이다.

또 다른 예로는 인플레이션과 실업 사이에는 단기 상충관계가 있다는 필립스 곡선이 있다. 필립스는 1959년 논문에서 실업률이 낮은 해에는 명목임금상승률이 높고, 실업률이 높은 해에는 명목임금상승률이 낮다는 상충관계를 발견했다. 두 변수 간의 관계는 수학적 함수를 이용하여 표현될 수 있다. 여기서 y_t는 결과가 되는 종속변수, x_t는 원인이 되는 설명변수, f는 함수를 의미한다. 그리고 나머지 변수들은 고정되어 있다고 가정한다.

$$y_t = f(x_t)$$

함수는 통상적으로 다음과 같은 선형함수를 고려해야 한다. 여기서 α, β는 알 수 없는 상수이다.

$$y_t = \alpha + \beta x_t$$

실제 경제상황을 분석하다 보면 두 변수 간에 완벽한 선형관계가 존재하지 않는 경우가 많다. 이는 측정 시 발생하는 오차, 누락변수의 존재 등에 기인하다. 따라서 실제로 모형을 작성할 때에는 다음과 같이 위의 함수에 오차 ϵ_t를 포함하는 모형을 고려해야 한다. 오차는 불확실성을 나타내는 변수라고 할 수 있다.

[그림 1-10] 오쿤의 법칙과 필립스 곡선

(a) 오쿤의 법칙

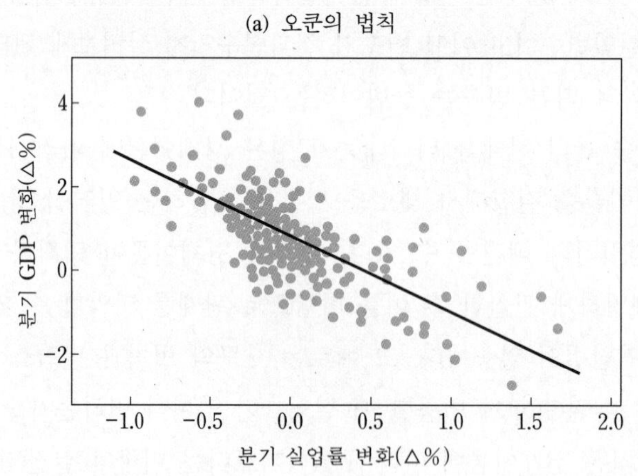

(b) 필립스 곡선

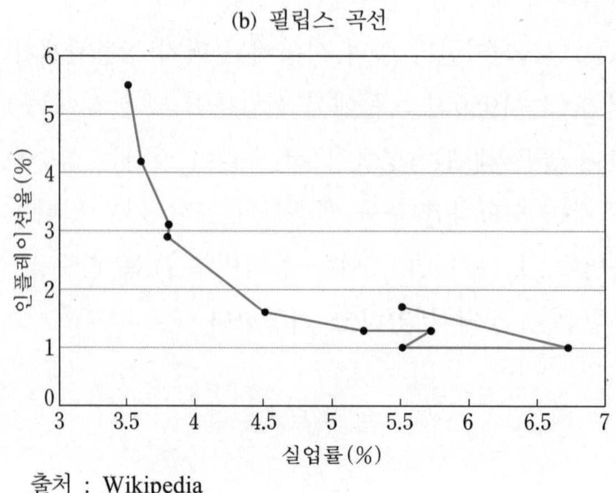

출처 : Wikipedia

$$y_t = \alpha + \beta x_t + \epsilon_t$$

[그림 1-10]은 모형과 관련된 그래프이다. 그래프 (a)는 1947년부터 2002년까지 미국의 분기별 자료를 사용해서 오쿤의 법칙을 나타낸 것이다. 여기서 직선은 다음과 같이 추정된다.

$$\text{GDP 변화(\%)} = 0.856 - 1.827 * (\text{실업률 변화})$$
$$R^2 = 0.504$$

그래프 (b)는 1960년대 실업률과 인플레이션율 간의 그래프이다. 여기서 경제변수 간 관계를 직선 또는 곡선의 수리적 함수로 표현한 것이 모형이다.

4.3. 경제통계가 두 개 이상 있다면 어떤 모형으로 분석하는가?

실제의 경제현상을 살펴보면 두 경제변수 간에 일방적인 한 가지 관계가 있는 것은 아니며 서로 영향을 주든지 제3의 경제변수를 통해 간접적으로 영향을 줄 수 있다. 이와 같이 복잡한 경제구조를 한 측면의 경제모형으로 정리할 수도 있으나 여러 경제모형을 결합해서 구성할 수도 있다.

예를 들어, 소비지출이 소득에 영향을 받는다고 가정하면 소비지출을 종속변수로, 소득을 설명변수로 한 단순회귀분석 모형을 회귀모형으로 설정할 수 있다. 그러나 소비지출이 소득 외에 부동산, 주가 등 자산가격, 금리 등에도 영향을 받는다고 가정하면 소비지출을 종속변수, 소득, 부동산, 주가, 금리를 설명변수로 한 모형을 설정하게 된다.

그러나 실제 경제활동을 보면 여러 변수가 한 변수에 영향을 주기보다는 서로 얽혀 있다. 이 경우 상호관계가 있는 변수끼리 여러 개의 모형으로 그룹을 만들어 모형화할 필요가 있으며 이를 연립방정식(simultaneous equation)모형이라고 한다. 현실경제를 경제이론을 바탕으로 다수의 방정식으로 축약시켜 경제를 분석할 때에는 연립방정식을 거시계량경제모형(macroeconometric model)이라고도 한다. 대표적인 거시계량경제모형으로는 클라인(1950)의 모형이 있다. 이 모형은 7개 방정식으로 구성되었으며, 1921~1941년의 통계를 이용하여 추정되었다. 이 모형은 대공황 등 당시 미국의 경제상황을 잘 설명한 것으로 평가되고 있다.

연립방정식의 특성을 살펴보기 위해서 새뮤얼슨(1939)의 가속도 승수모형을 살펴보자. 여기서 Y_t는 소득이며 C_t, I_t, G_t는 각각 소비, 투자, 정부지출이며, ϵ_t와 u_t는 오차항이다.

$$y_t = c_t + i_t + g_t$$
$$c_t = \beta_0 + \beta_1 y_{t-1} + \epsilon_t$$
$$i_t = \alpha_0 + \alpha_1 (c_t - c_{t-1}) + u_t$$

이 연립방정식 모형의 해가 원래의 경제통계를 따라 움직이면 이 연립방정식 모형이 경제 시스템을 설명할 수 있다고 판단하고 이를 이용해 경제예측 및 정책효과분석을 실시한다.

앞서의 모형을 여러 개의 경제통계에 적용하는 모형으로는 VAR모형과 공적분모형 등이 있다. VAR모형은 검증되지 않은 이론에 의존하지 않고 시계열에 나타나는 관계를 바탕으로 경제통계분석을 할 수 있도록 고안된 것이다. 공적분모형은 경제통계의 장기적 관계와 단기적 관계를 결합한 것이다.

5. 경제통계분석이란 무엇인가?

경제통계분석은 크게 기술적 분석과 추론적 분석으로 구분할 수 있다. 기술적 분석은 경제현상을 효율적으로 측정하고 측정된 경제통계를 그래프 또는 평균, 분산 등 수치정보를 이용하여 살펴보는 분석이다. 통상적인 경제 관련 보고서에서 경제성장률, 기여율 등을 구하거나 변동을 분해하여 계절조정계열이나 순환변동을 구해서 그래프로 살펴보는 것을 의미한다. 추론적 분석은 경제통계로부

[그림 1-11] **소비지출 규모 플로 차트**

Y_t	→	C_t

$$c_t(\text{소비}) = \alpha + \beta y_t(\text{소득}) + \text{오차}$$

터 경제현상의 일반성을 찾아내고 불확실한 현상에 대한 결론이나 예측을 하는 분석이다. 즉, 경제이론을 확인 및 검토하기 위해 경제현상에 대해 수리적 모형을 세우고, 이에 통계적 방법을 추측, 적용하여 분석하는 것이다. 실제 경제통계 분석에서는 이를 구별하기 어려우며 혼합해서 분석하게 된다.

경제통계분석에서 모형을 작성하는 과정은 크게 네 가지로 구분된다. 먼저, 개별 경제통계의 패턴을 살펴보고, 경제통계 간의 관계를 살펴본다. 이는 그래프 작성, 평균, 분산의 산출을 통해 이루어진다. 둘째, 경제이론을 바탕으로 계량경제모형을 설정한다. 이를 통해 분석하고자 하는 경제변수와 그를 설명하는 설명변수의 종류 및 형태 그리고 오차에 대한 구조를 이해할 수 있다. 예를 들면 소비지출(C_t) 규모가 소득수준(Y_t)으로 설명된다면 [그림 1-11]과 같은 플로 차트와 계량경제모형을 작성할 수 있다.

셋째, 경제통계를 이용하여 구체적인 계량경제모형을 작성한다. 소비 및 소득 자료를 통계청의 도시가계조사의 소비지출 및 소득통계를 이용하여 오차항을 최소로 하는 α, β값인 $\hat{\alpha}, \hat{\beta}$를 구한다.

$$c_t = \hat{\alpha} + \hat{\beta} y_t$$

넷째, α, β의 값이 정해지면 이를 바탕으로 추정된 경제현상이 경제이론에 부합되는지 통계적으로 유의한지를 검토한다. 통계적 유의성 검정은 추정된 $\hat{\alpha}, \hat{\beta}$의 값이 0인지 여부를 검토하는 것이다. 다섯째 추정된 모형의 오차 추정치가 임의적인지도 검토하는 것이다. 오차의 추정치가 임의적으로 움직인다면 더 이상 모형화하기 어렵다고 판단하고 모형작성을 완료한다. 마지막으로 추정된 모형이 타당하다고 판단하고 동 모형을 이용하여 정책효과분석을 하거나 미래를 예측한다.

예 1-2 **경제통계분석의 예**

주가가 오르면 소비는 얼마나 늘까? 한국은행 보도자료(1999.4)를 예로 들어 살펴보자.

① 소비결정모형의 설정 : 소비는 소득, 이자율, 인플레이션율, 실업률, 주가, 토지가격의 함수로 표현된다.

$$\Delta_4 \ln cp_t = \beta_0 + \beta_1 \Delta_4 \ln cp_{t-1} + \beta_2 \Delta_4 \ln y_t + \beta_3 rcb_t + \beta_4 \Delta_1 dp_t + \beta_5 ur_t + \beta_6 \Delta_1 \ln rsp_t + \beta_7 \Delta_4 \ln lp_{t-1}$$

단, cp : 실질가계소비, y : 실질GNP, rcb : 실질이자율,

표 1-3 소비결정모형의 추정

추정기간	1976.2/4~1998.3/4	1976.2/4~1989.4/4	1990.1/4~1998.3/4
β_0	0.0243** (2.53)	0.0207 (1.31)	0.0504** (2.56)
β_1	0.6342*** (8.23)	0.3536*** (3.24)	0.4513*** (3.02)
β_2	0.2803*** (4.88)	0.2044*** (3.22)	0.5094*** (4.67)
β_3	−0.0014** (−2.27)	0.0009 (1.15)	−0.0042*** (−3.31)
β_4	−0.0035*** (−3.83)	−0.0022** (−2.27)	−0.0081*** (−4.71)
β_5	−0.0047** (−2.57)	−0.0031 (−1.19)	−0.0070* (−1.73)
β_6	0.0329* (1.92)	0.0337 (1.28)	0.0389** (2.50)
β_7	0.0373** (2.12)	0.0594* (2.12)	0.0781*** (2.90)
s.e	0.0163	0.0157	0.0094
$\overline{R^2}$	0.8645	0.7017	0.9762
$D.W$	1.8246	2.0020	1.9893

주) * : 10% 유의수준에서 유의 ** : 5% 유의수준에서 유의 *** : 1% 유의수준에서 유의

dp : 소비자물가 상승률, ur : 실업률, rsp : 실질주가,
lp : 토지가격, Δ_i : i분기 차분

② 소비결정모형의 작성 : 추정된 계수는 구간별로 나누어보면 [표 1-3]과 같다.

③ 소비결정모형을 이용한 분석 : 1976년 2/4분기부터 1998년 3/4분기까지의 자료를 이용하여 주가를 설명변수의 하나로 포함하는 소비함수를 추정한 결과 주식가격이 1% 상승하면 가계소비가 0.0329% 증가함(즉, 가계소비의 주가탄력성이 0.0329임)을 의미한다.

참고 1-5 경제통계분석 프로그램

경제통계분석에는 복잡한 계산, 반복적인 계산 등 많은 계산량이 필요하므로 이를 간단하게 해주는 경제통계분석 프로그램이 필요하다. 관련 프로그램으로는

[그림 1-12] EViews의 분석화면

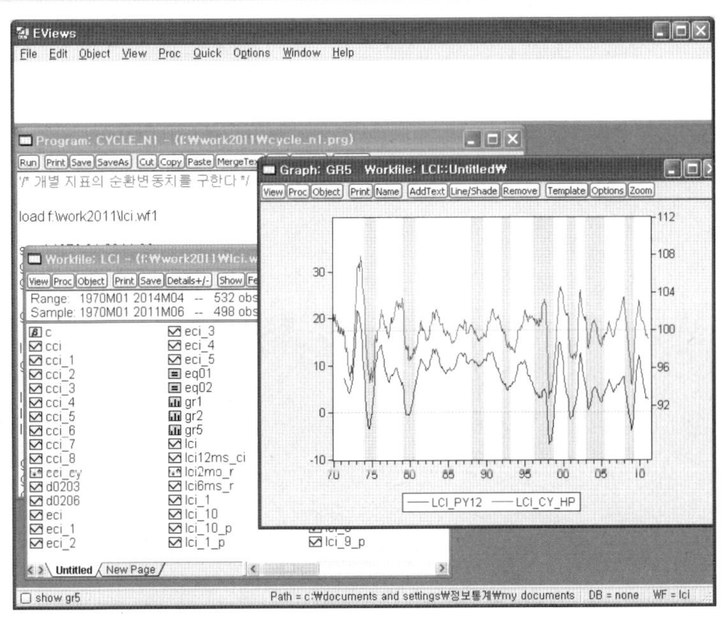

EViews, Rats, Gauss, SAS, SPSS, R 등이 있다. 거시계량경제모형 작성으로 특화된 프로그램으로는 AREMOS, TROLL 등이 있다. 여기서 유의해야 할 점은 경제통계분석 프로그램은 계량분석 과정의 복잡한 계산을 간단히 해주기 위한 것이지 계량경제분석 자체가 아니라는 점이다. 계량경제분석 방법 자체를 잘 모를 경우 프로그램 수행결과를 잘못 해석할 가능성이 높다. EViews는 메뉴 방식으로 되어 있어 이용자가 쉽게 이용할 수 있으므로 이 책의 많은 예에서 이용되고 있다.

1. 경제통계는 경제현상을 주기적으로 관측한 수치자료로 경제주체의 합리적 판단과 선택의 기본정보이다.

2. 경제통계는 주로 지수형태로 작성되는데 지수란 시간의 흐름에 따라 수량이나 가격 등 통계량이 어떻게 변화되었는지를 파악할 수 있도록 고안된 것이다.

3. 경제통계는 이용 측면에서 기초통계, 가공통계, 정책지표로 구분되고 형태로는 횡단면 자료와 시계열 자료로 구분된다.

4. 경제통계는 GDP와 같이 일정기간 활동한 내역을 정리한 플로 통계와 M2(광의의 통화량)와 같이 일정시점까지 축적된 내역을 정리한 스톡 통계가 있다.

5. 경제통계는 시계열이며 추세변동, 순환변동, 계절변동, 불규칙변동으로 구분된다.

6. 경제현상은 계량경제모형을 바탕으로 단순화되며 계량경제모형을 이용하여 분석한다.

7. 경제통계분석은 경제현상을 측정·관찰하는 기술적 분석과 경제현상의 일반성을 찾고 예측하는 추론적 분석으로 구분된다.

제 2 장

경제통계에는 어떤 변동이 있는가?

개요

경제통계는 대부분 연도별, 분기별, 월별, 일별 등 동일한 시간간격으로 측정되는 시계열이다. 이러한 경제통계는 변동주기에 따라 추세변동, 순환변동, 계절변동, 불규칙변동으로 구성되어 있다고 가정하고 있다. 이 장에서는 추세변동, 순환변동, 계절변동, 불규칙변동이 무엇이고, 이를 어떻게 파악하고 추출하는지를 살펴본다. 이 과정에서 필터와 주파수영역분석에 대해 살펴본다.

1. 경제통계에는 어떤 변동이 있는가?

사람들은 70년 또는 80년 살다 죽는다. 그러면서 1년마다 돌아오는 계절을 70~80회 맞이하고 수많은 낮과 밤을 본다. 국가는 수천 년의 역사 속에서 생성되고 사라진다. 경제통계는 이러한 국가의 경제활동을 측정하는 것이고 국가의 경제활동은 결국 사람들에 의해 진행되기 때문에 경제통계에는 다양한 순환변동이 포함된다. 경제통계분석의 첫출발은 경제통계의 다양한 주기의 순환변동을 찾는 것이다.

그렇다면 경제통계에 존재하는 다양한 순환변동을 어떻게 파악할까? 경제통계에서 다양한 순환변동은 직접 측정되지 않는다. 측정되는 것은 오직 경제통계뿐이다. 따라서 일정한 가정을 하고 숨겨진 다양한 주기의 순환변동을 찾아야 한다. 경제통계(y_t)는 일반적으로 그 변동주기에 따라 추세변동(T_t), 순환변동(C_t), 계절변동(S_t), 불규칙변동(I_t)으로 구성된다고 가정한다. 추세변동은 통상 생각되는 약 5년 주기의 순환변동보다 긴 장기적 변동이고, 순환변동은 경기순환에 따라 반복되는 2~5년 주기의 변동이다. 계절변동은 1년 주기로 반복되는 변동이고, 불규칙변동은 돌발적인 요인이나 원인불명의 요인(파업, 태풍, 지진, 홍수 등)에 의거하여 일어나는 변동이다. 그리고 경제통계는 이 4개의 변동의 합과 곱으로 표현된다.

정부의 경제정책은 어떤 것을 목표로 할까? 정부의 경제정책의 가장 중요한 목표는 적정한 수요관리정책을 실시하여 경기변동폭을 줄이고 물가를 안정시키고, 지속적인 성장을 도모할 수 있도록 성장잠재력을 높이는 것이다. 성장잠재력은 추세변동에 해당되는 변동이고, 경기순환과 관련된 변동은 순환변동이다. 따라서 경제정책은 [그림 2-1]의 진폭이 크고 성장속도가 낮은 A(파란색)에서 진폭이 적고 성장속도가 빠른 B(검은색) 상태로 가는 것을 목적으로 하고 있다. 따라서 경제통계분석에서는 주로 관심이 있는 변동인 추세변동과 순환변동을 경제통계에서 어떻게 추출하고, 경제정책과 관련성이 낮은 불규칙변동과 계절변동을 어떻게 제거할지가 주 관심사이다.

[그림 2-1] **경제정책과 추세·순환변동**

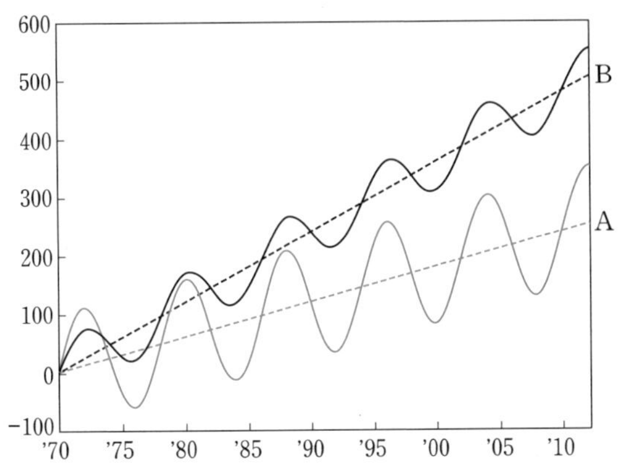

1.1. 추세변동이란 무엇인가?

우리나라 국내총생산, 소비, 투자 등 경제통계를 보면 대체로 추세변동을 중심으로 순환하면서 변동(성장순환, growth cycle)하며 움직인다. [그림 2-2]는 GDP(계절조정), 산업생산지수(계절조정), 소비자물가지수, 원/달러 환율의 추이를 나타낸 것으로, 이를 보면 환율을 제외하면 경제통계가 장기적으로 증가하면서 순환변동을 하고 있음을 알 수 있다.

이러한 경제통계의 추세변동과 순환변동의 근원은 어디인가? 블랑샤르와 피셔(Blanchard and Fisher, 1989)는 경제가 생산성 향상 혹은 노동력의 증가 등에 따른 영구적 충격과 정부지출의 변동, 통화량 변화, 기후변화 등에 따른 일시적인 충격에 영향을 받는다고 생각했다. 여기서 영구적 충격은 추세변동을 유발하고, 일시적 충격은 순환변동을 유발한다고 판단한다. 따라서 추세변동은 경제의 공급능력을 결정하는 물적 자본, 인적 자본, 자연자원, 기술개발 등을 통한 생산성 향상 등에 의해 생성된다. 추세변동을 살펴보려면 생산성 향상과 관련 있는 기술 발전 및 개발에 대한 식견과 인구구조의 변화에 대한 이해가 필요하다.

[그림 2-2] **주요 경제통계의 추이**

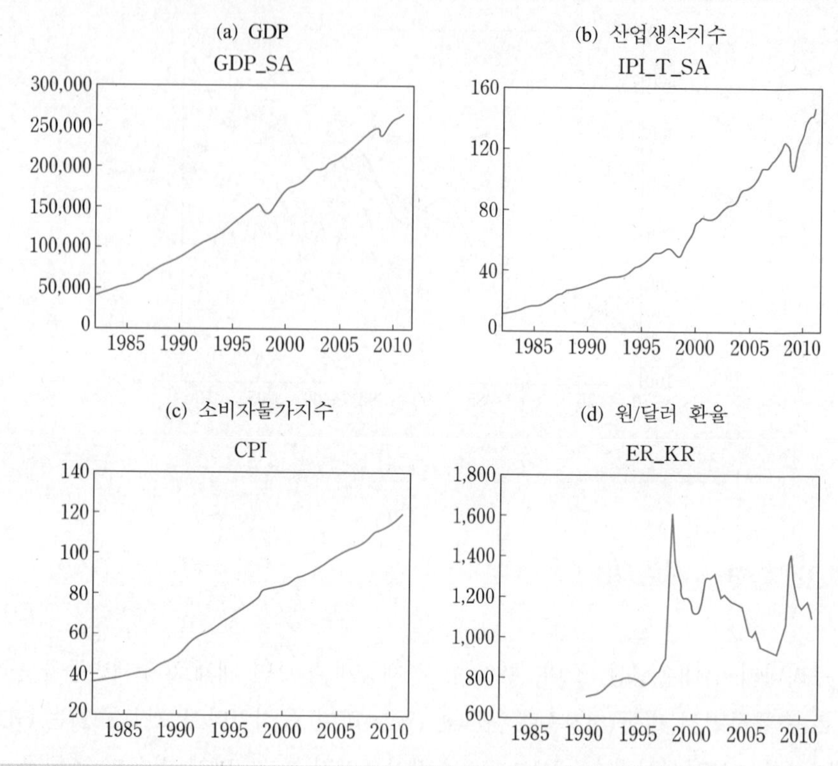

경제정책의 목적은 성장잠재력을 높이고 경기변동폭을 줄이는 것이라고 했다. 여기서 기준이 되는 것이 경제성장의 장기추세변동이며 이를 잠재생산이라고 한다. 잠재생산은 일반적으로는 노동 및 자본 등 생산요소 투입에 있어 추가적 인플레이션 압력을 일으키지 않으면서 생산 가능한 최대 수준으로 정의되고 있다. 잠재생산은 인플레이션 압력을 간접적으로 측정할 수 있는 주요 수단이다. 실제 생산이 잠재생산수준을 상회하면 수요요인에 의한 인플레이션 압력이 높아지고 반대로 하회하면 인플레이션 압력이 낮아진다.[1)]

추세변동계열인 잠재생산은 생산함수접근법과 같이 경제이론을 바탕으로 추정되기도 하고 HP(Hodrick-Prescott) 필터와 같은 비이론적 방법으로 추정되기도

1) 실제 이용 시에는 생산갭률(Output Gap) = (실질GDP − 잠재GDP) / 잠재GDP×100을 이용한다. 생산갭률의 부호가 '+'이면 공급능력보다 수요가 커서 물가상승압력이 있는 것으로 판단한다.

참고 2-1 우리나라 인구구조

추세변동과 가장 관련이 높은 인구 모습을 보자. 통계청의 2010년 인구주택총조사 관련 보도자료를 보면 1944년 이후 인구규모 추이를 알 수 있다. 이를 보면 우리나라 인구는 1944년 1,660만 명에서 2010년 4,858만 명으로 지속적으로 증가했고, 이러한 인구증가가 우리나라 경제발전의 원동력이 되었다. 통계청에서 작성하고 있는 추계인구를 보면 지속적으로 증가했던 우리나라 인구는 저출산으로 2030년을 기준으로 서서히 감소하고 있음을 알 수 있다.

[그림 2-3] **연도별 인구규모 추이**(1944~2010)

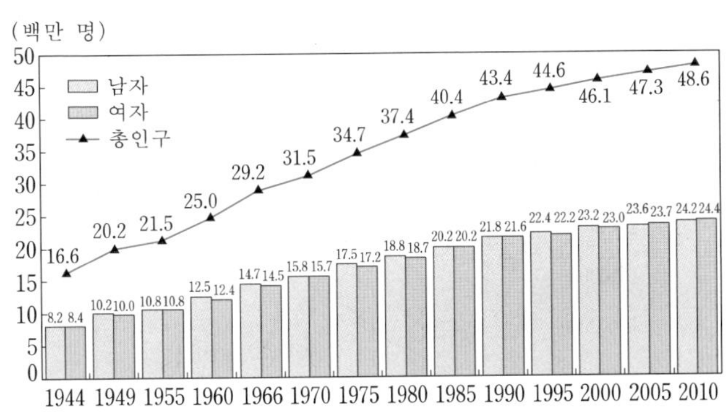

[그림 2-4] **추계인구 추이**(1960~2060)

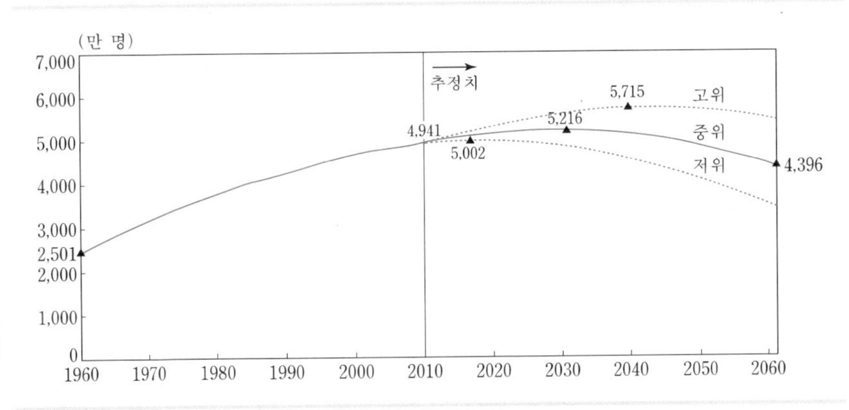

한다. [그림 2-5]는 비이론적인 방법인 HP 필터를 이용하여 실질GDP의 추세변동을 추출한 그래프이고, [그림 2-6]은 실질GDP의 전기대비 성장률과 추세인 잠재GDP의 전기대비 성장률을 그린 그래프이다. 이를 보면 실질GDP는 추세변동을 중심으로 순환하고 우리나라 장기성장률은 하향 추세에 있음을 알 수 있다.

추세변동은 장기적 변동이므로 주파수영역(frequency domain)에서는 주파수 '0' 부분(매우 긴 주기)에서 큰 값을 가지는 변동으로 정의된다. 한편 시간영역에서는 추세변동은 확정적 추세변동과 확률적 추세변동으로 구분된다. 확정적 추세변동은 시간의 선형, 비선형 함수로 측정된 추세변동이고, 확률적 추세변동은 확률적

[그림 2-5] HP 필터에 의한 잠재GDP 추이

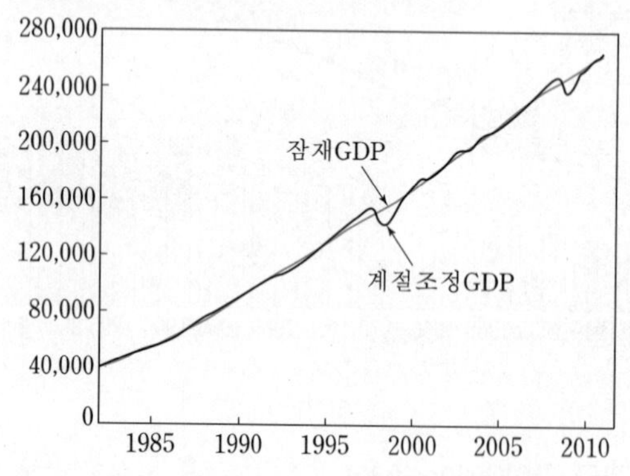

[그림 2-6] HP 필터에 의한 잠재GDP의 전기대비 성장률 추이

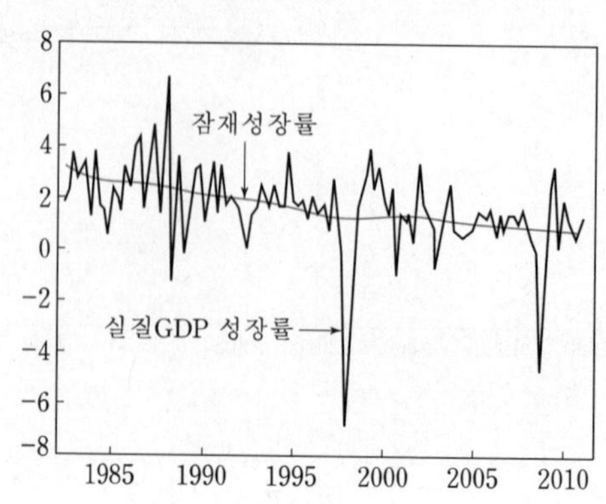

충격이 누적되어 나타나는 추세변동이다. 확률적 추세를 가지는 경제통계는 단위근을 가지는 불안정적인 시계열로 표현된다.

1.2. 순환변동이란 무엇인가?

경제통계의 추이를 살펴보면 장기 추세변동을 중심으로 끊임없이 상승과 하락을 반복하며 변동한다. [그림 2-7] (a)는 실질GDP의 계절조정계열, 추세변동계열, 계절조정계열에서 추세변동계열을 차감한 순환·불규칙 변동계열이 차례로 그려진 그래프이다. 순환·불규칙 변동계열에서 불규칙변동의 영향력이 작아서 순환변동이 돋보인다. [그림 2-7] (b)는 소비자물가지수의 원계열, 추세변동계열, 원계열에서 추세변동계열을 차감한 순환·계절·불규칙 변동계열이 차례로 그려진 그래프이다. 순환·계절·불규칙 변동계열은 계절·불규칙변동의 영향력이 작아서 순환변동을 볼 수 있다.

[그림 2-8]에서 보듯이 추세·순환 변동으로 구성된 경제통계에서 추세변동을 제외하고 살펴보면 [그림 2-8]의 (b)와 같이 경제통계는 상승하다가 마침내 정점(peak)에 이르게 되고 이후 경제통계가 둔화되어 저점(trough)에 이르게 되면 다시 상승으로 반전되는 순환변동을 볼 수 있다. 이와 같이 우리나라 경제통계는 대체로 추세변동을 중심으로 변동하는 성장순환의 형태를 띤다.

경제통계에서 순환변동과 가장 밀접한 변동은 경기변동이다. 경기변동이란

[그림 2-7] **실질GDP와 소비자물가지수 변동추이**

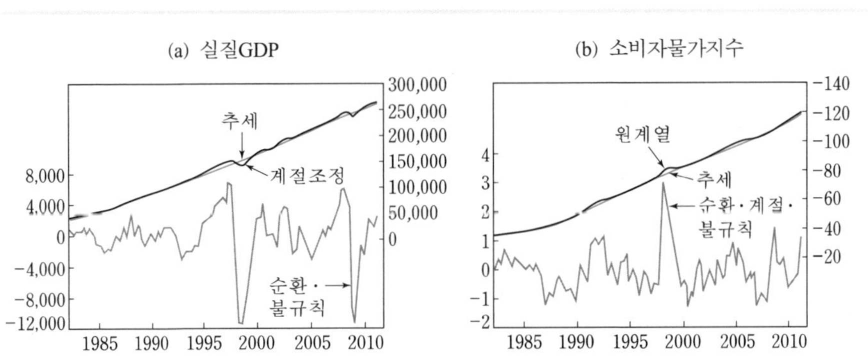

[그림 2-8] 경제통계의 추세변동과 순환변동

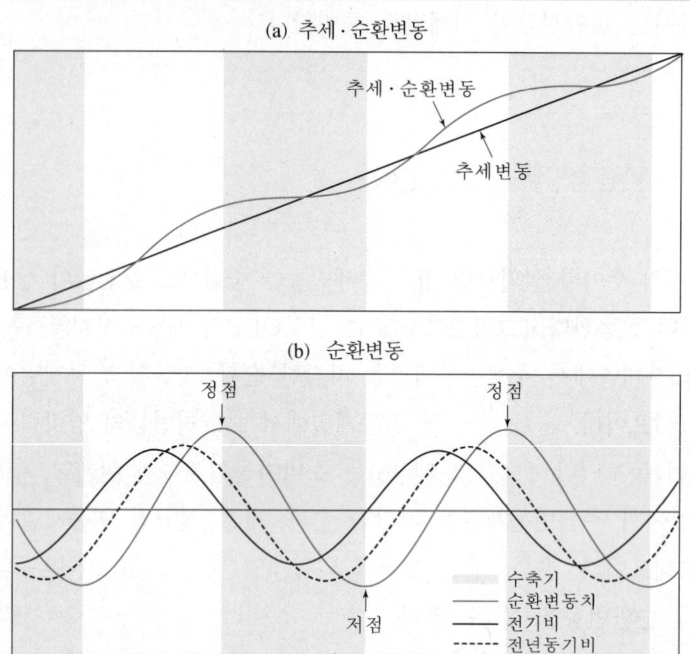

주) 중앙의 가로선은 전기비 도표에서는 추세변동의 전기비, 전년동기비 도표에서는 추세변동의 전년동기비, 순환변동치 도표에서는 추세변동=100에 각각 해당

GDP, 소비, 투자, 고용 등 경제통계가 장기 추세변동을 중심으로 순환하는 순환변동을 의미한다. 순환변동은 유가변화, 생산기술 변화 등 경제의 공급충격과 투자 및 소비의 변화 등 수요충격에 의해 생성되며 재정정책, 통화정책과 밀접한 관련이 있다. 경기변동은 지속성, 변동성, 동조성 등으로 그 특성을 파악할 수 있다.

순환변동을 이해하려면 먼저 관련 용어를 정리해야 한다. 주요 내용은 [그림 2-9]에 정리되어 있다. 먼저 일정기간의 순환변동 중 가장 큰 값을 정점, 가장 작은 값을 저점이라고 한다. 순환변동의 저점에서 다음 저점까지의 기간을 순환주기라고 부른다. 통상 경기변동과 관련된 순환변동의 주기는 2~5년이다. 순환변동을 결정하는 또 다른 요인은 진폭인데 저점에서 정점까지의 높이를 의미한다. 순환변동의 상승과 하강이 대칭적이라면 주기와 진폭에 의해 순환변동이 결정되지만 대부분 비대칭적이다. 따라서 이를 나누어서 살펴보게 된다. 순환변동은 2단계 또는 4단계로 구분할 수 있다. 순환변동을 2단계로 구분해 보면 순환변동의 저점에서 정점까지를 확장국면, 순환변동의 정점에서 저점까지를 수축국

[그림 2-9] **순환변동**

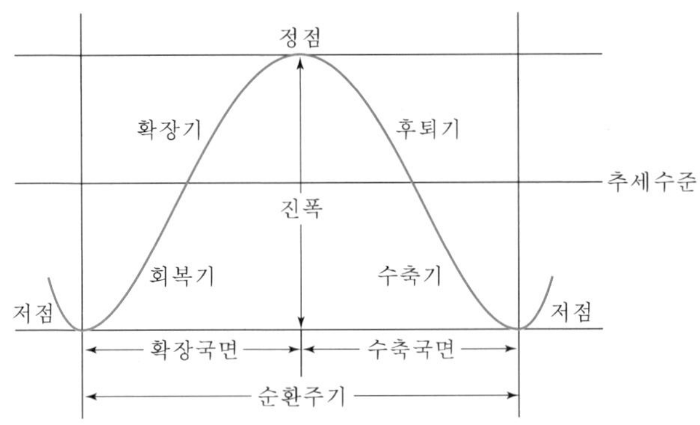

면이라고 한다. 2단계로 나누어진 순환변동을 추세변동(평균)을 기준으로 다시 나누면 4단계로 구분된다. 즉, 확장국면을 회복기와 확장기로, 수축국면을 후퇴기와 수축기로 나눈다.

경제통계에서 순환변동을 구하고 그 특성을 파악하려면 순환변동의 정점과 저점을 파악해야 한다. 이를 통해 순환변동의 확장국면, 수축국면, 주기를 설명할 수 있다. 우리나라 경기순환에 대한 정점과 저점은 통계청에서 전문가와 협의해 정하는데 이를 기준순환일(reference date)이라 한다. 2012년 3월 현재 기

표 2-1 **우리나라의 기준순환일**

구분	기준순환일			지속기간(개월)		
	저점	정점	저점	확장기	수축기	순환기
제1순환	1972.3	1974.2	1975.6	23	16	39
제2순환	1975.6	1979.2	1980.9	44	19	63
제3순환	1980.9	1984.2	1985.9	41	19	60
제4순환	1985.9	1988.1	1989.7	28	18	46
제5순환	1989.7	1992.1	1993.1	30	12	42
제6순환	1993.1	1996.3	1998.8	38	29	67
제7순환	1998.8	2000.8	2001.7	24	11	35
제8순환	2001.7	2002.12	2005.4	17	28	45
제9순환	2005.4	2008.1*	2009.2*	33	13	46
제10순환	2009.2*					
평 균	–	–	–	31	18	49

주) *: 잠정

준순환일은 1970년 이후의 기간을 대상으로 정해져 있는데 [표 2-1]과 같다.

이를 보면 우리나라 경기의 순환변동 주기는 약 49개월이며 이중 확장기는 31개월, 수축기는 18개월이다. 확장기가 수축기에 비해 긴 것으로 나타났다. 우리나라 경기순환은 경기동행지수 순환변동치라는 통계로 그 내용을 확인할 수 있다. [그림 2-10]은 경기동행지수 순환변동치 추이이며 흐리게 표시된 부분이 경기수축국면이고 P와 T는 각각 경기의 정점과 저점이다.

[그림 2-10] **경기동행지수 순환변동치 추이**

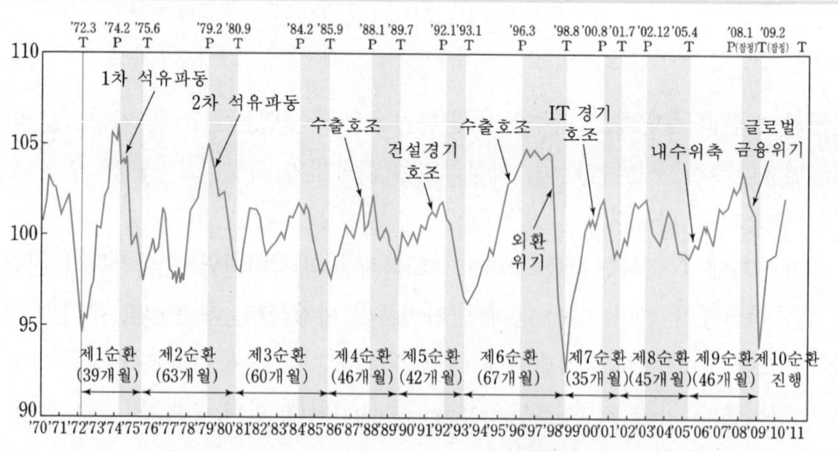

표 2-2 **경기순환국면별 동향**

구분	순환국면	경제동향
제1순환 (1972.3~1975.6)	확장기 (1972.3~1974.2)	정부의 강력한 수출지향정책, 세계경기 회복에 따른 건실한 성장, 사채동결 및 금리인하정책(8·3조치)
	수축기 (1974.2~1975.6)	제1차 석유파동에 따른 물가급등으로 경기 위축 정부의 중화학공업육성 시책으로 수축심도는 미약
제2순환 (1975.6~1980.9)	확장기 (1975.6~1979.2)	중동건설 특수, 중화학공업지향 산업구조정비, 부동산경기과열로 경기활성화
	수축기 (1979.2~1980.9)	제2차 석유파동, 10·26, 5·17 등 정치사회 불안정으로 민간소비와 설비투자가 위축
제3순환 (1980.9~1985.9)	확장기 (1980.9~1984.2)	물가안정 시책, 세계경기 회복으로 제조업 생산 및 수출증가, 설비투자 및 민간소비의 소폭증가로 미미한 경기 회복세
	수축기 (1984.2~1985.9)	무리한 투자확대 지양, 부동산 투기억제 시책으로 국내경기 위축, 주요국의 보호무역 강화로 수출증가 둔화

제4순환 (1985.9~1989.7)	확장기 (1985.9~1988.1)	3저현상(저유가, 저금리, 달러 약세)으로 대내외 경제여건 호전, 주식시장 활황과 함께 국내수요도 활기를 띠면서 10~12%의 GDP성장률 달성
	수축기 (1988.1~1989.7)	노사분규 격화, 부동산 가격 및 임금의 상승 등 경제여건 약화로 경기부진, 민간소비·설비투자·건설투자 등은 증가세를 보여 수축심도는 약해짐
제5순환 (1989.7~1993.1)	확장기 (1989.7~1992.1)	신도시 건설계획, 중화학공업 부문의 대규모 설비투자 등 내수부문 주도하에 경기회복, 부동산가격 상승 등으로 민간소비 증대
	수축기 (1992.1~1993.1)	과열된 건설경기가 진정되고 소비가 둔화되면서 경기가 급속도로 위축, 선진국 경기침체가 장기화되면서 수출부진 지속
제6순환 (1993.1~1998.8)	확장기 (1993.1~1996.3)	엔화강세로 인한 수출가격 경쟁력 회복 등으로 전기전자 제품 수출이 증가해 경기상승 주도, 자본자유화로 외국자본차입을 통한 대규모 설비투자 확대
	수축기 (1996.3~1998.8)	원화강세로 인한 수출가격 경쟁력 약화와 수출주력 제품의 세계적인 공급과잉으로 수출부진, 대형투자로 인한 외채급증, 대기업 도산 속출 및 동남아국가의 외환위기로 외환위기 발생
제7순환 (1998.8~2001.7)	확장기 (1998.8~2000.8)	IT 관련 제품 중심으로 수출이 확대되고 투자도 증가해 경기회복, 외환위기의 심리적 공황상태가 진정되면서 소비도 회복
	수축기 (2000.8~2001.7)	세계 IT 경기침체로 인한 해외수요의 감소로 IT제품 수출이 부진하여 경기수축, 설비투자의 급격한 위축과 소비둔화도 경기수축에 기여
제8순환 (2001.7~2005.4)	확장기 (2001.7~2002.12)	가계대출 확대 등 내수경기부양책으로 소비가 증가하여 경기회복, 2002년 하반기 내수증가세가 다소 둔화되었지만 수출의 회복으로 경기상승이 지속
	수축기 (2002.12~2005.4)	2003년 하반기 내수 증가세가 다소 둔화되었지만 수출 회복으로 경기상승이 지속 2004년 수출호조에도 불구하고 소비투자 등의 내수부문이 부진하여 경기회복이 지연
제9순환 (2005.4~2009.2)	확장기 (2005.4~2008.1)	민간소비 등의 내수가 침체에서 벗어나 수출호조와 함께 완만한 경기회복, 2007년에는 미국발 서브프라임 사태에도 불구하고 수출상승이 지속되었으며 소비설비투자도 호조
	수축기 (2008.1~2009.2)	2003년 상반기는 수출은 호조가 지속되었으나 유가급등 등으로 인해 내수부문에서 경기둔화 가시 글로벌 금융위기 발생에 따른 세계 경기침체 여파로 2003년 4/4분기 이후 수출, 내수 모두 급락

참고 2-2 경기하강의 종류

확장과 수축이 반복되는 경기순환과정 속에서 정책당국은 호황이 지나고 하강이 닥칠 시기가 되면 경기전환 과정을 부드럽게 하여 하강의 골을 가급적 얕게 하는 방법을 모색하고 있다. 그러나 정책의 효과가 나타나기까지는 어느 정도 시차가 필요하기 때문에 호황이 다가오면 이를 대비하는 정책을 사전에 실시할 필요가 있다. 경기하강은 크게 연착륙(soft landing), 경착륙(hard landing), 붕괴(crash)로 구분할 수 있다. 이 용어들은 원래 우주항공 분야에서 사용되는 용어로 경제학 교과서에서는 정식으로 사용하고 있지는 않지만 언론이나 실물경제학자, 정책당국자가 경기후퇴의 강도에 따라 편의적으로 사용하고 있다.

연착륙은 높은 성장을 기록했던 국민경제가 잠재성장률 수준으로 부드럽게 회귀하여 물가와 고용상태가 안정적인 모습을 보이는 경제상태로 진입하는 것을 의미한다. 이는 경제가 나빠져도 재이륙이 크게 어렵지 않은 상태로 가는 것을 의미한다.

경착륙은 활황세인 경기가 급격히 냉각(마이너스 성장)되면서 실업자가 급증하는 경제상태를 의미한다. 연착륙과 경착륙 사이의 개념으로 범피 랜딩(bumpy landing) 또는 소프트 패치(soft patch)가 있는데 이는 성장률이 잠재성장률 이하이지만 플러스인 상태를 의미하나 이는 경기후퇴가 경착륙 정도로 나빠지지는 않지만 크게 회복될 가능성도 보이지 않는 지지부진한 상태를 의미한다.

붕괴(crash)는 미국의 대공황과 같이 경제가 대폭락한 후 깊은 불황에 빠지는 상태를 의미한다. 경제가 붕괴된 뒤 재붕괴되는 경우를 더블딥(double dip)이라

[그림 2-11] 경기하강의 종류

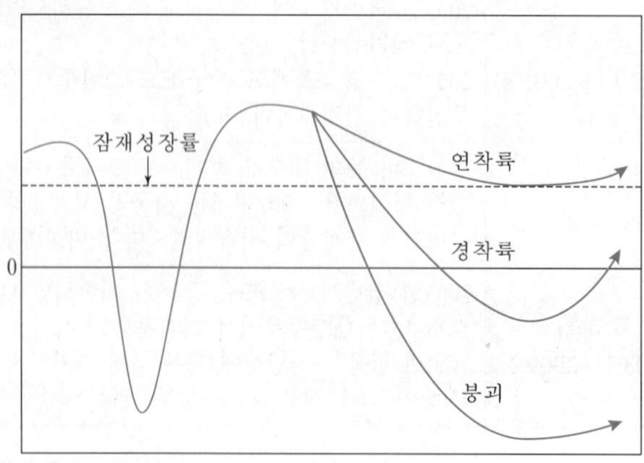

고 한다.

연착륙의 예를 살펴보자. 영국경제는 1994년 실질국내총생산이 4.4% 증가하고, 1995년 중 소비자물가가 3.4% 상승하는 등 경기과열의 우려가 있었다. 1995년, 1996년의 성장률이 각각 2.8%, 2.6%로 둔화되었음에도 불구하고 실업률이 1994년 9.4%에서 1996년 7.5%로 하락하고 1996년 소비자물가도 2.5% 상승하는 등 연착륙에 성공했다.

경착륙의 예를 살펴보자. 일본은 1980년대 후반까지 급속한 경제성장을 이룩했으나 1990년대 초반 자산가격의 거품이 꺼지면서 연착륙에 실패하여 성장률이 급속히 하락하고 실업률이 증가하는 등 경착륙을 경험했으며 아직까지 침체의 늪에서 헤어나지 못하고 있다.

붕괴의 예를 살펴보자. 1929년 중 발생한 미국 대공황으로 미국은 장기간 성장률의 폭락, 물가의 하락, 실업률의 급속한 증가 등을 경험했다.

참고 2-3 파동분석

파동(wave)분석자는 파동으로 경제예측을 하고 있다. 이들은 경기변동을 그 주기와 원인에 따라 키친(Kitchin) 파동, 주글라(Juglar) 파동, 쿠즈네츠(Kuznets) 파동, 콘트라티에프(Kondratiev) 파동으로 구분했다.

키친 파동은 재고와 관련된 파동이다. 재고는 일반적으로 경기 저점에서 정점으로 가면서 쌓이고 정점에서 저점으로 가면서 줄어든다. 이러한 재고 관련 키친 파동은 통상 40~60개월 정도의 주기를 가진다. 주글라 파동은 7~11년 주기를 가지는 파동이며 기업의 내구재소비, 즉 설비투자의 내용연수와 관련하여 나타나는 순환과 관련 있는 파동이다. 쿠즈네츠 파동은 20년 정도의 주기를 가지는 파동으로 주택, 사무건물, 공장과 같은 부동산의 생성과 소멸과 관련된 변동이다. 마지막으로 콘트라티에프 파동은 40~70년 주기를 가지는 파동으로 앞서의 모든 파동이 누적되어 생성되며 주 원인은 기술혁신, 전쟁, 신자원의 개발 등에 의해 나타난다 이러한 파동분석으로 경기변동, 즉 순환변동을 예측하는 데에는 제약이 있다. 왜냐하면 현실경제는 여러 종류의 파동이 혼재되어 경기변동 모습이 일정하지 않기 때문이다.

1.3. 계절변동이란 무엇인가?

경제통계를 이용하여 경제 상황을 분석하는 경우 각 경제통계에서 흔히 1년 주기로 반복하여 나타나는 변동 현상을 쉽게 발견할 수 있다. 예를 들면 GDP는 농산물의 수확, 영업일수 등으로 매년 4/4분기에 크게 나타나고, 1/4분기에는 작게 나타난다. 실업률은 매년 3월에 학교 졸업에 따른 신규 노동인력 증가와 농한기로 인해 상대적으로 높게 나타난다. 이러한 변동은 월별 또는 분기별 경제통계에 계절의 변화, 공휴일, 명절, 사회적 관습에서 비롯되는 1년 주기의 변동을 포함하고 있기 때문이다. 이러한 변동을 계절변동이라고 한다. 이러한 계절변동을 고려하지 않고 경제통계를 이용·분석하는 경우 경제통계에 계절변동이 반복하여 나타나, 경제통계에서 파악하려는 기조적 변동인 추세변동과 순환변동을 파악하기 어려울 뿐만 아니라 경제변수 간 거짓의 인과관계가 나타날 가능성도 있다.

예를 들어 경기하강 국면에 실질GDP 원계열이 3/4분기보다 4/4분기가 크다고 해서 경기가 회복되고 있다고 할 수 없다. 마찬가지로 3월에 높았던 실업률이 10~11월에 낮아졌다고 해서 실업문제가 해결되었다고 볼 수 없다. 이들 변화는 모두 계절변동에 따른 것이다. 따라서 경제통계의 기조적 움직임을 파악하려면 원계열에서 계절변동을 제거하여 분석할 필요가 있다. 아울러 달력변동에 따른 명절변동, 영업일수에 따른 변동의 조정도 필요하다. [그림 2-12]는 실질

[그림 2-12] 실질GDP와 농림어업GDP 추이

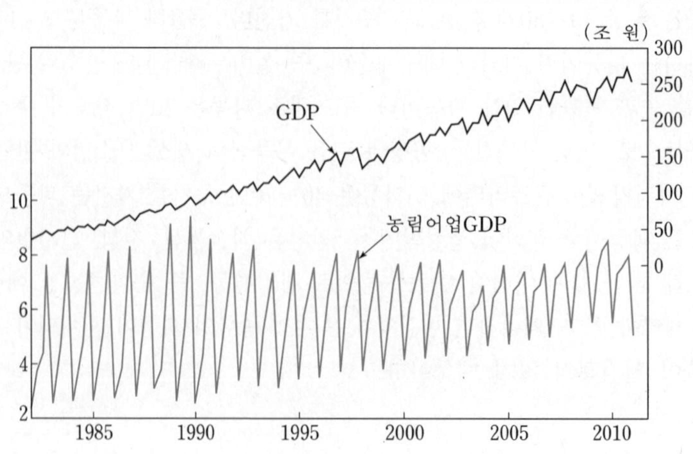

GDP와 농림어업GDP 추이이다. 결국 농림어업의 1년 주기의 계절변동이 GDP의 계절변동을 유발했다고도 판단된다.

계절변동을 파악할 수 있는 그래프로는 경제통계를 월별 또는 분기별로 정리한 후 평균을 중심으로 정리한 그래프가 있다. [그림 2-13]은 실질GDP와 농림어업GDP를 분기별로 정리한 그래프이다. 이를 보면 실질GDP와 농림어업GDP의 분기별 평균값에 차이가 있음을 알 수 있으며, 이 차이는 계절변동에 기인한 것이다.

계절변동은 원계열을 계절조정계열로 나누어 구할 수 있다. [그림 2-14]를 보면 농림어업GDP의 계절변동이 전체 GDP의 계절변동보다 영향력이 큼을 알 수 있다.

경제통계에 존재하는 달력변동은 계절변동과 완전히 주기가 일치하지 않지만 계절변동으로 이해된다. 요일구성 및 공휴일 등에 따른 영업일수 변동과 그에

[그림 2-13] **분기별 실질GDP와 농림어업GDP 추이**

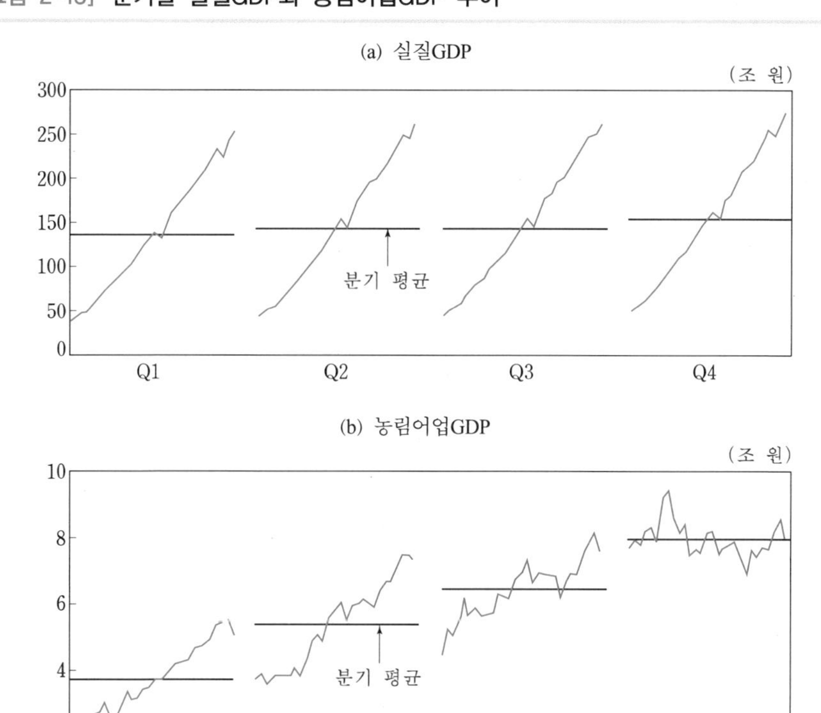

[그림 2-14] 실질GDP와 농림어업GDP의 계절변동 추이

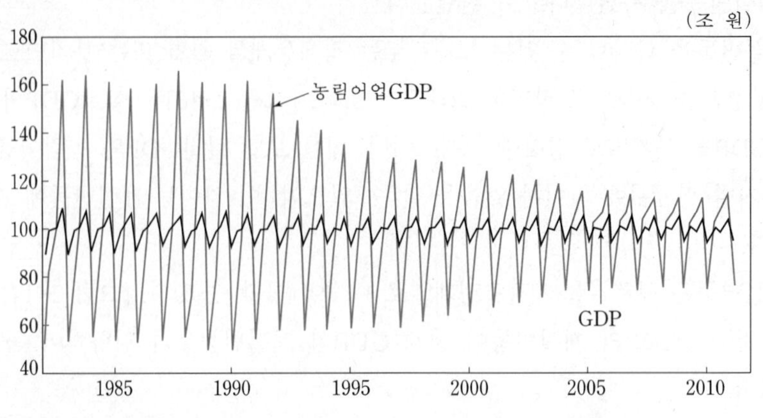

따른 근로일수 변동에 따라 나타나며 구체적인 내역은 ①~③과 같다.

① 월(분기) 길이 : 윤년인 경우 2월이 28일→29일로 변동
② 월(분기)별 요일구성 : 월(분기)별 토, 일요일수가 변동
③ 공휴일수 : 설, 추석, 선거, 공휴일 등이 연도별로 변동

영업일수 변동이 생산 등 경제통계의 변동을 유발하여 통계해석에 오류가 발생하기 때문에 영업일수가 실제로 경제지표에 얼마나 영향을 미치고 있으며 이를 어떻게 조정해야 할지에 대하여 검토해야 한다.

1.4. 불규칙변동이란 무엇인가?

불규칙변동은 잔차변동 또는 오차로 표현되지만 주기별 변동의 경우 특별한 주기를 가지지 않는 초단기변동을 의미한다. [그림 2-15]는 실질GDP의 불규칙변동이다.[2)]

불규칙변동에는 [그림 2-16]과 같은 특이항, 구조변화가 포함된다. 특이항은

2) 불규칙변동은 계절조정계열에서 계절조정계열의 3분기 이동평균을 차감하여 산출했다.

[그림 2-15] **실질GDP의 불규칙변동 추이**

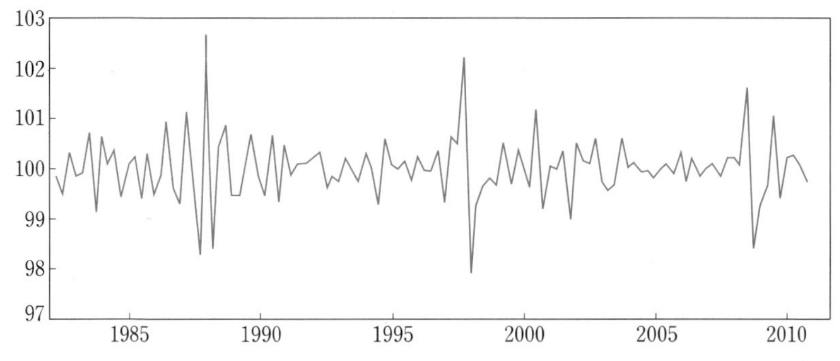

[그림 2-16] **특이항과 구조변화**

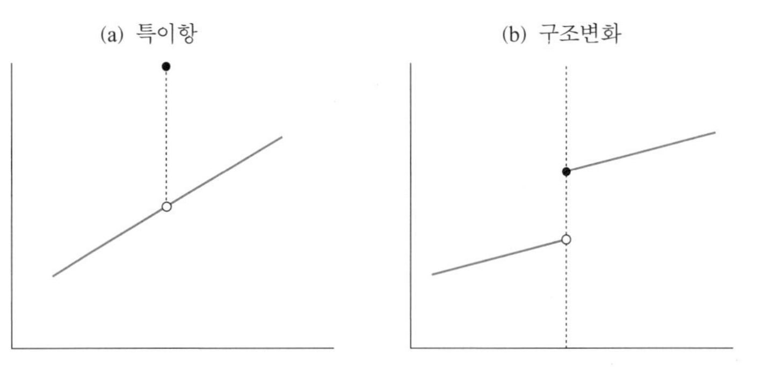

파업 또는 자연재해 등 경제통계의 고유변동과 달리 돌발적으로 발생했다가 사라지는 변동이다. 특이항은 일정기간의 초단기변동을 나타낸다.

예를 들어 태풍이 발생하여 일정기간 생산 차질이 발생하면 이후 얼마간 초과근무를 통해 복구작업을 실시하여 두 기간을 평균해서 보면 이전의 일상기간의 생산과 큰 차이가 없어진다.

구조변화는 경제통계가 [그림 2-16]의 (b)와 같이 단계적으로 변하는 것이다. 구조변화의 예로는 1997년 외환위기, 2008년 글로벌 금융위기 등이 있다. 이러한 구조변화는 지속되지 않고 원래의 경제구조로 복귀할 수 있기 때문에 사후적으로 구조변화인지 여부를 확인해야 한다.

특이항 또는 구조변화가 존재하는데 이를 고려하지 않고 모형을 설정하거나 이동평균할 경우 예측력이 저하되고 이동평균 시 이상한 돌출형태가 생성되고 구조변화 전후의 형태가 왜곡되므로 경제통계를 계절조정할 때 이를 통계적 방법으로 식별하고 이를 제거한 후 계절변동을 추출하게 된다. 참고로 계절조정계열에는 구조변화와 특이항이 포함된다.

2. 경제통계에서 숨겨진 변동을 어떻게 찾아내는가?

경제통계는 시간에 따라 변화하는 시간영역(time domain)과 일정한 주기로 순환하는 주파수영역(frequency domain)의 정보를 동시에 가지고 있다. 따라서 경제통계분석도 시간영역분석과 주파수영역분석으로 구분된다.

시간영역분석은 시간이 경과함에 따라 경제통계가 전개되는 유형을 체계적으로 분석하는 방법으로 경제통계의 과거 통계와의 시차구조를 파악하는 한편 시차구조를 바탕으로 경제통계를 ARIMA모형 등과 같이 자신 또는 오차항의 시차변수로 모형화하고 예측하는 분석방법이다.

주파수영역분석은 경제통계를 주기를 달리하는 삼각함수 등에 대응시켜 이중 가장 영향력이 큰 삼각함수의 주기를 확인함으로써 경제통계를 구성하고 있는 변동의 주기를 파악하거나 변동을 추출하는 방법이다. 주파수영역분석은 경제통계의 특성파악에 주로 이용되어 왔으나 최근에는 경제통계변동의 추출, 경제변수 간 관계분석 등에도 광범위하게 이용되고 있다.

2.1. 경제통계의 주파수영역분석이란 무엇인가?

퓨리에는 1822년에 함수를 삼각함수로 표현할 수 있다고 생각했고, 결국 이 아이디어가 경제통계를 주기별로 분해할 수 있도록 했다. 퍼슨스(Persons)는 1919년에 경제통계를 장기적 경향이 있는 추세·순환변동, 계절변동, 잔차로 나눌 수 있고 이들을 결합하여 표현할 수 있다고 생각했다. 이 시대부터 순환변동의 추출, 계절조정은 경제통계분석의 주 관심사였다.

2.1.1. 삼각함수와 순환변동

삼각함수는 순환변동을 나타내기에 적합한 함수이다. 삼각함수로는 sine, cosine 함수가 있다. 원에서 반지름을 r이라 하고, 시계방향으로 순환한다면 sine, cosine 함수는 다음과 같이 정의된다.

$$\sin\theta = \frac{y}{r},\ \cos\theta = \frac{x}{r}$$

원 주위로 한 바퀴씩 돌 때마다, 즉 θ가 0°에서 360°까지 변할 때마다 $\sin\theta$, $\cos\theta$는 같은 값을 가지며 최대값과 최소값은 각각 1과 -1이다. 따라서 $\sin\theta$, $\cos\theta$는 주기가 360°(2π)인 순환함수이고 다음의 관계가 성립한다.

$$\sin\theta = \sin(\theta + 2n\pi),\ \cos\theta = \cos(\theta + 2n\pi)$$

경제통계는 시간의 함수이며 순환한다면 다음과 같은 sine 커브라고 생각할 수 있다.

$$y_t = \sin(2\pi f t) = \sin(\omega t),\ t = 0, 1, 2, \cdots, n-1$$

여기서 f는 주파수, 즉 단위시간당 순환의 수를 의미한다. 예를 들면 주기가 p인 변동이면 n 기간 중 n/p번의 순환이 존재함을 의미한다. 이 경우 주파수

[그림 2-17] **삼각함수의 정의**

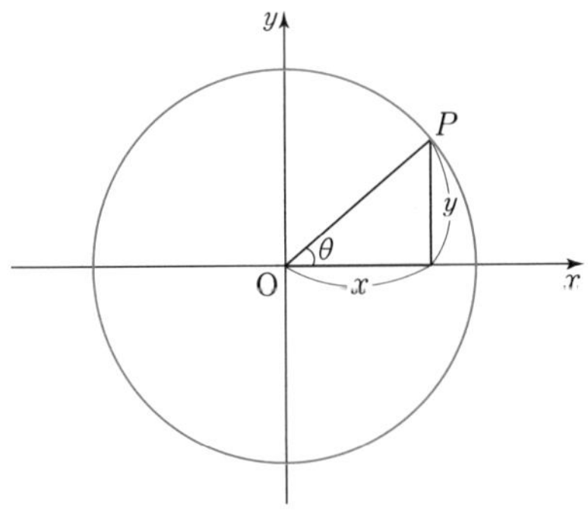

f는 $\frac{1}{p}$이 된다. 예를 들면 $f=\frac{1}{4}$인 경우 주기가 $p=4$인 경제통계인데 이는 다음과 같다.

[그림 2-18] sine 함수의 추이

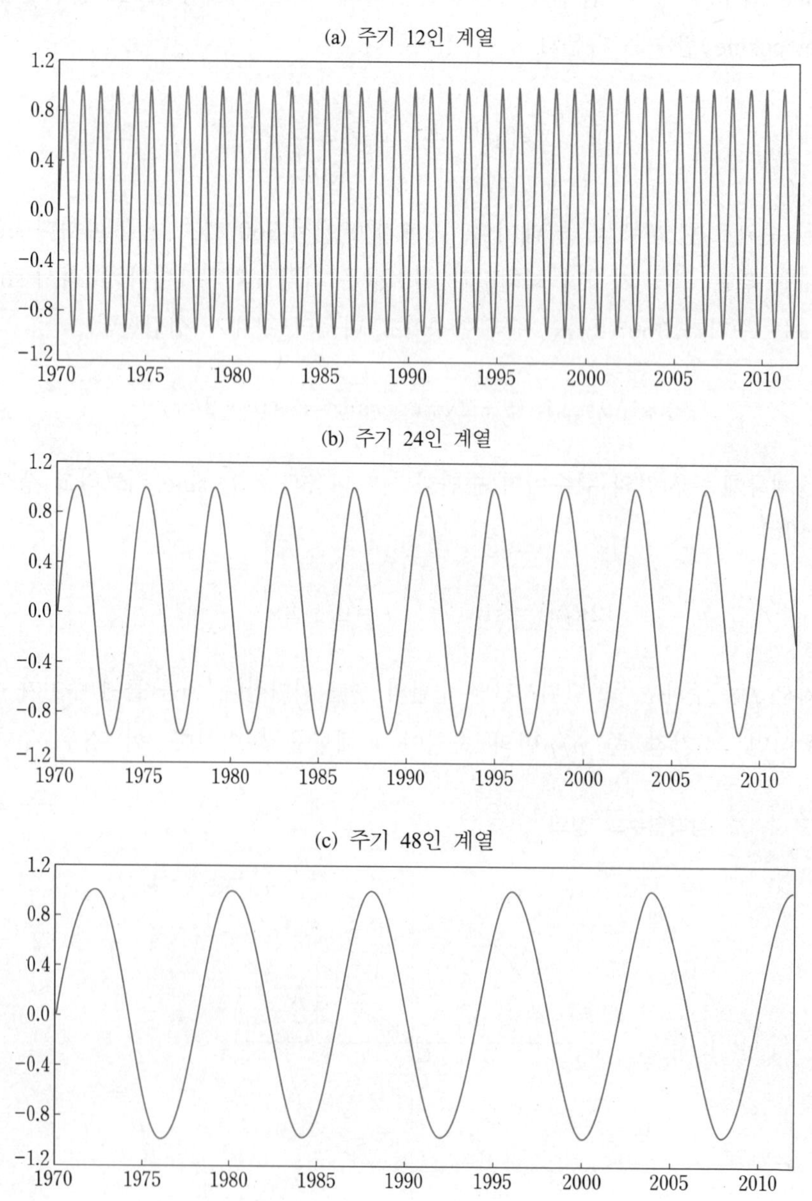

$$(0, 1, 0, -1, 0, 1, 0, -1, 0, 1, 0, -1, 0, 1, 0, -1, \cdots)$$

12개월 주기의 순환변동은 $p = 12$이며 주파수는 $f = \frac{1}{p} = \frac{1}{12}$이다. [그림 2-18]의 (a), (b), (c)는 주기가 12인 계열, 24인 계열, 48인 계열이다. 이를 보면 주기가 짧을수록, 즉 주파수가 길수록 같은 시간 내에 계열의 반복이 많아짐을 알 수 있다.

한편 $\sin\theta$ 함수와 $\cos\theta$ 함수는 다음의 관계를 가지고 있다.

$$\cos(\theta) = \sin(\theta + \frac{\pi}{2})$$

주기가 48인 $\sin(2\pi ft), \cos(2\pi ft)$의 그래프를 그려보면 [그림 2-19]와 같다. 파란색 선은 sine 함수 그래프이고 검은색 선은 cosine 함수 그래프이다.

경제통계가 sine 함수로 움직일 경우, 즉 $y_t = \sin(\omega t)$인 경우 주기가 $\frac{2\pi}{\omega}$이므로 다음이 성립한다.

$$y_{t + \frac{2\pi}{\omega} j} = y_t, \qquad |j| = 1, 2, \cdots$$

삼각함수는 복소수 형태로 표현할 수 있다.

$$e^{i\omega t} = \cos(\omega t) + i\sin(\omega t), \qquad i = \sqrt{-1}$$

[그림 2-19] sine 함수와 cosine 함수

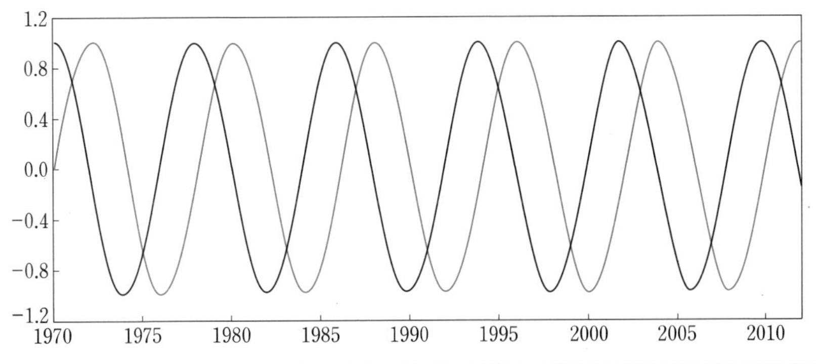

경제통계는 다양한 주기와 다양한 진폭, 다른 시차를 가진 순환변동의 결합된 형태를 띤다. 따라서 경제통계 y_t는 다양한 주기의 순환변동 $e^{i2\pi ft}$를 모든 주파수 f에 대해 결합하는 다음의 수식으로 표현된다.

$$y_t = \frac{1}{2\pi}\int_{-\pi}^{\pi} Y(f)e^{i2\pi ft}df$$

$$Y(f) = \sum_{t=-\infty}^{\infty} y_t e^{-i2\pi ft}$$

여기서 $Y(f)$는 y_t의 퓨리에 변환으로 순환변동 관련 계수이며, f에 대한 적분은 모든 주파수(주기)변동을 종합함을 의미한다. y_t는 퓨리에 변환된 $Y(f)$를 역퓨리에 변환하여 구한다.

2.1.2. 스펙트럴 밀도함수

주기가 긴 시계열은 저주파시계열, 주기가 짧은 시계열은 고주파시계열이라고 한다. 그러면 주어진 경제통계는 어떤 주기의 변동이 포함되어 있을까? 이는 주기도로 파악할 수 있다.

경제통계 y_t가 sine 함수와 cosine 함수로 구성된 순환변동과 오차 ϵ_t의 합으로 표현될 수 있다고 다음과 같이 가정한다.

$$y_t = \alpha_0 + 2\sum_j [\alpha_j \cos(\omega_j t) + \beta_j \sin(\omega_j t)] + \epsilon_t$$

여기서 ϵ_t는 평균 0, 분산 σ^2인 백색잡음계열, α, β는 추정해야 할 미지의 모수이다. ω_j는 주파수를 의미하는데 '2π/주기'로 표현된다.

시계열이 어떤 주파수(또는 주기)를 갖고 움직이고 있는지 알 수 없으므로 여러 주파수(또는 주기)에 대해 y_t의 회귀모형을 구하면 숨겨진 주파수를 찾을 수 있다. 자료의 수가 n개라면 $\omega_j = 2\pi j/n$의 주파수에 대해 회귀모형을 추정한 후 회귀자승합을 구하면 구할 수 있다. 주기도는 ω_j를 x축, 회귀자승합을 y축으로 하여 그린 그림을 의미한다. 주기도에서 특정 주파수에 큰 값이 나타나면 시계열에 해당 주파수(또는 주기)의 큰 변동이 존재한다고 판단한다. 주기도는 변동성이 커서 이를 평활화하여 살펴보고 있는데 이를 스펙트럴 밀도함수 또는 스펙트럼

[그림 2-20] **두 sine 함수의 합성과 스펙트럼**

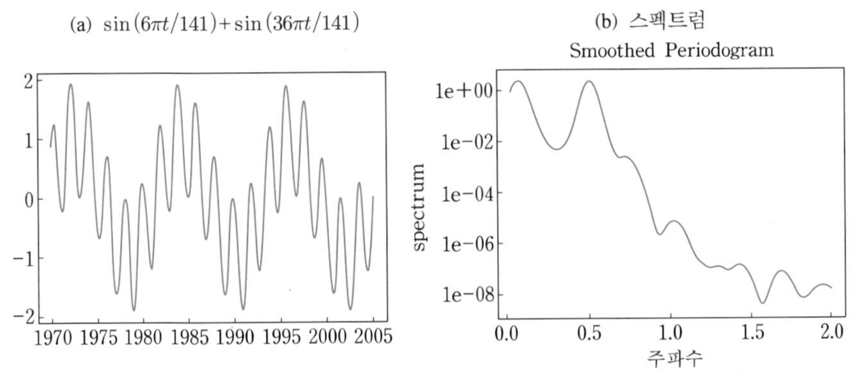

이라고 한다.

두 sine 계열을 합성해 본 후의 계열과 스펙트럼은 [그림 2-20]과 같다. 두 계열을 합성한 후의 스펙트럼은 두 sine 계열에 해당되는 주파수에서 큰 값을 가지고 있어서 동 계열은 두 변동이 있음을 알 수 있다.

2.2. 경제통계의 변동은 어떻게 파악하는가?

길이가 n인 경제통계를 다음과 같이 표현하고 $\omega_j = 2\pi j/n$의 주파수에 해당하는 변동영역은 분기 경제통계의 경우 [그림 2-21]과 같다.

$$y_t = \alpha_0 + \sum_{j=1}^{n} [\alpha_j \cos(\omega_j t) + \beta_j \sin(\omega_j t)] + \epsilon_t$$

GDP 원계열의 스펙트럼을 구해 보면 [그림 2-22]와 같은데 이를 보면 저주파수와 계절주파수에서 큰 값을 가짐을 알 수 있다. 이는 GDP 원계열의 변동을 추세변동과 계절변동이 주도하고 있음을 의미한다.

계절변동이 있는 경제통계의 스펙트럼을 구해 보면 계절주파수에서 큰 값을 보인다. 월 시계열의 경우 계절변동과 관련된 주파수(seasonal frequency)는 1년, 6개월, 4개월, 3개월, 2.5개월, 2개월의 주기변동과 관련되어 있다. [표 2-3]과

[그림 2-21] 분기 경제통계의 주파수별 변동영역

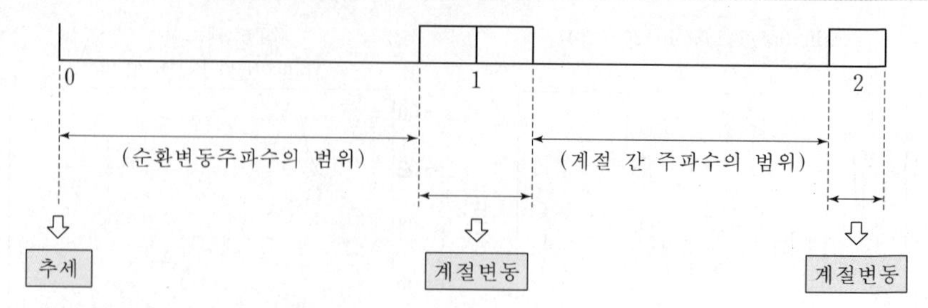

[그림 2-22] GDP계열과 스펙트럼

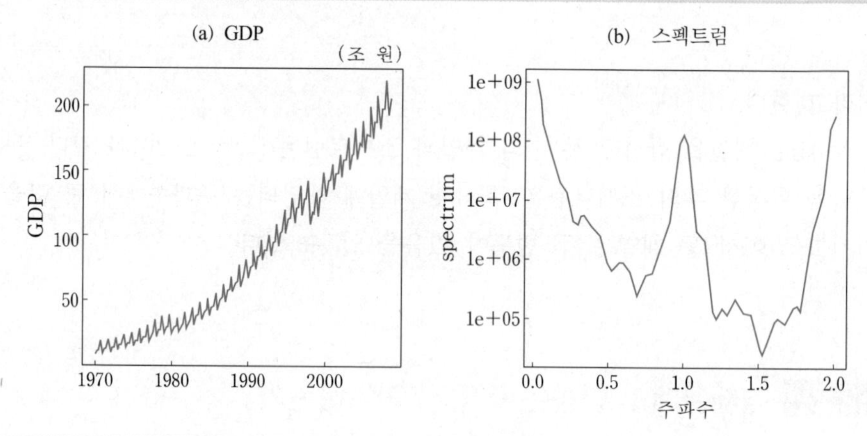

표 2-3 분석대상 시계열

시계열명	분석기간
수출	1990.1 ~ 2010.8
건설기성액	1990.1 ~ 2003.1
에너지소비량	1994.1 ~ 2010.6
서비스업생산지수	2000.1 ~ 2010.8
농산품CPI(소비자물가지수)	1985.1 ~ 2010.10
M1	1975.1 ~ 2020(잠정)

같은 6개의 월별 경제시계열을 대상으로 하여 월별 시계열의 계절변동과 계절·불규칙변동의 스펙트럼을 그렸다. 계절변동은 월별 시계열에 대해서 명절 등을 고려한 X-12-ARIMA 프로그램을 이용한 계절조정계열을 이용하여 구했

[그림 2-23] **계절변동과 스펙트럼**

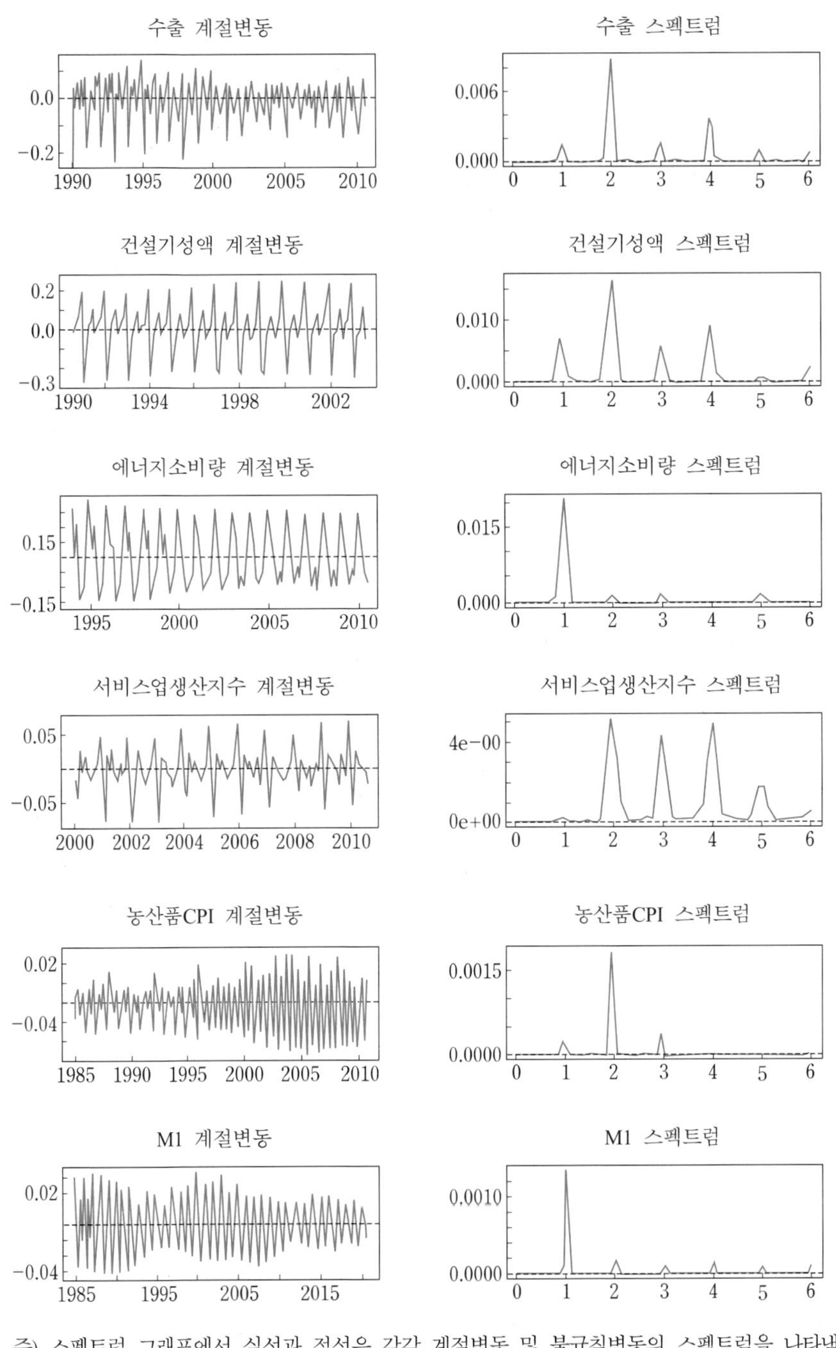

주) 스펙트럼 그래프에서 실선과 점선은 각각 계절변동 및 불규칙변동의 스펙트럼을 나타냄

다(이긍희 2002). [그림 2-23]의 월별 시계열의 스펙트럼 그래프를 보면 계절변동계열은 계절 주파수[3]인 1, 2, 3, 4, 5, 6 중 몇 개의 주파수에서 큰 스펙트럼 값을 나타내고 있다. 계절변동의 스펙트럼 그래프를 구체적으로 살펴보면 에너지소비량, M1수는 1년 주기의 계절성이 크고, 수출, 건설기성액, 농산품CPI는 6개월 주기의 계절성이 상대적으로 크게 나타났다.[4] 서비스업생산지수는 3, 4, 6개월 주기의 계절성이 비슷하게 크게 나타났다.

3. 경제통계의 변동을 어떻게 구할 것인가?

3.1. 경제통계의 평활화란 무엇인가?

경제통계를 어떻게 살펴볼까? 통계학에서는 탐색적 자료분석이라는 분야가 있다. 탐색적 자료분석에서는 통계분석을 크게 탐색단계와 확증단계로 구분한다. 탐색단계에서는 자료를 자세히 살펴 자료구조를 밝힐 수 있는 실마리를 찾는 것이다. 이를 통해 확증분석과 관련된 수리모형을 만들 수 있다. 실제값과 모형값의 차이인 잔차를 탐색하여 작성된 모형이 타당한지 살펴보게 된다.

탐색적 자료분석의 기본적인 방법은 수치 정보와 그래프 정보를 이용하는 것이다. 특히 그래프 정보로 다양한 특성을 한번에 파악할 수 있다. 경제통계에 적합한 탐색방법은 무엇일까? 경제통계는 다음과 같이 의미있는 신호 s_t와 무의미한 오차 ϵ_t로 구성되어 있다고 생각하는 것이다. 여기서 오차 ϵ_t는 평균(기대값)

3) 계절주파수인 1~6은 각각 1년, 6개월, 4개월, 3개월, 2.5개월, 2개월의 주기변동에 대응된다.

4) 미국 센서스국에서는 월별 시계열의 스펙트럼 분석 시 첫 4개의 계절빈도수(1~4)에 관심을 가질 것을 권고하고 있는데(Donald-Johnson et al. 2006), 이는 10개의 월별 시계열 분석결과와 일치한다.

0, 분산이 σ^2이고 서로 독립이라고 생각한다.

$$y_t = s_t + \epsilon_t$$

그렇다면 경제통계에서 의미있는 신호를 어떻게 찾을까? 가장 간단한 방법은 이동평균을 하는 것이다. 이러한 방법을 평활화라고 한다. 평활화는 일정시점을 기준으로 그 시점의 경제통계값과 주변 시점의 경제통계값을 평균해서 무의미한 오차의 영향을 최소화하는 것이다. 주로 이용되는 평활화 방법에는 $2l+1$기 중심화 이동평균이 있다.

$$\begin{aligned} m_t &= \frac{1}{2l+1}(y_{t-l} + y_{t-l+1} + \cdots + y_t + y_{t+1} + \cdots + y_{t+l}) \\ &= \frac{1}{2l+1}\sum_{j=-l}^{l} y_{t+j} \end{aligned}$$

평활값 m_t의 평균($E(m_t)$)과 분산($\mathrm{Var}(m_t)$)을 이론적으로 구해 보면 다음과 같다. 이를 보면 분산은 평활화되는 항수가 커짐에 따라 작아지는 것을 의미한다. 이는 l이 커짐에 따라 평활화되어 현재 신호는 미래와 과거의 신호와 섞이지만 분산이 작아져 신호가 명확해지는 특징이 있다. 따라서 어떤 기간으로 평활화할까? 즉, l을 어떻게 정할까는 통계학에서 중요한 연구주제로 오랫동안 연구되었다.

$$E(m_t) = \frac{1}{2l+1}\sum_{i=-l}^{l} s_{t+i}$$

$$Var(m_t) = \frac{\sigma^2}{2l+1}$$

이러한 평활화된 값을 시계열도표로 원래의 경제통계와 같이 그려보면 의미있는 내용을 볼 수 있다.

평활화에는 중심화 이동평균, 후방이동평균, 이중이동평균, 가중이동평균 등이 있다.

중심화 이동평균의 경우, 최근 시점의 경우 미래 시점의 자료가 없기 때문에 최근의 이동평균은 신호가 안정적이지 못하다. 계절변동조정 GDP 전기대비 성장률의 경우 신호가 부정확하므로 3분기 중심화 평균하여 정보를 제공한다. 이 과정에서 전기대비 성장률에서 나타나는 불규칙변동의 영향력을 줄일 수 있지만 중심화 이동평균 과정에서 마지막 한 개의 자료가 없어지는 제약이 있다.

주가지수 등 금융 데이터의 경우 최근 시점의 불확실성을 배제하기 위해 다음과 같이 후방이동평균을 이용한다. 주가지수분석의 경우 주로 5일, 20일, 60일, 120일 이동평균이 이용된다.

$$m_t = \frac{1}{l}\sum_{j=0}^{l-1} y_{t-l}$$

이동평균한 값을 다시 이동평균한 것을 이중이동평균이라 한다. 예를 들어 3분기 이동평균한 것을 다시 3분기 이동평균한 것을 3×3이동평균이라고 하는데, 이는 5분기 중심화 가중이동평균으로 다시 표현된다. 이중이동평균은 계절조정할 때 활용되는 평활화 방법이다.

$$\begin{aligned} m_{3\times 3} &= \frac{\left(\dfrac{y_{t-2}+y_{t-1}+y_t}{3}+\dfrac{y_{t-1}+y_t+y_{t+1}}{3}+\dfrac{y_t+y_{t+1}+y_{t+2}}{3}\right)}{3} \\ &= \frac{(y_{t-2}+2y_{t-1}+3y_t+2y_{t+1}+y_{t+2})}{9} \end{aligned}$$

평활화의 특성을 살펴보자. 평활화과정에서 이동평균항 수를 늘리면 보다 장기적인 변동을 파악할 수 있다. 그런데 중심화 이동평균의 경우 최근 이동평균값을 구할 수 없기 때문에 장기 이동평균을 구하는 데 제약이 있다. 이 경우에는 경제통계의 예측치를 구한 후 이를 이용하여 이동평균값을 구하거나 가능한 자료만으로 이동평균을 구하기도 한다.

분기 GDP를 중심화 5분기(1년) 이동평균을 실시해 보자. 이 경우 분기 GDP를 각 지점에서 연간화하여 계절변동을 제거할 수 있다. 양끝에 0.5의 가중을 준 것은 해당 분기가 2번 나오는 데 따른 것이다.

$$z_t = \frac{1}{4}(0.5y_{t-2}+y_{t-1}+y_t+y_{t+1}+0.5y_{t+2})$$

[그림 2-24] 실질GDP와 중심화 5분기 이동평균 추이

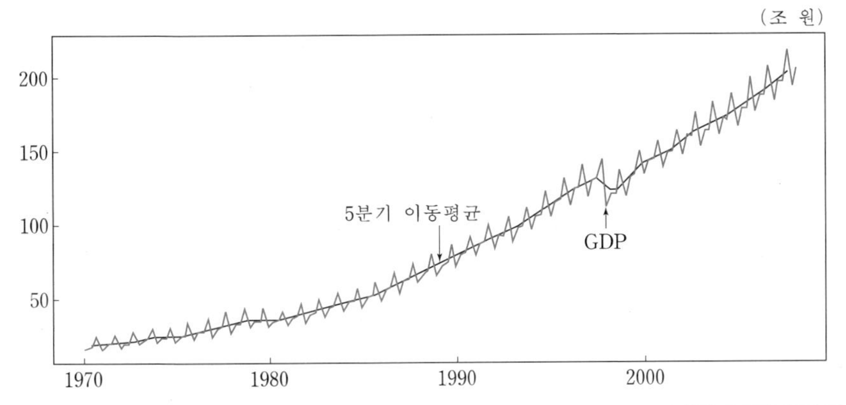

[그림 2-24]는 중심화 5분기(1년) 이동평균 결과를 그림으로 그린 것으로, 계절변동이 어느 정도 제거되었음을 알 수 있다.

종합주가지수 분석 시 이용되는 이동평균선(이동평균치를 이은 선)이 후방이동평균의 대표적인 예이다. 대표적인 이동평균선으로는 5일, 20일, 60일, 120일, 200일 이동평균선이 있다. 5일 이동평균선은 단기추세를, 20일, 60일 이동평균선은 중기추세를, 120일, 200일 이동평균선은 장기추세를 나타낸다. 주가지수 이동평균선은 단기일수록 주가변화에 민감하게 반응해 정확성은 떨어지나 후행성은 줄어드는 장점이 있으며, 장기 이동평균선은 추세는 정확하나 후행성이 크다. 또한 이동평균선이 상승하면 상승추세, 하락하면 하락추세가 있다고 본다.

[그림 2-25] 종합주가지수와 이동평균

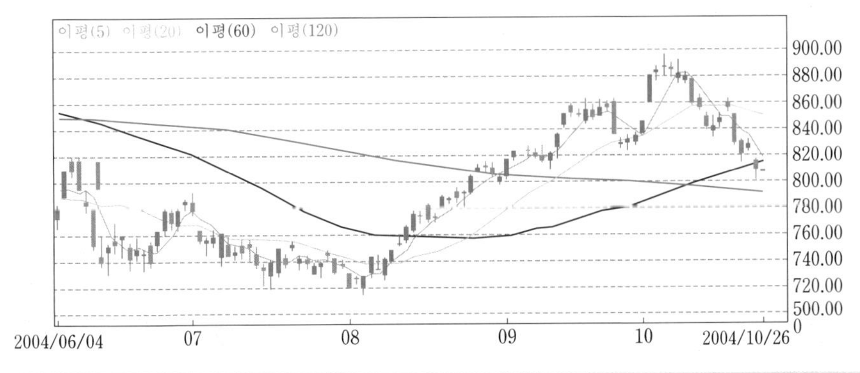

3.2. 필터란 무엇인가?

필터는 일반적으로 경제통계에 포함된 일정한 주파수변동은 그대로 통과시키고 그외의 주파수변동은 통과시키지 않는 주파수 선택을 갖도록 하는 역할을 하며, 이동평균 형태를 띤다. 필터는 일반적으로 다음 수식과 같은 형태를 가진다. 입력계열 x_t의 미래값과 과거값의 가중평균이다. 여기서 w_i는 필터의 충격반응계수이며 일반적으로 $\sum_i w_i = 1$이다.

$$y_t = \sum_{i=-\infty}^{\infty} w_i x_{t-i}$$

필터의 특성을 살펴보려면 입력계열이 $x_t = e^{i2\pi ft}$라고 하면 출력계열은 다음과 같이 표현할 수 있다.

$$\begin{aligned} y_t &= \sum_{k=-\infty}^{\infty} w_k e^{i2\pi f(t-k)} \\ &= e^{i2\pi ft}\left(\sum_{k=-\infty}^{\infty} w_k e^{-i2\pi fk}\right) \\ &= H(f)e^{i2\pi ft} \end{aligned}$$

여기서 $H(f)$는 주파수반응함수(frequency response function)라고 부르는데 이는 다음과 같이 표현할 수 있다.

$$H(f) = \sum_{k=-\infty}^{\infty} w_k e^{-i2\pi fk} = G(f)e^{i\theta(f)}$$

여기서 $G(f)$는 주파수반응함수의 크기를 나타내는 이득(gain)함수이며 $e^{i\theta(f)}$는 위상함수이다. 주파수반응함수의 이득 크기를 y축, 주파수를 x축으로 하는 이득도표를 통해 필터의 특성을 파악할 수 있다.

필터는 [그림 2-26]과 같이 크게 저주파통과(low pass) 필터, 고주파통과(high pass) 필터, 구간통과(band pass) 필터로 구분된다. 저주파통과 필터는 시계열 저

[그림 2-26] **필터의 종류**

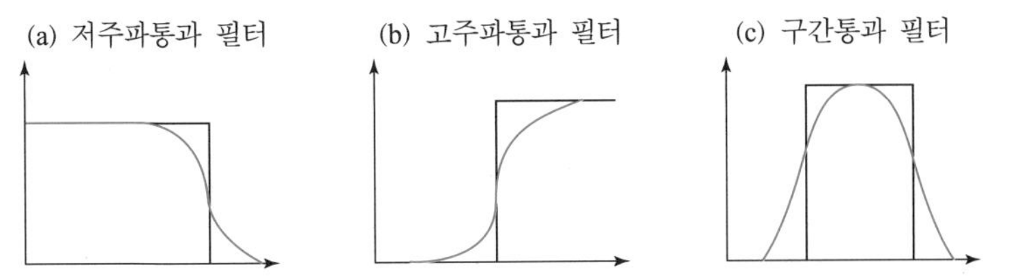

주파인 추세변동은 유지하여 통과시키지만 나머지 주기의 변동은 줄여주며, 고주파통과 필터는 반대로 저주파 변동을 줄이고 고주파 변동을 통과시키는 필터이다. 구간통과 필터는 일정 구간의 주기변동을 통과시키고 나머지 주기의 변동은 줄이는 필터이다.

이러한 필터는 경제통계를 분해하는 주요한 도구로 이용되고 있다. 경제통계 분석에서 이용되는 중요한 필터로는 차분 필터와 이동평균 필터가 있다. 경제통계 x_t, 이동평균 y_t는 다음과 같이 정의되는데 이의 이득함수 $H(\omega)$는 다음과 같다.

$$y_t = \frac{1}{2m+1}\sum_{j=-m}^{m} x_{t+j}$$

$$H(\omega) = \left[\frac{\sin((2m+1)\omega/2)}{(2m+1)\sin(\omega/2)}\right]^2$$

이동평균 필터의 이득도표는 [그림 2-27]과 같은데 이를 보면 고주파변동은 제거되고 저주파변동을 보존하는 특성을 가지고 있음을 알 수 있다. 이동평균을 길게 할수록 저주파의 범위가 좁혀짐을 알 수 있다.

[그림 2-28] 이득도표를 보면 3기 이동평균을 하면 3기 주기의 변동이 제거되며, 13개월 이동평균을 하면 계절변동주기(주파수)에 해당하는 12, 6, 4, 3, 2.4, 2개월 주기변동이 제거된다. [그림 2-28]의 x축의 순환주기는 주파수와 역의 관계가 있다.

차분 필터는 다음과 같이 표현된다. 여기서 B는 후방시차연산자이며 d는 차분수를 의미한다. 차분 필터의 이득함수는 다음과 같다.

[그림 2-27] 이동평균 필터의 이득도표

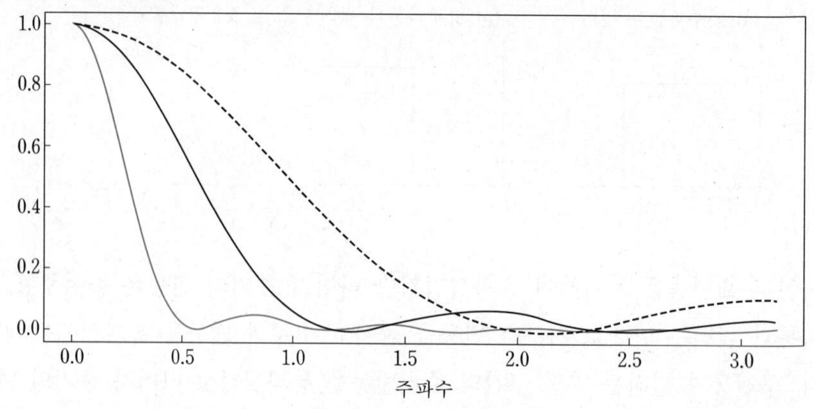

[그림 2-28] 3기 및 13개월 이동평균 필터의 이득도표

(a) 3기 이동평균

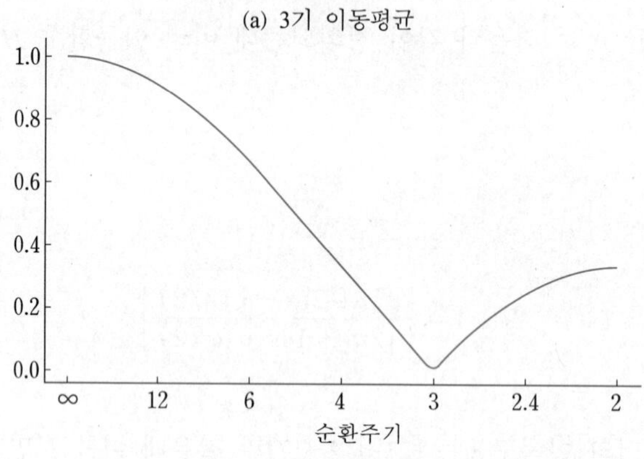

(b) 13개월 이동평균

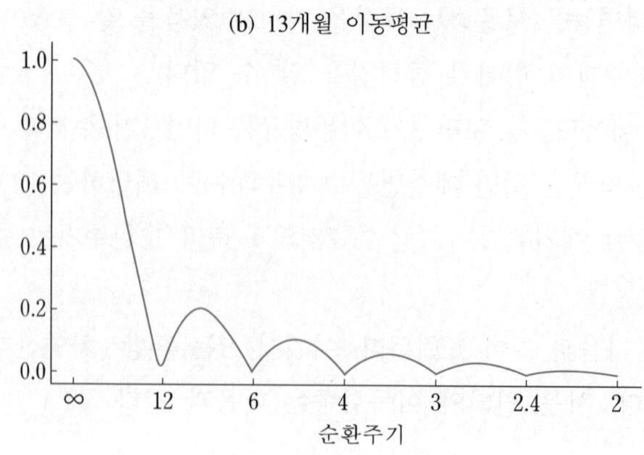

$$y_t = x_t - x_{t-d} = (1 - B^d)x_t$$
$$H(\omega) = 2(1 - \cos\,\omega)^d$$

차분 필터의 이득도표는 [그림 2-29]와 같은데 이를 보면 저주파변동은 제거되고 고주파변동은 크게 하는 고주파통과 필터의 특성을 가지고 있음을 알 수 있다. 차분을 여러 번 할수록 그 크기가 커짐을 알 수 있다.

차분과 이동평균을 동시에 적용하면 특정 주파수의 변동을 보존할 수 있는

[그림 2-29] **차분 필터의 이득도표**

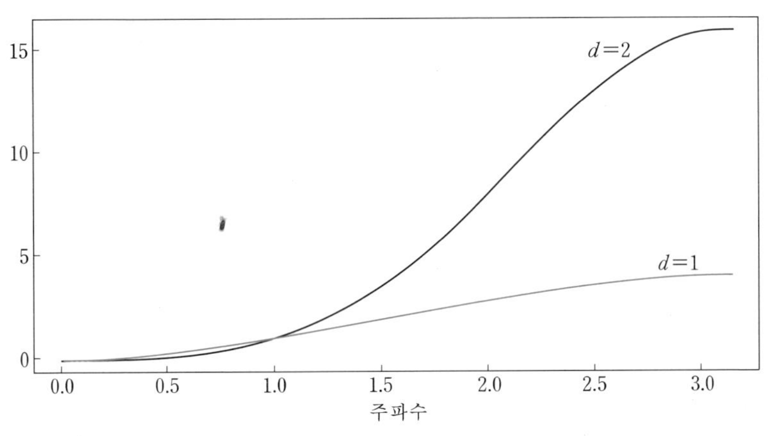

[그림 2-30] **차분과 이동평균을 동시 적용한 필터의 이득도표**

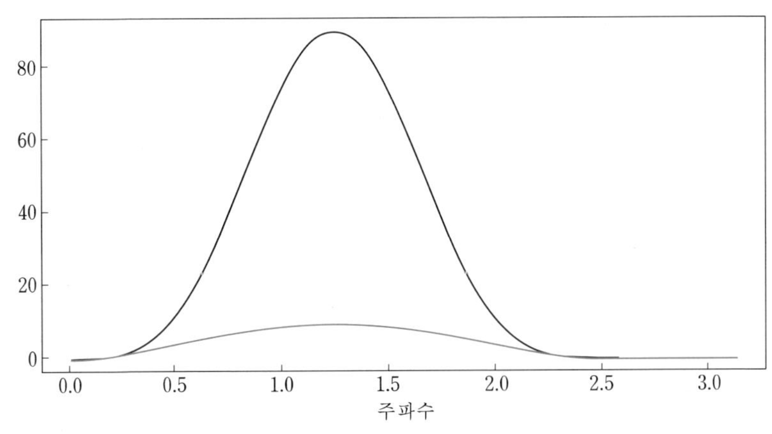

구간통과 필터를 구성할 수 있다. [그림 2-30]은 차분과 이동평균을 동시에 적용한 필터를 이용한 경우인데 이 경우 이득함수는 다음과 같다.

$$
\begin{aligned}
y_t &= (1-B)^d(1+B)^s x_t \\
H(\omega) &= 2^{d+s}(1-\cos\omega)^d(1+\cos\omega)^s
\end{aligned}
$$

차분과 이동평균을 동시 적용한 필터의 이득도표는 [그림 2-30]과 같은데 이를 보면 일정 구간의 주파수변동이 보존되는 구간통과 필터임을 알 수 있다.

[그림 2-31]은 실질GDP의 원계열, 이동평균계열, 로그차분계열, 로그4차 차분계열의 스펙트럴 밀도함수 그래프이다. 이를 보면 이동평균을 통해 계절변동이, 차분을 통해 추세변동이 사라짐을 알 수 있다. 차분과 이동평균을 동시에 적용하면 일정 주파수의 변동을 보존할 수 있음을 알 수 있다.

[그림 2-31] GDP의 스펙트럴 밀도함수

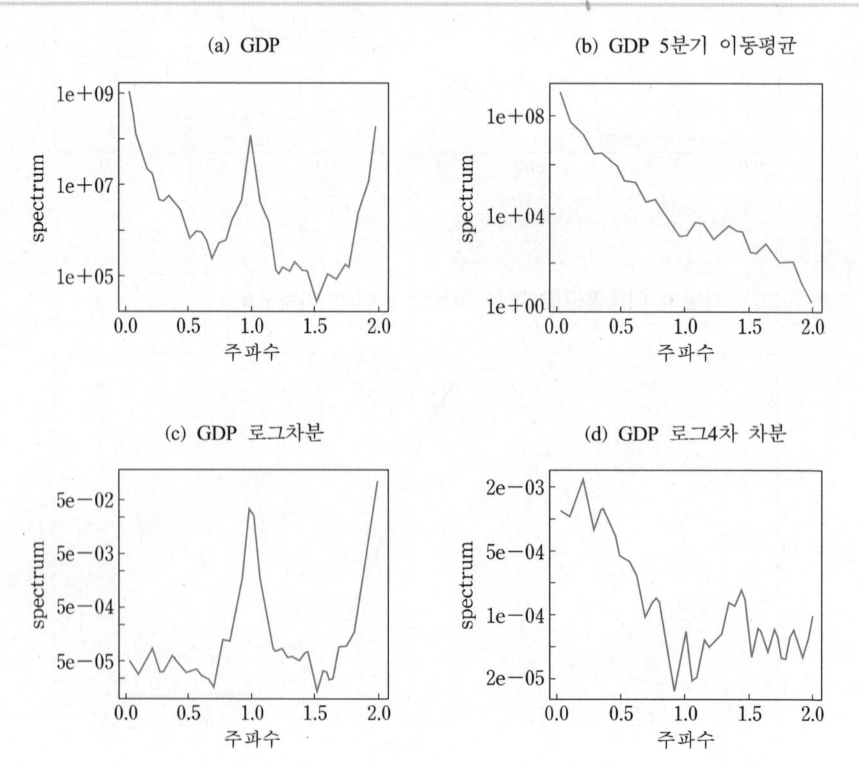

1. 경제통계(y_t)는 그 변동주기에 따라 추세변동(T_t), 순환변동(C_t), 계절변동(S_t), 불규칙변동(I_t)으로 구성된다고 가정한다.

2. 추세변동은 통상 생각되는 약 5년 주기의 순환변동보다 긴 장기적 변동이고, 순환변동은 경기순환에 따라 반복되는 2~5년 주기의 순환변동이다.

3. 계절변동은 1년 주기로 반복되는 변화 등이고, 불규칙변동은 돌발적인 요인이나 원인불명의 요인에 의거하여 일어나는 변동이다.

4. 경제통계는 시간에 따라 변화하는 시간영역(time domain)과 일정한 주기로 순환하는 주파수영역(frequency domain)의 정보를 동시에 가지고 있으며 이에 따라 경제통계분석도 시간영역분석과 주파수영역분석으로 구분된다.

5. 시간영역분석은 시간이 경과함에 따라 경제통계가 전개되는 유형을 체계적으로 분석하는 방법이고, 주파수영역분석은 경제통계를 구성하고 있는 변동의 주기를 파악하거나 변동을 추출하는 방법이다.

6. 경제통계는 그대로 살펴보기보다는 평활화와 같은 필터를 적용하여 살펴본다. 필터는 일반적으로 경제통계에 포함된 일정한 주파수변동은 그대로 통과시키고 그 이외의 주파수변동은 통과시키지 않는 주파수 선택을 갖도록 하는 역할을 한다.

제 3 장

경제통계를 어떻게 읽어야 하는가?

개 요

우리는 다양한 경제통계를 신문, 인터넷, 방송 등을 통해 접하고 있다. 많은 경제통계에 따라 주가, 금리, 환율이 움직이고, 경제정책도 바뀐다. 그리고 경제부처, 통계청, 한국은행, 연구소 등에서 다양한 경제통계 관련 내용을 경제동향 등의 자료를 통해 쏟아내고 있다. 그렇지만 경제주체들이 경제통계를 어떻게 읽어야 할지에 대한 체계적인 정리는 없었다. 성장률이 높게 나오면 웃고, 나쁘게 나오면 울어야 할까? 성장률은 어떤 의미가 있는가? 우리가 이용하는 경제통계와 이의 지표는 어떤 의미가 있는가? 이 장에서는 현재 경제상황을 살펴볼 수 있는 주요 경제통계를 어떻게 읽을지에 대해 정리해 보고자 한다.

1. 경제통계로 어떻게 경제상황을 살펴보는가?

우리가 며칠 간의 휴가를 가려고 한다면 여러분은 무엇을 준비하는가? 우선 휴가를 같이 갈 가족, 친구와 휴가날짜를 맞추고 그 기간 중의 날씨를 살펴본다. 또한 자신의 건강상태를 확인하고 예산 등을 세우고 여행지에 가기 위한 교통편, 숙박을 예약한다. 이와 같이 여행지의 상황, 자신의 상황을 이해하고 휴가일 중의 날씨, 예산 등을 계획한다.

정부, 기업, 가계 등 경제주체는 의사결정을 어떻게 해나가야 하는가? 경제주체가 해야 할 첫 번째 일은 현재 자신과 관련된 경제상황을 체계적으로 진단하고 향후 움직임을 적절히 추측해야만 적기에 올바른 의사결정을 할 수 있다. 특히 정부의 경제정책은 시차를 두고 나타나기 때문에 현재는 물론 미래의 경제상황을 체계적으로 살펴보는 노력이 필요하다. 따라서 정부, 연구기관에서는 경제전망을 주기적으로 진행하고 있다.

예 3-1 **한국은행의 하반기 경제전망**(2012.4.16)

한국은행의 하반기 경제전망을 살펴보면 정부가 의사결정을 위해 최종적으로 목표로 하는 경제통계를 확인할 수 있다. 기관별, 시점별로 차이가 있을 수 있지만 성장, 물가, 경상수지, 고용이 주요한 경제통계라고 할 수 있다. 성장의 경우는 실질GDP, 물가는 소비자물가지수, 고용은 실업률 또는 취업자 증감을 주로 이용한다. 정책목표로 이용될 경제통계의 전망은 주로 연간값을 기준으로 증감률, 차이 등을 바탕으로 이루어짐을 알 수 있다.

② 2012년 전망
- (고용·물가) 취업자는 35만 명 수준 증가하고, 소비자물가는 3% 초반의 상승률 예상
- (성장) 연간 3.5% 후반 성장 예상
- (경상수지) 연간 145억 달러 흑자 예상

2012년 경제전망

	2011			2012e)			2013e)
	상반	하반	연간	상반	하반	연간	연간
고용(취업자수 증감, 만 명)	41	42	42	42	28	35	32
성장(GDP, %)	3.8	3.4	3.6	3.0	3.9	3.5	4.2
물가(CPI, %)	3.9	4.1	4.0	3.1	3.2	3.2	3.1
경상수지(억 달러)	81	184	265	61	85	145	125

주: e)는 예측치

경제통계를 예측하려면 우선 현재의 상황을 이해해야 한다. 그런데 경제주체들이 현재 경제상황을 이해하려면 공표주기가 빠른 월별, 분기별 통계를 이용해야 한다. 그런데 경제주체들은 장기적인 변동에 둔감하며 2~5년 정도의 순환변동에 관심을 가진다. 물론 경제주체들은 가능한 한 1년 주기변동인 계절변동과 초단기변동의 특성이 있는 불규칙변동에는 관심을 가지지 않으려고 한다. 따라서 경제통계에서 계절변동이 제거된 계절조정계열 또는 추세순환변동계열을 구하고 이의 증감률 또는 순환변동치를 구해서 경제통계의 순환변동을 살펴보게 된다.

경제통계를 이용하여 경제상황을 판단하는 방법은 크게 세 가지로 나눌 수 있다. 개별 경제통계를 이용하는 방법, 종합경제지표를 이용하는 방법, 설문조사에 의한 방법이 있다.

첫째, 개별 경제통계를 이용한 경제통계 분석은 경제활동을 대표하는 생산, 투자, 고용, 수출과 관련된 통계를 살펴보고 과거 경험 또는 경제이론을 바탕으로 그 내역을 경제분석자가 종합·정리하는 것이다. 분석과정에서 경기순환을 파악할 수 있도록 전기대비 증감률, 전년동기대비 증감률, 순환변동치를 구해서 살펴보게 된다. 경제상황을 이해하는 데에는 속보성이 가장 중요하므로 월별 경제통계가 주로 이용된다. 개별통계로 가장 많이 이용되는 통계로는 분기 실질 GDP, 월별 산업생산지수, 월별 소비자물가지수 등이 있다. 대부분의 경우 전기대비 증감률과 전년동기대비 증감률을 이용한다.

둘째, 종합경제통계를 이용하여 경제상황을 분석할 수 있는데, 종합경제통계로는 경제 각 부문을 대표하는 개별 경제통계를 통계적으로 가공하여 종합한 경기종합지수가 있다. 경기지수는 경기종합지수(CI), 경기동향지수(DI), 경기예고지표(WI) 등으로 구분되는데 우리나라에서는 주로 통계청의 경기종합지수를 이용하고 있다. 경기종합지수는 주로 월별로 작성되어 GDP보다 속보성이 있으므로 매월 경기를 파악하는 데 이용된다. 그러나 경기종합지수는 그 구성지표와 작성방법에 따라 그 결과가 달라진다는 단점이 있다. 경기종합지수도 그 순환변동을 구해서 분석되고 있다. 경기동행(선행)지수의 경우 순환변동치를 이용하여 순환변동을 살펴보고 있다.[1)]

셋째, 설문조사에 의해 기업가나 소비자와 같은 경제주체들에게 경제에 대한 판단, 전망, 계획 등을 물은 후 이를 정리하면 경기순환을 파악할 수 있다. 경제는 결국 경제주체가 이끌어가기 때문에 경제주체의 판단과 전망은 경제상황과 밀접하게 움직이게 된다. 이 방법은 비교적 손쉽게 경기의 움직임을 판단할 수 있으나 결과값의 해석이 개인의 주관에 좌우될 가능성이 크다는 단점이 있다. 체제전환국 등과 같이 비관측경제의 규모가 상대적으로 크고 경제통계작성 시스템이 부족한 국가에서 그 나라의 경제상황을 파악하는 데 설문조사에 의한 통계가 주로 이용된다. 우리나라에서는 한국은행의 기업경기조사, 소비자동향조사 등이 있다.

위의 세 가지 방법은 나름대로의 장점과 한계가 있기 때문에 현실경기를 분석할 때에는 어느 특정 분석방법 하나에 의존하기보다는 가능한 한 다양한 통계를 이용하여 종합적으로 판단해야 한다.

2. 개별 경제지표에는 어떤 것이 있는가?

경제통계는 통계청, 한국은행 홈페이지에 수록되어 있다. 대표적으로 활용되

1) 2012년 2월 이전에는 경기선행지수의 경우 전년동월비로 순환변동을 살펴보았다. OECD와 미국의 컨퍼런스 보드(Conference Board)에서도 우리나라 경기지수를 다른 구성지표를 이용하여 작성하고 있다.

고 있는 경제통계는 통계청의 e-나라지표와 한국은행의 우리나라 100대 통계지표에 정리되어 있다. 이를 살펴보면 경제통계에는 무엇이 있고 어떤 형식으로 표현되고 있는지 확인할 수 있다.

[그림 3-1] **통계청의 e-나라지표**

[그림 3-2] **한국은행의 우리나라 100대 통계지표**

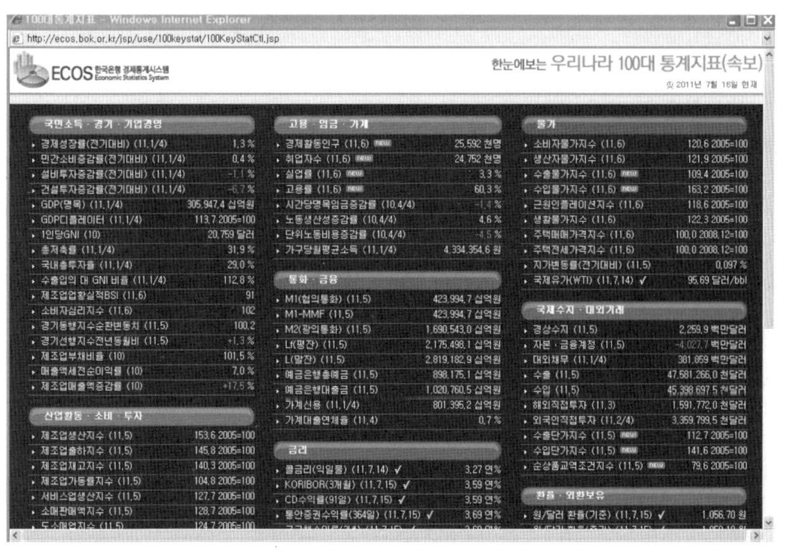

이와 같이 많은 통계 중에서 경제현실을 파악할 수 있는 주요 지표는 무엇인가? 경제동향을 보다 신속히 파악하려면 가능한 한 월별로 발표되는 각종 경제통계를 이용하는 것이 좋다. 경제활동을 측정하는 시간이 소요되므로 경제상황을 빠르게 판단하기 위해 공표시점이 빠른 통계를 주로 관심을 가지고 살펴보게 된다. 현재 경제상황을 살펴보기 위한 월별 경제통계는 대체로 공표시점이 해당월 종료 후 1개월 후에 발표된다.

한국은행에서 매월 발표하는 국내외 경제동향(2012.3.8)을 보면 정책당국이 경제통계를 어떻게 정리하고 있는지를 알 수 있다. 이를 보면 생산활동, 고용, 물가, 대외거래로 나누어 경제활동을 정리하고 있다.

먼저 경제활동을 산업별로 살펴볼 수 있다. 2010년 잠정 국민계정통계를 살펴보면 우리나라 전체 생산에서 제조업이 30.6%, 서비스업이 58.2%, 건설업이 6.5%, 농림어업이 2.6%를 차지했다. 성장기여율을 보면 2010년 제조업이 60%, 서비스업이 31%를 차지했다. 서비스업이 전체 경제에서 차지하는 비중은 제조업보다 크지만 움직임은 완만하다. 따라서 경기변동을 살펴볼 때는 제조업통계를 중시해서 살펴보게 된다.

산업활동과 관련된 통계조사로 통계청의 월별 통계로는 광업·제조업동향조사와 서비스업동향조사가 있고 이를 바탕으로 제조업 및 서비스업 분기 국민소득통계가 작성되고 있다. 따라서 경제동향을 살펴볼 때는 속보성이 있는 월별 동향조사를 통해 산업별 생산활동을 파악하고 있다. 광업·제조업동향조사를 통

표 3-1 생산활동 관련지표 (S.A., 전기대비, %)

	2010	2011						2012
	연간	연간	1월	1/4	2/4	3/4	4/4	12월	1월
제조업생산	16.8	7.0	2.0	3.8	4.7	1.6	−0.1	−0.9	3.2
(전년동기대비)	—	—	13.6	10.6	7.3	5.3	5.3	2.9	−1.9
평균가동률(%)	80.9	80.0	83.6	82.2	79.9	79.6	78.1	77.0	80.6
재고출하비율*	—	—	91.0	95.3	98.6	103.5	114.9	114.9	108.2
서비스업생산	3.9	3.3	1.1	1.6	0.2	1.3	−0.5	−0.3	1.1
(전년동기대비)	—	—	4.8	2.8	3.2	4.5	2.7	1.6	0.9

주) * : (계절조정 재고지수/계절조정 출하지수)×100. 분기는 분기말월 기준
출처 : 통계청, 『산업활동동향』

해 제조업생산, 평균가동률, 재고출하비율을, 서비스업동향조사를 통해 서비스업생산을 파악하는데 전체 수준보다는 계절조정계열(S.A.)의 전년동기대비 증감률, 원계열의 전년동기대비 증감률을 통해 그 순환변동을 살펴보고 있다(표 3-1 참조).

경제활동의 주요 목표 중 하나는 고용증대에 있으며, 이는 생산활동과 밀접한 관련이 있다. 고용과 관련된 조사로는 경제활동인구조사(통계청)와 사업체노동력조사(고용노동부)가 있다. 경제활동인구조사를 통해 취업자수 증감과 실업률을 살펴볼 때는 계절조정계열 형태로 살펴본다. 사업체노동력조사를 통해서는 임금현황을 파악할 수 있다.

생산활동은 물량증가율 중심으로 살펴보는데 생산활동의 다른 측면으로는 가격이 있으며 이를 종합한 것이 물가이다. 물가는 소비자물가조사를 통해 소비자물가지수 등을 파악할 수 있고 이 또한 증감률 형태로 파악하고 있다. 소비자물가증감률은 인플레이션율이란 이름으로 이용되고 있다.

2010년 국민계정통계를 보면 우리나라의 수출과 수입의 합이 전체 GDP에서 차지하는 비중이 105.2%이다. 국가 간 상품교역은 관세청의 수출입통계를 통해 파악할 수 있다. 이 통계는 관세청을 통해 통관할 때마다 결과가 자동으로 기록되므로 다음달 1일에 결과를 알 수 있는 속보성이 있다. 따라서 우리나라 경제활동을 살펴보는 데 있어 수출입 현황파악이 무엇보다 중요하다. 특히 상품수출은 앞서의 생산활동 중 제조업 업황과 밀접한 관련이 있으므로 앞서의 제조업생산지수와 연결지어 살펴보면 유용하다.

상품 관련 수출입통계는 관세청의 통관과정에서 자동으로 파악되므로 속보성이 높다. 매월 1일 전 달의 수출입통계를 파악할 수 있으므로 제조업생산지수보다 속보성이 있다. 서비스업 등의 수출입까지 포함하여 우리나라와 다른 나라의 교역은 국제수지통계로 파악할 수 있다. 국제수지통계를 통해 경상수지와 그 구성항목인 상품수지, 서비스수지, 소득수지를 파악할 수 있다.

3. 개별 경제통계를 어떻게 분석할 것인가?

경제통계는 원계열과 계절조정계열로 구분되어 발표하는 것이 일반적이다. 계절조정계열은 원계열에서 1년 주기의 계절변동과 달력변동을 통계적으로 제거한 통계이다. 경제정책과 관련하여 경제통계를 작성하는 중요한 목적 중 하나는 경제통계의 정보 중 정책과 관련성이 높은 순환변동을 파악하는 것이므로 이 두 통계를 적절하게 변형하여 경제통계의 순환변동을 찾을 수 있다.

구체적으로 보면 계절조정계열의 전기대비 성장률과 원계열의 전년동기대비 성장률을 이용하여 경제통계의 순환변동을 간편하게 파악할 수 있다.

3.1. 경제성장률

한 나라의 경제수준과 국민들의 생활수준을 종합적으로 파악할 수 있는 통계가 GDP(국내총생산) 통계이다. GDP 통계는 경제상황에 대한 큰 그림을 제공하기 때문에 현재 경제정책의 수립 및 집행의 판단기준으로 자리 잡고 있다. GDP는 경제주체들이 특정 기간 동안 국내에서 생산한 모든 상품과 서비스를 화폐가치로 평가, 합산하여 산출하는데 경제의 흐름을 파악하려면 성장률 형태로 분석해야 한다.

GDP는 추세적으로 성장하는 특성이 있다. 따라서 GDP를 통해 경제가 일정 기간 동안 어떤 속도로 성장 또는 증가하는지를 파악해야 한다. GDP의 성장속도(기울기)를 측정하는 지표로는 경제성장률이 있다. 경제성장률은 실질GDP가 전년에 비해 얼마나 성장했는지를 파악하는 지표이다. 연간 성장률은 정책목표가 되는데 이를 구하는 식은 다음과 같다.

$$\text{경제성장률}(\%) = \frac{\text{금년 실질GDP} - \text{전년 실질GDP}}{\text{전년 실질GDP}} \times 100$$

우리나라 경제성장률을 연간 기준으로 1955년부터 살펴보면 [그림 3-3]과 같이 평균 7.2%의 높은 성장을 구가했다.[2] 연간 기준으로 마이너스 성장은 1956년, 1980년, 1998년뿐이다. 이로 인해 우리나라 GDP는 다른 나라에 비해 가파른 추세를 보였다. 빠른 경제성장률로 인해 1인당 국민소득은 1953년 67달러, 1960년 79달러, 1970년 255달러, 1980년 1,660달러, 2000년 11,292달러, 2010년 20,759달러로 빠르게 증가했다.

[그림 3-3] **우리나라 경제성장률 추이**

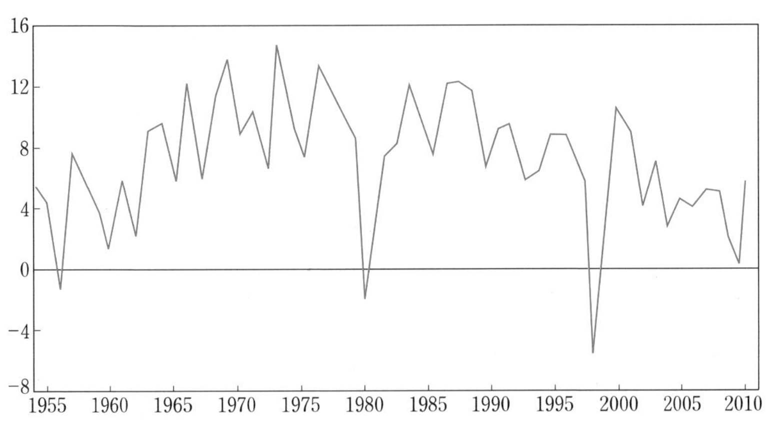

[그림 3-4] **우리나라 경제성장률의 분포**

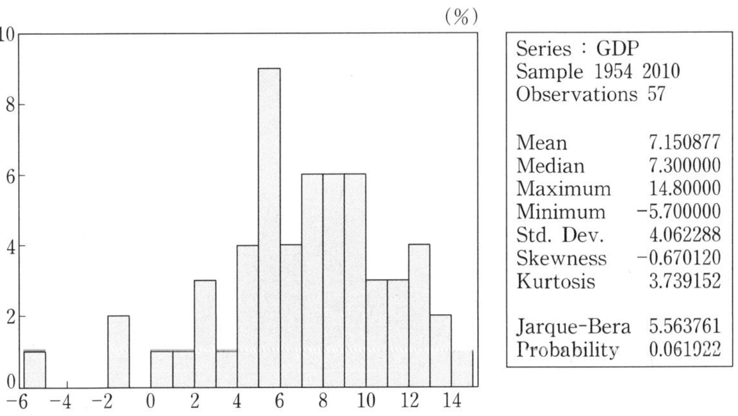

2) 1957~1969년의 경제성장률은 GNP 기준이며 이후는 GDP 기준이다.

이러한 경제성장률의 흐름을 자세히 보면 1980년대까지는 우리나라 경제가 빠르게 성장했지만 1990년대 이후 경제규모가 커지면서 우리나라의 경제 성장 속도가 떨어지고 있는 것으로 나타났다.

연간 국민소득통계는 이해하기 쉬우나 주로 장기적 변동을 나타내고 늦게 발표되어 경제활동분석 시 분기 GDP가 많이 이용되고 있다. 분기 GDP는 분기 종료 후 25일 후 발표되는 속보치와 70일 후에 발표되는 잠정치와 2년 후 3월에 발표되는 확정치로 구분된다. 분기 GDP는 원계열과 계절변동이 제거된 계절조정계열의 두 형태로 공표된다. 따라서 분기 경제성장률은 계절조정계열의 전기대비 증감률, 원계열의 전년동기대비 증감률이 동시에 발표되고 있다.

$$\text{전기대비 성장률(\%)} = \frac{\text{계절조정 GDP}_t - \text{계절조정 GDP}_{t-1}}{\text{계절조정 GDP}_{t-1}} \times 100$$

$$\text{전년동기대비 성장률(\%)} = \frac{\text{GDP}_t - \text{GDP}_{t-4}}{\text{GDP}_{t-4}} \times 100$$

한국은행에서는 2006년 1/4분기부터 경기순환과 대응성이 높은 경제성장률의 주지표로 계절조정계열의 전기대비 성장률을 이용하고 있다. 연간 성장률 개념으로 신호가 명확한 전년동기대비 성장률을 보조지표로 활용하고 있다.[3] 전년동기대비 성장률은 간편하고 신호가 명확하지만 비연속적인 비교로 인해 경기에 대한 대응성이 낮다는 제약이 있다.

전기대비 증감률과 전년동기대비 증감률은 어떤 관계가 있는가? 이를 위해서는 기초 수학이 필요하다. 복잡하다고 판단되면 결과만 이해하면 된다. 분기 경제통계 x_t에 대해 살펴보자. 먼저 전년동기비는 다음과 같이 4개의 전기비로 표현된다.

$$\frac{x_t}{x_{t-4}} = \frac{x_t}{x_{t-1}} \cdot \frac{x_{t-1}}{x_{t-2}} \cdot \frac{x_{t-2}}{x_{t-3}} \cdot \frac{x_{t-3}}{x_{t-4}}$$

3) 미국을 제외한 대부분의 선진국에서는 계절조정계열의 전기대비 성장률을 주지표로 하여 발표하고 있다. 미국의 경우 전기대비 성장률 연율을 주지표로 발표하고 있고, 독일, 일본은 원계열의 전년동기대비 성장률을 보조지표로 발표하고 있으며, 영국, 오스트레일리아, 캐나다, 미국은 계절조정계열의 전년동기대비 성장률을 보조지표로 발표하고 있다.

그런 다음 앞의 식을 로그변환하면 다음 식이 성립한다. 즉, 로그 전년동기비는 4개 분기(1년) 간 로그 전기비의 합으로 표현된다.

$$\log\left(\frac{x_t}{x_{t-4}}\right) = \log\left(\frac{x_t}{x_{t-1}}\right) + \log\left(\frac{x_{t-1}}{x_{t-2}}\right) + \log\left(\frac{x_{t-2}}{x_{t-3}}\right) + \log\left(\frac{x_{t-3}}{x_{t-4}}\right)$$

그런데 로그변환된 전기, 전년동기비는 근사적으로 전년동기대비 증감률÷100과 같다.[4] 따라서 전년동기대비 성장률은 해당 분기와 이전 3분기의 전기대비 성장률의 합으로 근사적으로 표현할 수 있다.

$$\log(x_t/x_{t-4}) = \log(x_t/x_{t-1}) + \log(x_{t-1}/x_{t-2}) + \log(x_{t-2}/x_{t-3}) + \log(x_{t-3}/x_{t-4})$$

전년동기대비 성장률은 1년간 전기대비 성장률의 합의 형태로 표현되므로 전기대비 성장률에 비해 변동성이 작아서 신호가 명확하지만 과거의 전기대비 성장률에 의존하기 때문에 전기대비 성장률에 비해 2~3분기 지연된 신호를 보내 경기와의 대응성이 상대적으로 낮다. 한편 전기대비 성장률은 전기와 비교되기 때문에 경기와의 대응성은 높지만 초단기 변동인 불규칙변동의 영향을 크게 하여 신호가 명확하지 않다.

[그림 3-5]를 보면 막대그래프는 전기대비 경제성장률이고, 꺾은선 그래프는 이를 3기 중심화 이동평균하여 신호를 명확히 한 것이다. [그림 3-6]은 전년동기대비 성장률과 실질GDP의 전년동기대비 증감률이다. 실질국민총소득(GNI)은 실질소득지표로 실질GDP에서 교환되는 상품 간의 상대가격 변화에 따른 구매력의 변동분(실질거래손익)을 조정한 후 외국인이 국내에서 벌어간 실질소득은 차감하고 우리나라 국민이 국외에서 벌어들인 실질소득은 더하여 산출한 지표이다.

[그림 3-5]와 [그림 3-6]을 보면 전기대비 성장률은 금융위기가 발생한 2008년 4/4분기에 큰 폭의 마이너스 성장을 기록한 후 2009년 1/4분기부터 플러스 성장으로 바뀌었으나 전년동기대비 성장률은 2009년 3/4분기부터 플러스 성장

---

4) 테일러 전개를 이용하면 $\log(x_t/x_{t-4}) = \log(1+\frac{x_t - x_{t-4}}{x_{t-4}}) \sim \frac{x_t - x_{t-4}}{x_{t-4}}$ 이다. 로그 전기비도 마찬가지이다.

[그림 3-5] **전기대비 경제성장률**(계절조정계열, 2005년 연쇄가격 기준)

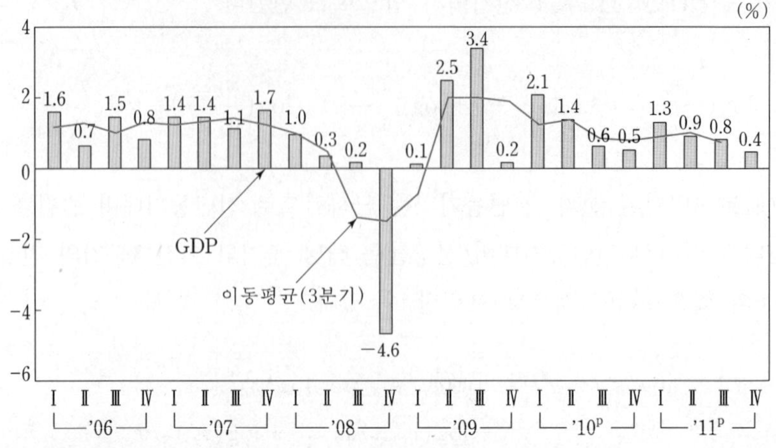

[그림 3-6] **전년동기대비 경제성장률**(원계열, 2005년 연쇄가격 기준)

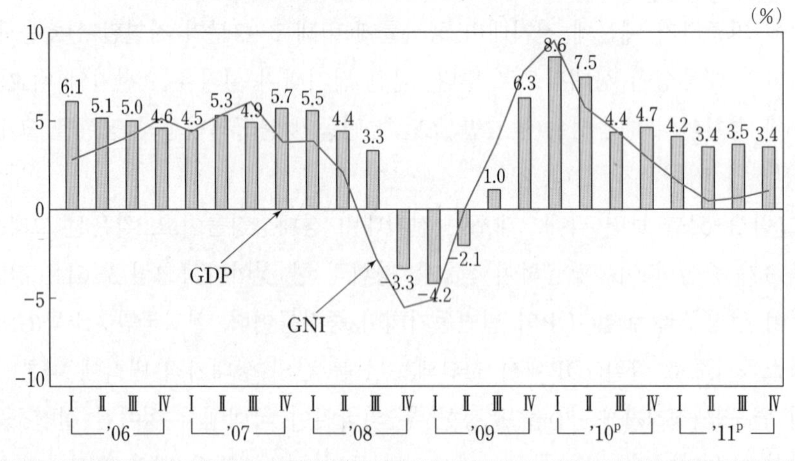

으로 바뀌는 것을 볼 수 있다. 이는 전년동기대비 증감률이 경기대응성이 전기대비 성장률에 비해 늦음을 나타낸다.

경제성장률은 연간 GDP를 기준으로 파악하는데 전기대비 성장률은 분기 성장률이므로 미국에서는 전기비를 4제곱하여 연간 성장률(연율)로 변환하여 이용하고 있다. 이와 같은 전기비 연율은 우리나라처럼 경제성장률이 상대적으로 선진국보다 높고 변동폭이 큰 나라에서는 성장률의 변동폭을 키운다는 단점이 있어서 사용하지 않고 대신에 전년동기대비 성장률로 분기별 연간 성장률을 파악한다.

$$\text{전기비 연율(\%)} = \left[\left(\frac{\text{계절조정GDP}_t}{\text{계절조정GDP}_{t-1}} \right)^4 - 1 \right] \times 100$$

성장률의 관계를 파악하기 위해 예를 들어 2011년 1/4분기 경제성장의 의미를 생각해 보자. 2011년 1/4분기 GDP는 전년동기대비 4.2% 성장했다. 전년동기대비 성장률(전년동기비)은 최근 1년간의 성장을 종합한 연율 개념의 성장률이므로 2010년 1분기 이후 2011년 1분기까지 1년간 전년동기대비 4.2% 성장했음을 의미한다. 계절변동조정 GDP의 전기대비 성장률을 보면 2011년 1/4분기 전기대비 성장률은 0.5~0.6%였던 2010년 3, 4분기보다 훨씬 높은 1.3%(전기비 연율 5.3%)로 나타나고 있다. 그런데 2011년 1분기의 전기대비 성장은 불규칙요인에 따른 결과일 수도 있으므로 이 값으로 속단해서는 안 된다.

3.2. 순환변동계열은 어떻게 작성되는가?

순환변동계열(순환변동치)은 경제통계에서 [그림 3-7]과 같이 변동을 순차적으로 제거하여 구한다. 순환변동계열 산출과정을 정리해 보면 먼저 비교적 안정적인 계절변동을 원계열에서 제거하는 계절조정계열에서 단기 이동평균을 통해 불규칙변동을 제거한 추세순환변동계열을 구한다. 그런 다음 계절조정계열에 추세추출방법을 적용하여 구한 추세변동계열을 추세순환변동계열로부터 제거하여

[그림 3-7] **순환변동의 측정**

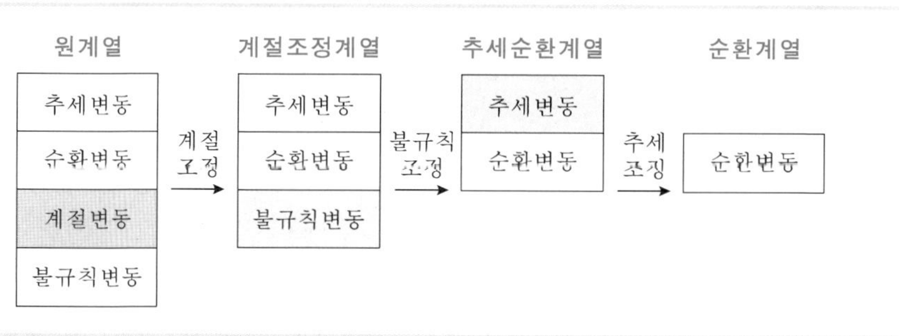

[그림 3-8] GDP 순환변동계열 추이

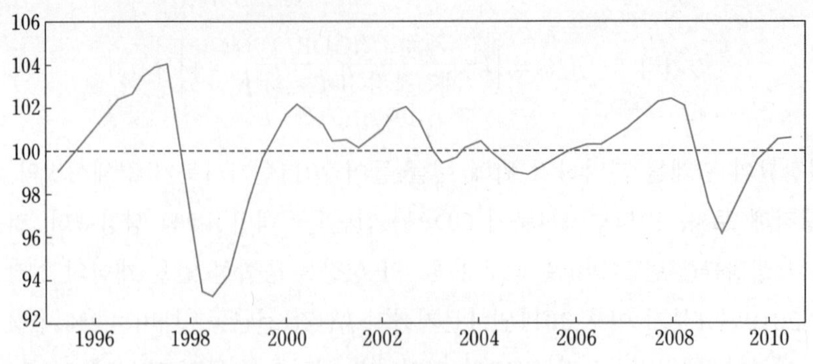

순환변동계열을 구한다. 이 추출과정은 시간영역, 주파수영역에서 진행된다. 시간영역방법은 다양한 이동평균을 연속적으로 적용하여 순환변동계열을 작성하는 것이다. [그림 3-8]은 실질GDP에서 순환변동계열을 구한 것이다. 이 통계는 발표하지 않지만 EViews, R 등 통계 프로그램을 통해 작성할 수 있다. 여기서 점선은 추세변동선이며 잠재GDP에 해당한다.

3.3. 전기대비 성장률, 전년동기대비 성장률과 순환변동치는 어떤 관계가 있는가?

전기대비 성장률, 전년동기대비 성장률, 순환변동치 모두 경제통계의 순환변동을 나타내므로 이를 서로 비교할 필요가 있다. 이를 위해 차분에 대해 다시 생각해 보자. 일반적으로 차분은 추세를 제거하는 성질이 있다. 예를 들면 다음과 같은 추세가 있는 경제통계가 있다고 하자.

$$0, 1, 2, 3, 4, 5, 6, 7, \cdots$$

이를 차분한 계열은 다음과 같다.

$$1, 1, 1, 1, 1, 1, 1, \cdots$$

이를 보면 추세적 변화가 사라짐을 알 수 있다. 이는 [그림 3-9]의 (a)에 그래프로 표현되어 있다. 그런데 차분을 하면 변동성이 커지는 특징이 있어서 신호가 정확하지 못한 특징이 있다. 예를 들면 다음과 같이 변동하는 계열을 생각해 보자.

$$1, -1, 1, -1, 1, -1, 1, -1, \cdots$$

이를 차분한 계열은 다음과 같다.

$$2, -2, 2, -2, 2, -1, 0, \cdots$$

이를 보면 초단기 변동폭이 커짐을 알 수 있다. 이와 같이 차분은 장기적 추세변동은 줄이지만 단기변동은 크게 하는 특징이 있다. 이는 [그림 3-9]의 (b)에 그래프로 표현되어 있다. 이에 대해서는 제2장 필터의 이득도표로 확인할 수 있다.

앞서 설명한 바와 같이 계절조정계열의 전기대비 성장률은 계절조정계열의 로그 차분으로 근사적으로 표현된다. 계절변동은 계절조정 과정에서 제거되고 불규칙변동은 확대되지만 순환변동에 비해 영향력이 작다고 판단한다. 따라서 계절조정계열의 전기대비 성장률은 일종의 순환변동계열의 추정치라고 생각할 수 있다.

원계열의 전년동월대비 성장률은 원계열의 로그4차 차분으로 근사적으로 표현될 수 있다. 원계열의 전년동월대비 성장률은 전년동기와 비교함으로써 계절변동의 영향을 제거하고, 과거와 비교하여 추세를 제거함으로써 순환변동계열을

[그림 3-9] **차분의 특성**

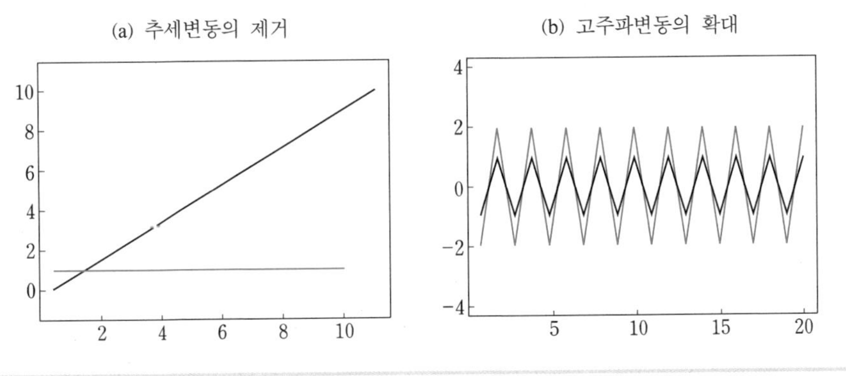

추정할 수 있다.[5] 따라서 계절조정계열의 전기대비 성장률, 원계열의 전년동기대비 성장률은 모두 순환변동계열과 관계가 있다.

전년동기대비 성장률, 전기대비 성장률, 순환변동계열의 관계는 [그림 3-10]을 통해 파악할 수 있다. 전기(월)비 증감률은 경기의 저점에서 정점까지는 부호가 '+'가 되고 정점에서 저점까지는 '−'가 되며 경기전환점에서는 0이 되는 등 경기의 전환점 판단을 위한 명확한 정보를 제공하고 있다. 우리나라와 같이 성장순환하는 경우 보통 경기의 좋고 나쁨은 추세(잠재)성장률을 기준으로 한다. 경제

[그림 3-10] 순환변동치, 전기비, 전년동기비의 관계

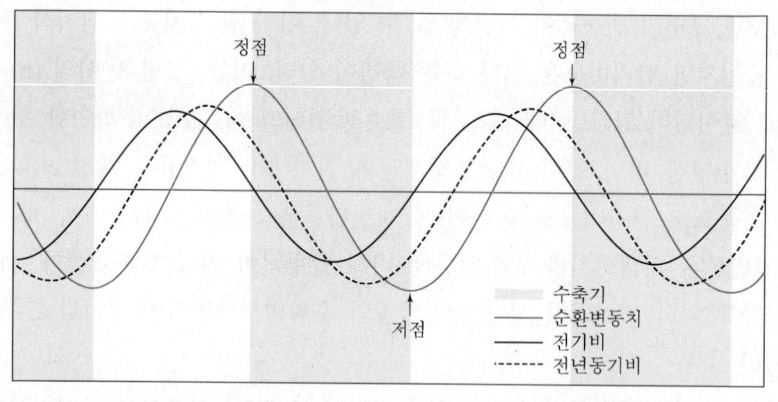

[그림 3-11] 전년동기비와 전기비 추이

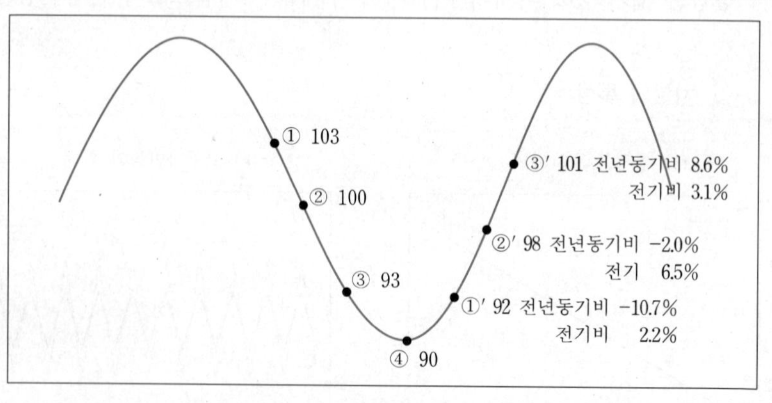

5) $\log(x_t/x_{t-4}) = (1-B^4)\log(x_t) = (1-B)(1+B+B^2+B^3)\log(x_t)$이므로 $(1-B)$는 차분과정으로 추세변동을 제거하고 $(1+B+B^2+B^3)$은 연간화를 통해 계절변동을 제거한다.

성장률이 추세성장률보다 높다면 경기가 좋아지고 있다고 판단하고, 낮으면 경기가 나빠지고 있다고 판단한다.

전년동기(월)대비 증감률은 경기와의 대응성이 낮아 경기에 대한 부정확한 정보를 제공하여 경기전환점의 판단을 지연시킨다. [그림 3-11]을 보면 경기저점이 지났는데 전년동기대비 증감률은 전기대비 증감률과 달리 2기가 지나서야 +값을 보이고 있다.

또한 전년 당해년의 경기움직임이 같더라도 전년의 변동 패턴에 따라 전년동월(기)비 증감률의 움직임이 완전히 다르게 나타나는 특성이 있다.

계절조정계열의 전기대비 성장률이 항상 우수한 것만은 아니다. 계절조정계열의 전기(월)비 증감률은 전년동기(월)비에 비해 상대적으로 변동기복이 심하다는 특성이 있다. 이는 계절변동을 조정하더라도 원계열에 들어 있던 단기적인 불규

[그림 3-12] **전년동기비의 움직임 추이**

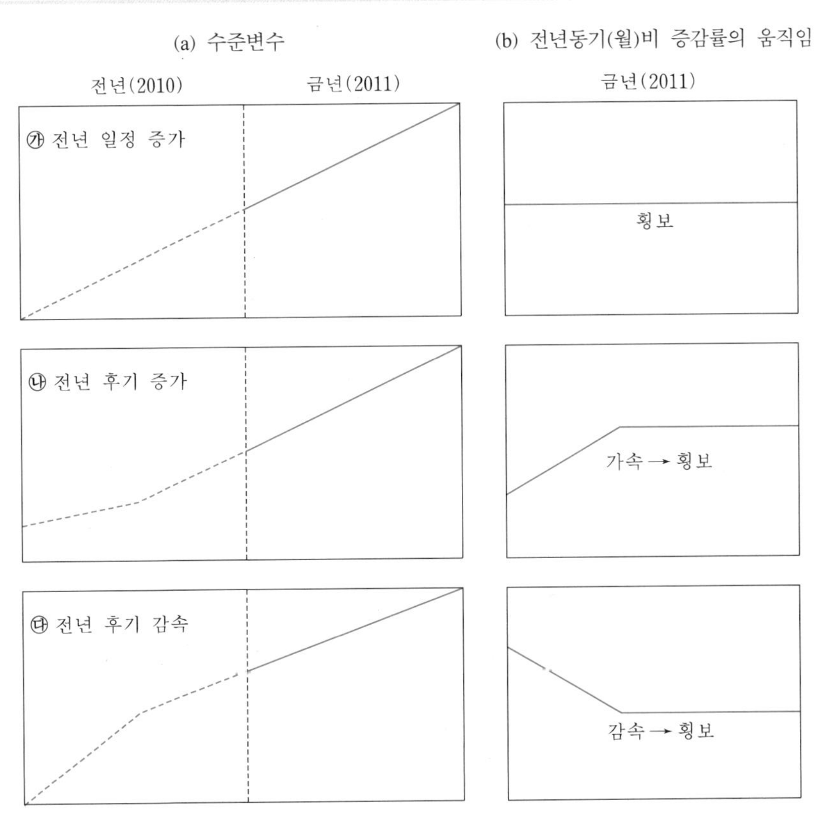

표 3-2 **전년동기비와 전기비 증감률 비교**

	계절변동조정계열의 전기대비 성장률	원계열의 전년동기대비 성장률
경기판단의 정확성	○	×
경기판단의 선행성	○	×
계절변동조정방법 간편성	×	○
평활성	×	○

주) ○는 우위, ×는 열위항

칙변동은 그대로 남아 있어 전기와 당기에 서로 반대방향으로 영향을 미치는 경향이 있기 때문이다. 계절조정계열에 포함된 불규칙변동이 전기대비 증감률을 구할 때 영향력이 커져서 신호의 명확성이 떨어지는 한계를 가지게 된다. 그러나 전년동기대비 성장률은 상대적으로 불규칙변동의 영향이 적어 신호가 정확한 특징이 있다. 이를 정리해 보면 [표 3-2]와 같다.

실제로 개별 통계의 경제분석을 할 때는 계절조정계열의 전기대비 성장률, 원계열의 전년동기대비 성장률, 순환변동치의 3종류의 순환변동계열을 종합하여 분석해야 한다.

3.4. 경기순환시계로 경제상황을 어떻게 분석하는가?

통계청에서는 경기상황 판단에 도움을 주기 위해 각종 경제통계가 경기순환국면(상승, 둔화, 하강, 회복)상 현재 어느 위치에 와 있는지를 파악할 수 있는 경기순환시계(Business Cycle Clock : BCC)를 만들고 홈페이지를 통해 공표하고 있다. 이를 통해 개별 경제통계의 순환형태를 이해할 수 있다. 네덜란드·독일 통계청, EUROSTAT, OECD 등에서도 경기순환시계를 만들어서 발표하고 있다.

경기순환시계에서는 경기순환국면을 [그림 3-13]과 같이 4개 국면으로 구분한다. 즉, 추세수준(A)에서 정점(B)까지를 상승국면, 정점(B)에서 추세수준(C)까지를 둔화국면, 추세수준(C)에서 저점(D)까지를 하강국면, 저점(D)에서 추세수준(E)까지를 회복국면으로 나눈다. 경기 상승국면의 경우 순환변동계열은 추세수준을 상회하고 전기에 비해 증가한다. 경기 둔화국면의 경우 순환변동계열은 추세수준을 상회하나 전기에 비해 감소한다. 경기 하강국면에서는 순환변동계열이 추세를 하회하고 전기에 비해 감소한다. 경기 회복국면에서는 순환변동계열이 추세를 하회하지만 전기에 비해 증가한다. 경기순환에 순환변동계열은 상승→둔화→하강→회복→상승→……을 반복하게 된다.

경기순환시계는 경제통계가 4개의 국면 중 어디에 위치해 있는지 [그림 3-14]와 같은 시계형태로 표현한 그래프이다. 경기순환시계는 경제통계로부터 순환변동계열을 구한 후에 전월차와 같이 시간에 따라 표현하는 그래프이다. 즉, 순환변동계열 전월차를 x축으로 하고 순환변동계열을 y축으로 하여 좌표평면에 나타낸다. 경기순환에 따라 순환변동계열은 '상승→둔화→하강→회복→상승→……'을 반복하므로 경제통계는 통상 4개 평면을 시계 반대방향으로(1→

[그림 3-13] **경기순환의 구분**

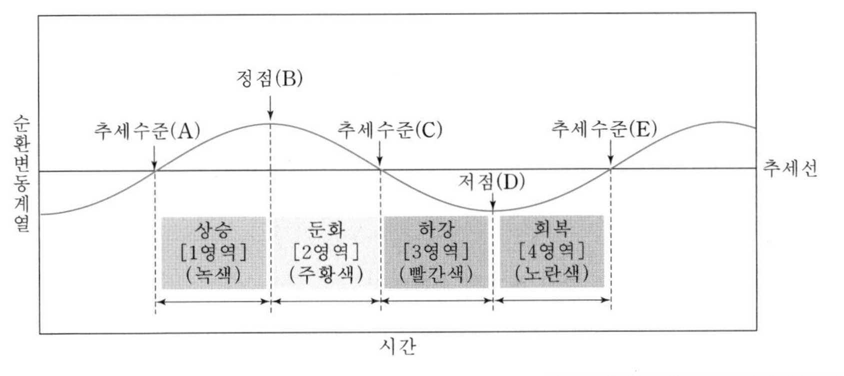

[그림 3-14] **경기순환시계의 구조**

· 1영역 : 경기상승
(전기대비 증가, 추세 상회)

· 2영역 : 경기둔화
(전기대비 감소, 추세 상회)

· 3영역 : 경기하강
(전기대비 감소, 추세 하회)

· 4영역 : 경기회복
(전기대비 증가, 추세 하회)

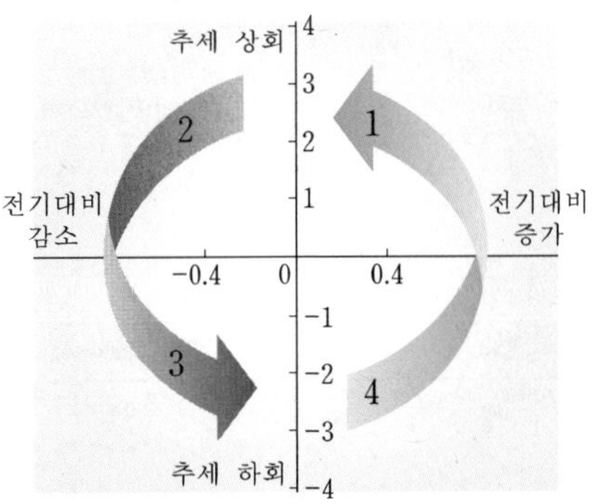

2 → 3 → 4) 이동하게 된다.

경기순환시계 작성방법을 구체적으로 정리하면 다음과 같다.

① 계절조정계열을 산출(계절성을 X-12-ARIMA을 이용하여 계절변동 제거)한다.
② 계절조정된 계열에서 추세변동을 추출한다.
③ 추세가 제거된 순환·불규칙변동에서 순환변동을 추출한다.
④ 추출한 순환변동에서 평균과 표준편차를 산출하여 표준화된 시계열(평균 0, 표준편차 1)로 변환한다.
⑤ 경기순환시계의 y축의 좌표는 추세선으로부터의 편차(순환변동 값), x축은 시점 간 순환변동값의 크기변화 정도를 나타내는 전월대비 증감을 의미한다.
⑥ 경제지표로부터 순환변동계열을 추출한 후 그 전월차(x축)와 순환변동계열(추세이탈 정도)을 (x, y) 좌표평면에 나타낸다.

통계청에서는 10개 주요 월별 경제통계를 경기순환시계로 표현하고 있다. 이는 통계청 홈페이지(http://kosis.kr/bcc/main.html)를 통해 확인할 수 있다.

국제 금융위기가 있었던 2008년 하반기의 결과를 보면 [그림 3-16]과 같은데

[그림 3-15] 경기순환시계 관련 통계청 홈페이지

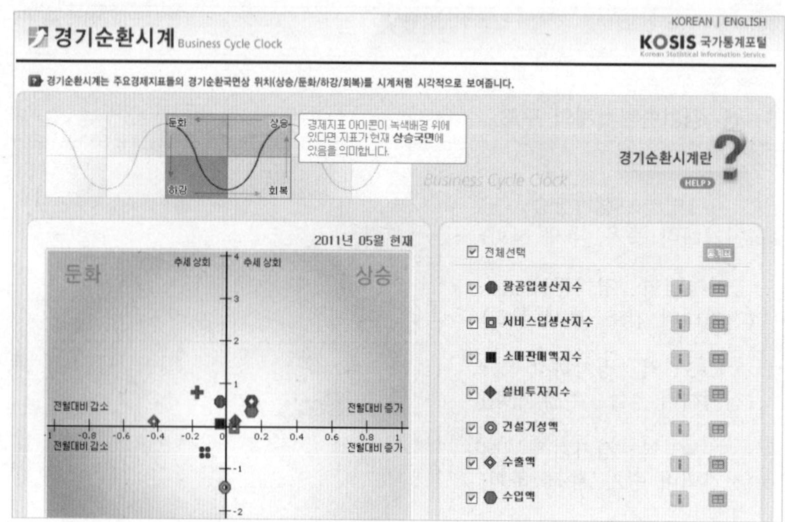

[그림 3-16] 글로벌 금융위기 이후 급락하는 모습

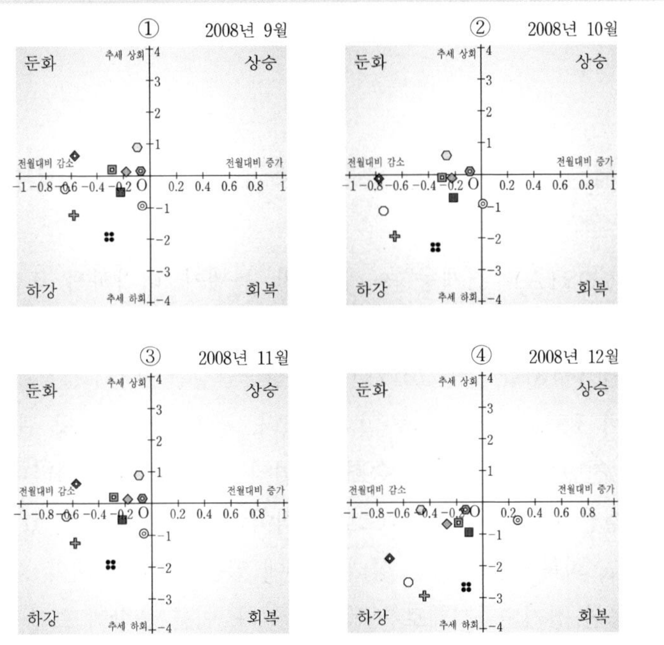

[그림 3-17] 글로벌 금융위기 이후 회복하는 모습

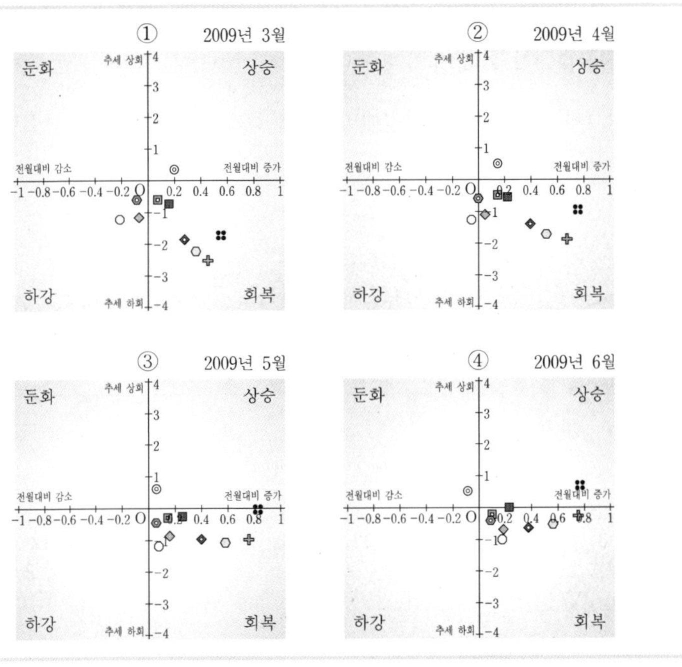

경기가 하강하고 있음을 파악할 수 있다. 2009년 상반기의 결과를 보면 [그림 3-17]과 같은데 경기가 회복되고 있음을 파악할 수 있다.

3.5. 통계청에서는 개별 통계를 어떻게 분석하고 있는가?

통계청의 KOSTAT 경제동향에서 개별 통계가 다양하게 정리되고 있다. KOSTAT의 분석방법을 보면 개별 경제통계를 어떻게 분석해야 하는지 생각할 수 있다. [그림 3-18]을 보면 2012년 1월 광공업생산은 계절조정계열 기준으로 보면 전월대비 3.3% 증가했음을 알 수 있다. 광공업생산 동향 관련 그래프를 보면 전월비, 전년동월비, 조업일수조정계열의 전년동월비가 나타나 있다. 이를 통해 광공업생산이 어떤 순환변동으로 움직이는지를 파악할 수 있다. 경기순환 변동상에 상승, 회복, 둔화, 하강 상태 어디에 있는지를 전월대비 증감률과 순환변동치를 이용한 경기순환시계로 분석하고 있다. 이를 종합해 보면 2008년 금융위기 이후에 빠르게 회복되었던 산업생산이 2010년부터 완만하게 둔화되고 있음을 알 수 있다.

[그림 3-18] **광공업생산 동향**

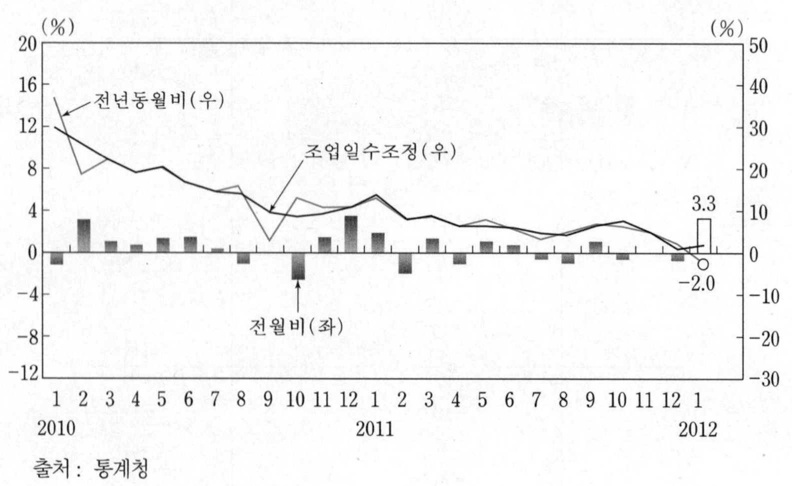

출처 : 통계청

3.6. 재고순환도를 통해 무엇을 분석할 수 있는가?

제조업의 경우 생산은 자가소비, 출하 및 재고의 합으로 표현되는데 출하가 생산보다 경기에 대해 민감(선행)한 경향이 있다. 따라서 경기가 하강하는 경우 출하는 즉시 감소하나 기업이 생산을 급격히 감소시키기 어렵기 때문에 재고가 증가하게 된다. 반대로 경기가 회복되는 경우 출하가 증가하면서 재고가 감소하고 뒤따라 생산이 증가한다. 따라서 재고순환지표(출하증가율－재고증가율)를 이용해서 제조업의 업황을 분석할 수 있다. 재고순환지표는 경기변동에 통상 선행하는 것으로 나타난다.

[그림 3-19] **재고순환지표 추이**

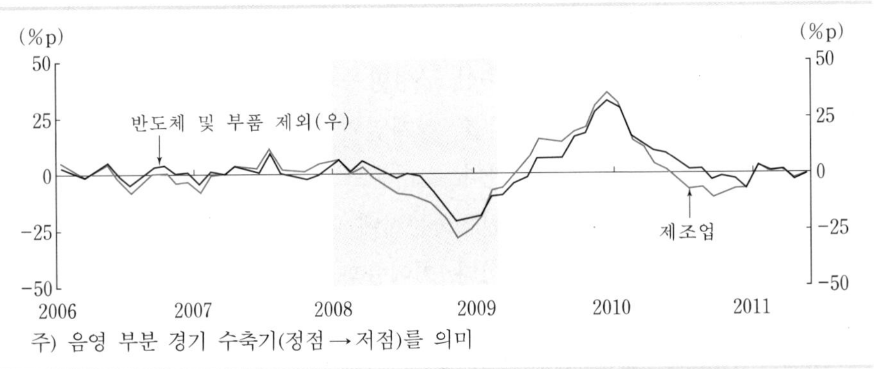

주) 음영 부분 경기 수축기(정점 → 저점)를 의미

[그림 3-20] **제조업 재고출하순환도**

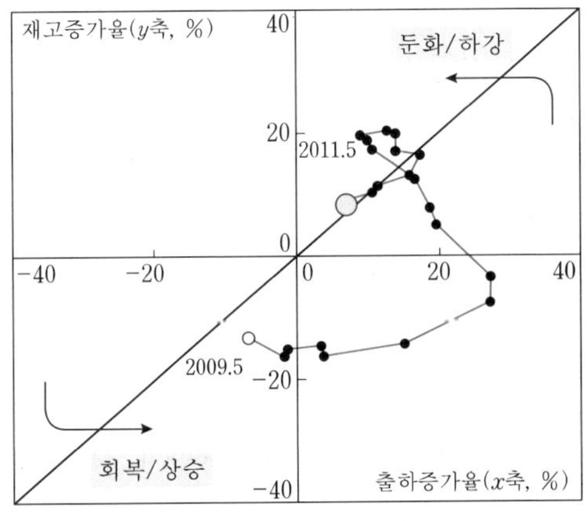

재고순환지표는 재고순환도로 표현된다. 경기 회복기에는 재고보다 출하가 더 빨리 늘고 경기 확장기에는 출하와 재고가 동시에 늘어난다. 경기 하강기에는 출하가 감소하나 재고는 증가하고, 경기 수축기에는 출하와 재고가 같이 감소한다. 따라서 경기순환에 따라 x축을 출하증가율, y축을 재고증가율로 두고 그래프를 그리면 경제통계는 시계 반대방향으로 움직인다. 2011년 5월의 제조업의 재고출하순환도를 보면 2009년 5월 이후 빠르게 회복되었던 업황이 둔화/하강 국면에 있음을 알 수 있다.

3.7. 개별 경제통계를 구성지표와 결합해서 어떻게 분석할까?

경제통계 Y가 여러 항목($X_1, X_2, \cdots, X_n$)의 합으로 구성될 경우($Y=X_1+X_2+\cdots+X_n$) 어떻게 분석할까? 우선 구성항목과 전체의 순환변동 관련 지표인 계절조정계열의 전기대비 증감률, 원계열의 전년동기대비 증감률, 순환변동계열 등을 작성하고 이를 비교한다. 그다음으로 Y의 변동 중 각각 구성요인($X_1, X_2, \cdots, X_n$)에 의해 얼마만큼 변동하는지에 대해 관심을 가지게 된다. 이때 이용되는 지표가 기여율과 기여도이다. 기여율과 기여도는 다음과 같이 구할 수 있다. 기여율은 전체 변동에서 해당 구성항목의 변동의 비율이고 그 합은 100이다. 이에 증감률을 곱하면 기여도가 된다.

$$X_1\text{의 기여율} = \frac{X_1\text{ 증감액}}{Y\text{ 증감액}} \times 100$$

$$X_1\text{의 기여도} = Y\text{ 증감률} \times X_1\text{의 기여율}$$

예를 들어 보자. 산업생산의 경우 여러 구성산업생산의 합으로 표현된다. 구성산업의 생산증감률은 일정하지 않다. 그리고 특정 산업이 차지하는 비중이 지나치게 높거나 변동성이 클 경우가 있다. 이를 기여도로 정리하면 보다 명확해질 수 있다.

예를 들면 국내총생산은 경제활동별로 농림어업, 광공업, 전기가스수도업, 서비스업, 순생산물세로 구성되어 있다. 그렇다면 제조업이 경제성장에 기여하는 성장기여율은 어떻게 구할까? 2010년 실질국내총생산이 1043.7조 원이고 2011년 실질국내총생산이 1081.6조 원이면 이의 차이는 37.9조 원이다. 2010년 실질

제조업생산이 287.4조 원이고 2011년 실질제조업생산이 308.0조 원이면 이의 차이는 20.6조 원이다. 따라서 전체 GDP 증가 중 제조업 증가가 차지하는 비중, 즉 기여율은 54.3%이고 성장기여도는 2.0%p이다.[6)]

표 3-3 제조업 GDP의 기여율 (조 원, %)

	2010년	2011년^{p}	차이	성장률
제조업	287.4	308.0	20.6	7.2
국내총생산	1043.7	1081.6	37.9	3.6
기여율/기여도			54.3	2.0

주) p는 잠정치

예 3-2 KOSTAT 경제동향

KOSTAT 경제동향에서도 산업생산을 구성산업의 생산으로 구분해서 기여도를 구하고 이를 통해 제조업 중 구성산업의 기여를 확인하고 있다.

▶ 주요 특징

반도체 수요 증가, 자동차·화학업종의 정상조업 재개 등으로 반도체 및 부품, 기계장비 등에서 생산호조를 보이며 전월대비 증가 전환

- 기타 운송장비, 비금속광물 등은 감소했으나, 반도체·평판디스플레이 제조용 장비의 수요 증가, 자동차·화학업종의 정상조업 재개 등으로 반도체 및 부품, 기계장비 등에서 생산호조를 보이며 전월대비 1.7% 증가
  - 전년동월대비로 영상음향통신, 비금속광물 등은 부진했으나, 반도체 및 부품, 기계장비, 자동차 등의 생산호조로 8.3% 증가('09.7월부터 23개월 연속 증가)

(전월비, %)

	'11.4월	5월	기여도(%p)
광공업생산	−1.7	1.7	1.70
반도체 및 부품	2.9	2.2	0.56
기계장비	−1.5	4.7	0.38
전기장비	−5.7	6.2	0.23
⋮	⋮	⋮	⋮
비금속광물	−0.8	−2.0	−0.05
기타 운송장비	4.3	−3.1	−0.09

(전년동월비, %)

	'10.5월	'11.5월	기여도(%p)
광공업생산	20.6	8.3	8.29
반도체 및 부품	32.9	20.3	4.78
기계장비	48.8	13.3	1.09
자동차	37.2	10.6	1.07
⋮	⋮	⋮	⋮
비금속광물	11.1	−4.9	−0.14
영상음향통신	7.5	−18.0	−0.97

6) GDP는 연쇄가중법에 의해 작성되므로 구성항목과 전체 간 가법성이 성립하지 않으므로 실제의 경우 다소 다르게 접근해야 하나 차이는 크지 않다. 자세한 내용은 『연쇄가중성장률의 이해』(한국은행 2009.2)를 참조하면 된다.

4. 경기종합지수를 이용하여 어떻게 경제를 분석할 것인가?

산업생산지수, 도소매판매액지수, 수출 등의 개별 경제통계는 경제활동의 한 측면만 나타낸다. 만약 우리가 한 가지 개별 통계만 읽는다면 경제상황의 한 측면만 보기 때문에 실제로는 여러 경제통계를 결합하여 이를 종합하고 있다. 그런데 개인적인 생각으로 종합하면 어떤 때는 산업생산지수를, 어떤 때는 도소매판매액지수를 중시하는 주관적 오류에 빠지게 된다. 그렇다면 어떻게 여러 개의 통계를 종합할까? 통계적 방법으로 통계를 종합하여 지표를 만들 수 있는데 대표적인 종합지표로는 경기종합지수(Composite Index : CI)와 경기확산지수가 있다. 이를 이용하면 경제통계를 일관되게 종합하여 분석할 수 있다.

4.1. 경기종합지수란 무엇인가?

경기종합지수는 경제 각 부문을 대표하고 경기대응성이 높은 경제통계를 가공·종합하여 작성한 지수 형태의 통계이다. 이 통계는 통계청에서 1981년 3월부터 매월 작성하고 있다. 경기종합지수는 경기전환점(기준순환일)에 대한 시차(time lag)에 따라 선행, 동행, 후행 경기종합지수로 구분된다.

선행, 동행, 후행 경기종합지수의 구성지표는 경기대응성을 바탕으로 선정된다. 선정과정을 정리해 보자. 먼저 경제 부문별로 국내에서 생산되는 월별 경제통계 중 시의성이 높고 경제적 의미가 큰 통계를 수집하고 비경기적 변동인 계절변동, 불규칙변동을 제거한다. 그다음으로 남겨진 경기변동(추세변동, 순환변동)에서 추세변동를 제거하여 순환변동을 추출하고 이들의 경기전환점(정점, 저점)을 찾는다. 이들 개별 경제통계의 경기전환점과 기준순환일을 비교하여 시차구조가 상대적으로 우수한 경제통계로 선행·동행·후행군으로 분류한다. 이때 경제통계를 경제적 중요도, 통계적 적합성, 경기일치성, 경기대응성, 평활성, 속보성 등도 고려한다. 경제구조가 바뀌므로 이들 지수를 구성하는 경제통계는 경제상황에 따라 바뀐다. 2012년 2월 현재 경기종합지수의 구성지표는 [표 3-4]와 같다.

표 3-4 경기종합지수의 구성지표

	선행 경기종합지수	동행 경기종합지수	후행 경기종합지수
구성지표	구인구직비율 재고순환지표(제조업) 소비자기대지수 기계류내수출하지수(선박 제외) 건설수주액(실질) 종합주가지수 장단기금리차 수출입물가비율 국제원자재가격지수(역계열)	비농림어업취업자수 광공업생산지수 건설기성액(실질) 서비스업활동지수 (도소매업 제외) 도소매판매액지수(불변) 내수출하지수 수입액(실질)	생산자제품재고지수 도시가계소비지출 (전 가구) 소비재수입액(실질) 상용근로자수 회사채유통수익률

이를 보면 선행 경기종합지수 구성지표는 비교적 가까운 장래의 경기동향을 예측하거나 앞으로 일어날 경제현상을 예시하는 지표이다. 동행 경기종합지수의 구성지표는 현재의 경기상태를 나타내는 지표로 광공업생산지수, 서비스업활동지수, 도소매판매액지수 등과 같이 국민경제 전체의 경기변동과 거의 동일한 방향으로 움직이는 지표이다. 후행 경기종합지수는 경기변동을 사후에 확인하는 지표로 구성된다.

4.2. 경기종합지수는 어떻게 작성되는가?

통계청은 경기종합지수는 ① 구성지표 수집, ② 추세순환계열 작성, ③ 개별지표의 평균증감률 및 종합증감률 산출, ④ 종합 원지수 산출, ⑤ 추세조정지수 산출, ⑥ 경기종합지수 등의 과정을 거쳐 작성된다.

첫째, 매월 작성되고 있는 구성지표의 원계열 또는 계절조정계열을 수집한다. 수집된 계열 중 경상(명목)계열에 대하여 관련 부문의 물가지수로 나누어 실질계열로 전환한다. 둘째, 구성 경제통계를 경기적 요인과 비경기적 요인으로 구분하고 비경기적 요인인 계절변동과 불규칙변동을 제거한다. 계절변동은 X-12-ARIMA 방법으로 제거하고, 불규칙변동은 3개월 말항 이동평균방법으로 제거한다. 원계열의 경우 계절변동과 불규칙변동을 제거하고 계절조정계열의 경우 불규칙변동만 제거한다. 셋째, 지표는 증가와 감소를 대칭적으로 처리해서 구성지표별로 다음과 같은 대칭변화율을 산출한다.

$$\text{금월 대칭변화율} = \frac{(\text{금월치} - \text{전월치})}{(\text{금월치} + \text{전월치}) \div 2} \times 100$$

넷째, 구성지표의 증감률의 진폭이 큰 구성지표가 종합지수를 좌우하지 않도록 구성지표의 표준화를 실시한다. 대칭변화율의 표준편차의 역수를 전체 구성지표 표준편차의 역수의 합으로 나누어 표준화인자를 산출한다.

$$\text{구성지표의 표준화증감률} = \text{구성지표의 대칭변화율} \times \text{구성지표의 표준화인자값}$$

다섯째, 구성지표의 표준화증감률을 합하여 종합증감률을 구한다.

$$\text{종합증감률} = \text{구성지표의 표준화증감률의 합}$$

여섯째, 종합지수(선행·동행·후행)별로 비교할 수 있도록 선행 및 후행 지수의 진폭을 동행지수 진폭과 같게 조정한다.

$$\text{진폭조정증감률} = \frac{\text{선(후)행 종합증감률}}{\dfrac{\text{과거 선(후)행 종합증감률 표준편차}}{\text{과거 동행 종합증감률 표준편차}}} \times 100$$

일곱 번째, 선행·동행·후행 진폭조정증감률을 누적하여 각각의 원지수를 산출한다.

$$\text{금월잠정지수} = \text{전월잠정지수} \times \frac{(200 + \text{금월 진폭조정증감률})}{(200 - \text{금월 진폭조정증감률})}$$

여덟 번째, GDP 추세를 목표추세로 하여 각 지수의 추세가 GDP 추세와 같도록 조정한다.

$$\text{추세조정증감률} = \text{조정증감률} + (\text{과거 GDP 월평균 증감률} - \text{과거 원지수 월평균 증감률})$$

아홉 번째, 추세조정증감률을 누적하여 경기종합지수(선행 · 동행 · 후행 지수)를 산출한다.

[그림 3-21] **경기종합지수 추이**

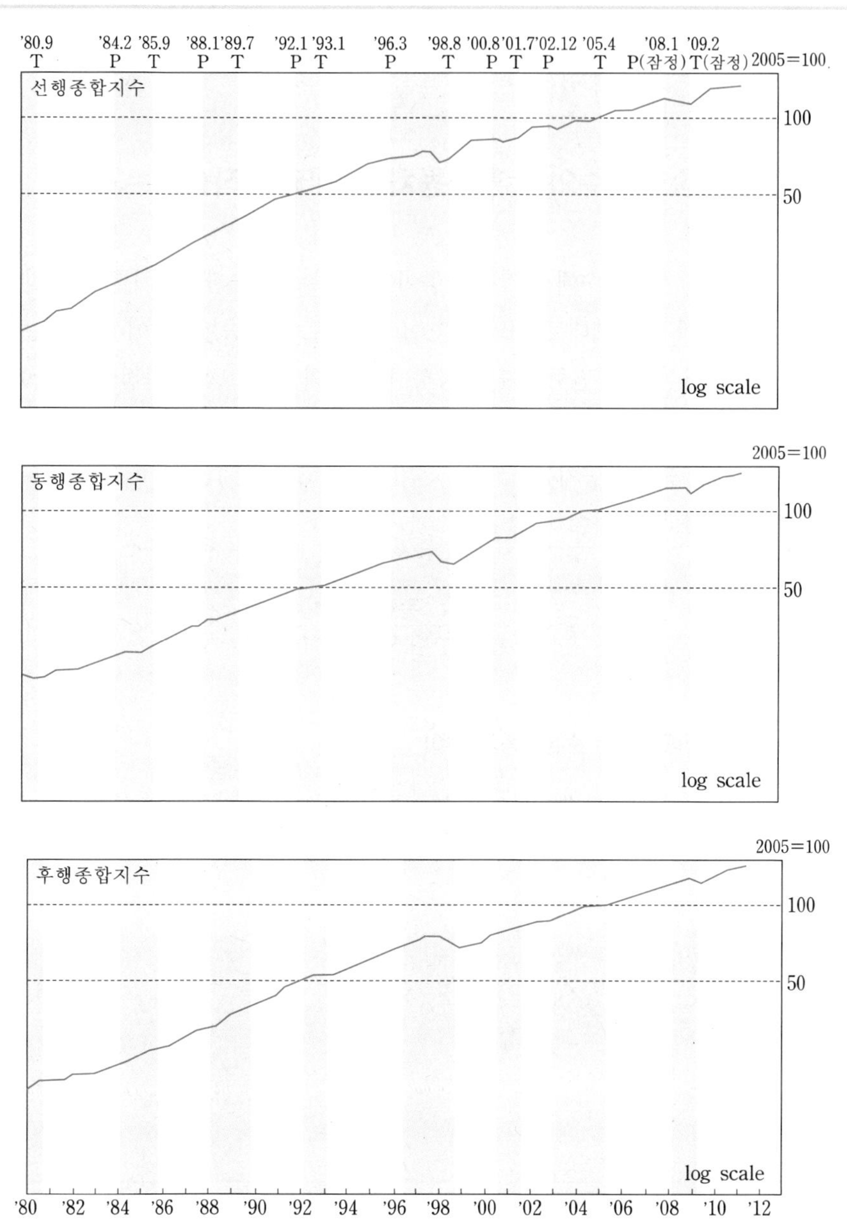

$$금월지수 = 전월지수 \times \frac{(200 + 금월\ 추세조정증감률)}{(200 - 금월\ 추세조정증감률)}$$

[그림 3-21]의 선행종합지수, 동행종합지수, 후행종합지수를 살펴보면 모두 추세변동과 순환변동으로 구성되었음을 알 수 있다.

4.3. 경기종합지수의 순환변동치는 어떻게 작성되는가?

우리나라 경기종합지수에서 추세변동이 강해 추세·순환변동치를 사용할 경우 경기의 순환과정을 제대로 파악하기 어려우므로 경기종합지수에 대해서는 추세변동까지 제거한 순환변동치를 작성하여 경기의 국면 및 전환점을 판단해야 한다.

동행종합지수 순환변동치는 국면평균법(Phase Average Trend : PAT)으로 추출한 추세변동치를 제거하여 산출된다.

$$순환변동치 = \frac{동행종합지수}{동행종합지수의\ 추세변동치}$$

[그림 3-22] 동행종합지수 순환변동치 추이

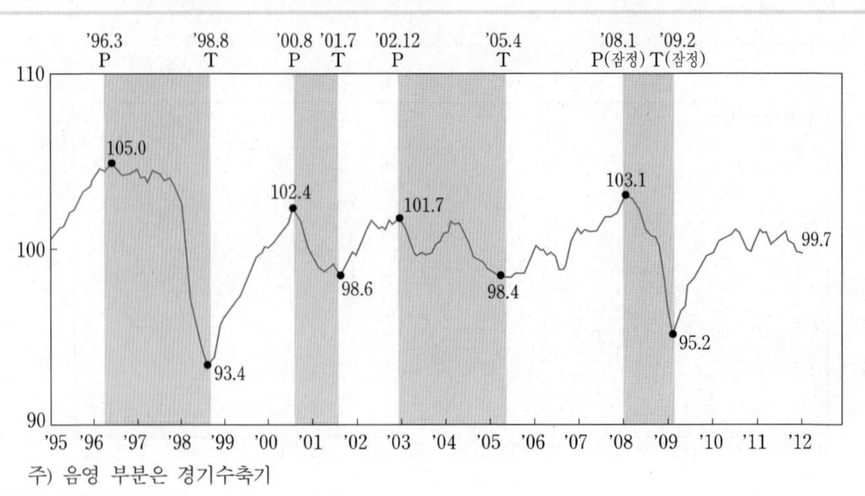

주) 음영 부분은 경기수축기

[그림 3-23] **선행종합지수 순환변동치 추이**

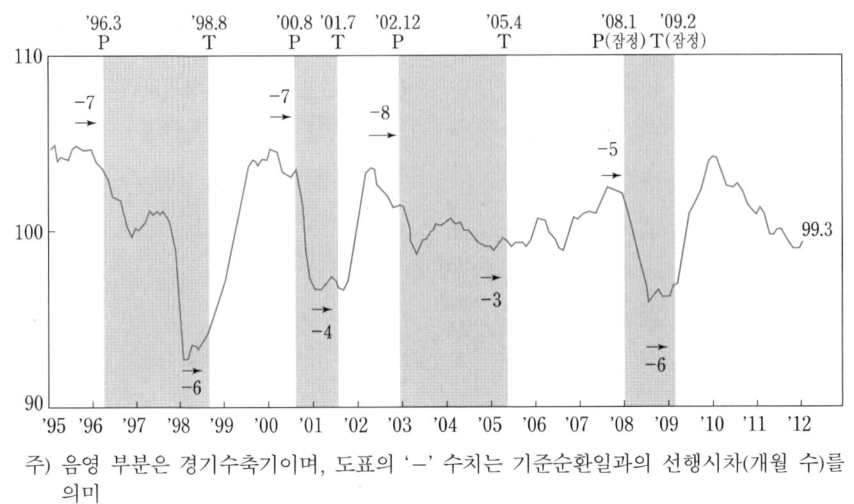

주) 음영 부분은 경기수축기이며, 도표의 '–' 수치는 기준순환일과의 선행시차(개월 수)를 의미

[그림 3-22]는 동행종합지수 순환변동치 추이로, 이를 보면 동행종합지수 순환변동치의 정점과 저점이 경기기준순환일과 거의 일치함을 알 수 있다.

선행종합지수의 경우 2012년 2월 이전까지는 선행지수의 전년동월비를 이용하여 순환변동을 파악했으나 2012년 2월부터는 동행종합지수와 마찬가지로 선행종합지수도 순환변동치로 순환변동을 파악하고 있다.

[그림 3-23]은 선행종합지수 순환변동치 추이로, 이를 보면 선행종합지수 순환변동치의 정점과 저점이 경기기준순환일에 대체로 선행하는 것으로 나타났다.

4.4. 경기종합지수는 어떻게 분석되는가?

경기종합지수는 경기판단 및 단기예측에 활용되고 있다. 먼저 동행종합지수 순환변동치로 현재 경기수준을 파악한다. 선행종합지수 순환변동치로 향후 몇 개월산의 경기흐름을 예측한다. 그리고 구성지표로 세부적인 내역을 확인하게 된다.

[예 3-3]에서 이상에서 살펴본 바와 같이 종합경기지표에 따른 경기분석은 개별 경제지표에 따른 경기분석에 비해서는 전체 경제의 움직임을 포괄적으로

예 3-3 KOSTAT에서 경기종합지수 분석

ㅁ '12.1월 현재의 경기상황을 보여 주는 동행지수 순환변동치는 전월보다 0.1p 하락
- 향후 경기국면을 예고해 주는 선행지수 순환변동치는 전월보다 0.1%p 상승

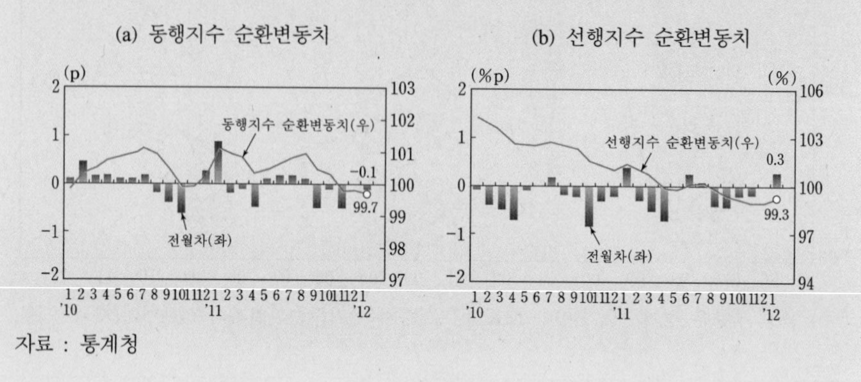

자료 : 통계청

파악할 수 있다는 장점이 있으나, 경기지표의 작성 및 해석 등 여러 가지 측면에서 한계가 있는 것이 사실이다. 경기변동의 원인을 보다 깊이 있게 진단하려면 종합경기지표에만 의존하기보다는 경기흐름을 올바르게 반영해 주는 개별 경제지표의 움직임도 주의깊게 살펴보아야 한다. 개별 경제지표에 대한 체계적인 분석을 통해 종합적인 경기지표의 현실경제에 대한 반영도도 제고시킬 수 있다.

4.5. 경기확산지수

경기종합지수와 함께 주요국에서 사용되는 종합경기지표로 경기확산지수가 있다. 경기확산지수는 경기변동의 변화 방향만 파악하는 지표로 경기의 국면 및 전환점을 판단할 때 유용하다. 경기확산지수 각 군의 총구성지표수에서 차지하는 증가지표수와 보합지표수를 파악하여 다음과 같이 계산하는데 0~100의 수치로 표시된다.

$$\text{생산확산지수} = \frac{\text{증가지표수} + (\text{보합지표수} \times 0.5)}{\text{구성지표수}} \times 100$$

앞의 공식에 따라 작성된 경기동향지수가 50을 초과하면 경기는 확장국면에, 50 미만이면 수축국면에 있음을 나타내며, 50이면 경기가 전환점에 있는 것으로 간주한다.

2011년 현재 우리나라에서는 통계청에서 광공업 81개 업종과 서비스업 80개 업종의 생산지수(추세, 순환변동계열)를 바탕으로 생산확산지수를 작성, 공표하고 있다. 2011년 3월의 생산확산지수에 대한 내용은 [예 3-4]와 같다.

예 3-4 통계청의 생산확산지수

▶ 광공업 및 서비스업 생산확산지수

- 3월 중 광공업 생산확산지수는 56.2로 기준치(50)를 상회했으나, 서비스업 생산확산지수는 40.6으로 기준치 하회
  - ※ 기준치 50 상(하)회 : 전월대비 증가한 업종의 수가 감소한 업종보다 많(적)다는 것을 의미

[그림 3-24] 생산확산지수 추이

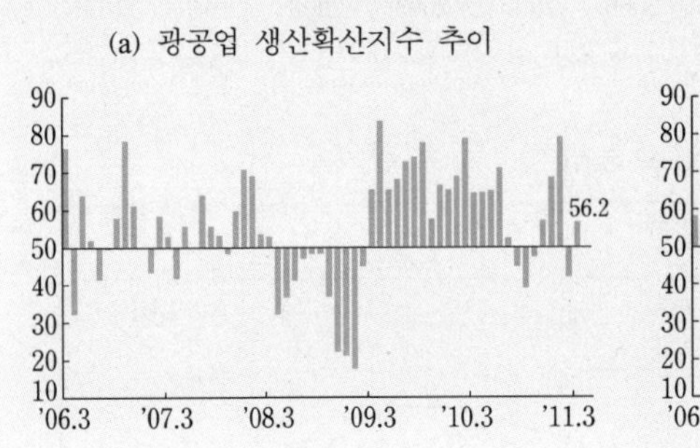

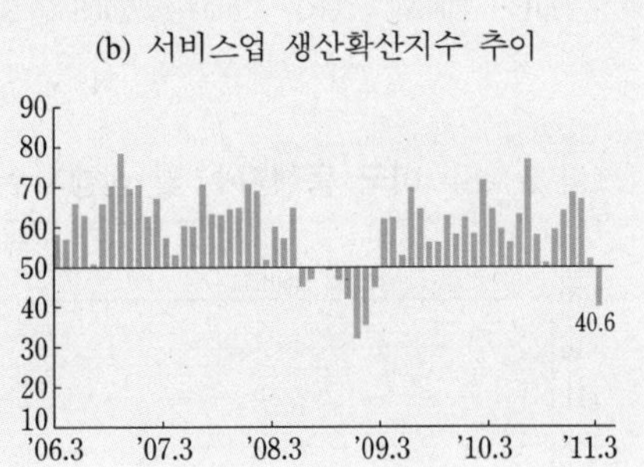

참고 3-1 OECD 선행지수

OECD는 각국의 경제활동의 전환점(정점과 저점)을 조기에 파악하기 위해 1980년대부터 선행지수를 작성해 왔다. 기준이 되는 동행지수는 산업생산지수이며 성장순환이 아닌 장기추세가 제거된 경기순환에 관심을 두고 있다. 작성방법은

우리나라의 작성방법과 유사하나 추세변동은 HP 필터를 이용하여 제거하고 있다. OECD 각국 지수는 구매력 평가지수로 측정된 전년도 GDP(GDP PPP)를 기준으로 가중 평균된다. [그림 3-25]를 보면 경기순환에 경기전환점이 표시되어 있는데 통상 이 시점부터 6~9개월 내에 경기전환점이 발생할 것으로 판단하고 있다. OECD 선행지수를 우리나라 수출, 더 나아가서는 우리나라 경기의 선행지수로 이용할 수 있다. 작성방법을 자세히 보려면 OECD(2008)를 참조하면 된다.

[그림 3-25] OECD 선행지수 추이

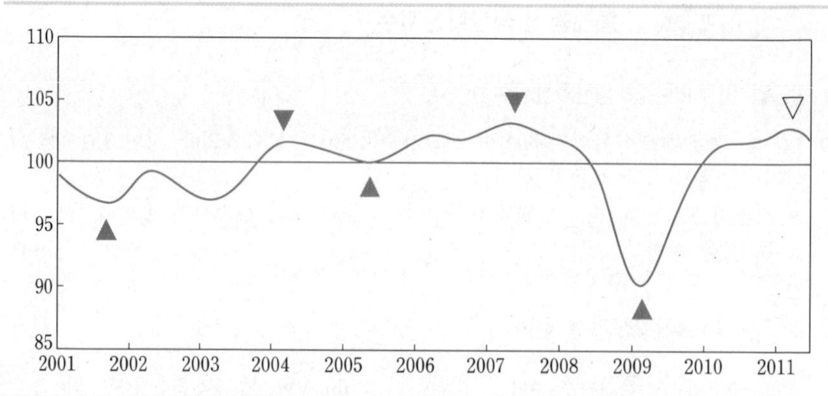

[그림 3-26] 미국 동행지수 및 선행지수 추이

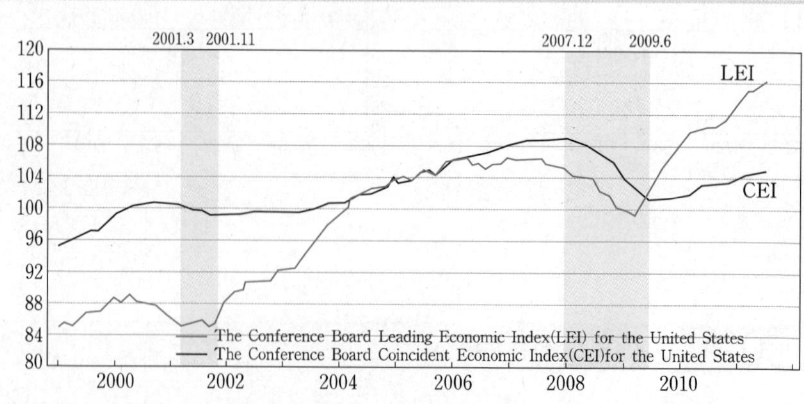

Latest LEI Trough March 2009, Latest CEI Trought June 2009
Shaded areas represent recessions as determined by the National Bureau Economic Research.
Source : The Conference Board

OECD는 OECD 구성국인 우리나라의 선행지수도 작성하고 있다. 구성지표로는 제조업 BSI, 주가지수, 재고순환지표(제조업), 장단기금리차, 순상품교역조건, 상품제조투자스톡(역계열) 등이다. 미국의 컨퍼런스 보드(Conference Board)에서는 미국의 선행지수는 물론 우리나라 선행지수를 포함한 각국의 선행지수를 발표하고 있다.

5. 심리지표를 이용하여 어떻게 경제상황을 분석할 것인가?

경제통계 중에서 기업가·소비자 등 경제주체들의 경기에 대한 판단, 전망에 관한 설문조사를 통하여 경제상황을 판단하는 통계가 있다. 대표적인 통계로는 기업경기실사지수(Business Survey Index : BSI)와 소비자태도지수(Consumer Sentiment Index : CSI)가 이에 해당된다. 기업경기실사지수 및 소비자태도지수는 전통적인 경제지표로는 포착하기 어렵지만 단기적 경기변동에는 중요한 영향을 미치는 경제주체의 심리적 변화를 측정하는 것이기 때문에 경제주체의 심리적 변화가 컸던 1998～1999년과 같은 위기 시기의 경기동향을 파악하는 데에 보다 유용하다. 또한 해당 분기 지수를 분기 내에 빠르게 조사·공표하기 때문에 경기 관련 지표 중 가장 속보성이 높은 지표이다.

5.1. 기업경기조사란 무엇인가?

기업가는 자기 분야의 기업업황과 전체 경기의 흐름을 분석·예측하여 투자 및 생산활동을 하고 종업원을 고용하게 된다. 이러한 기업가의 판단 및 예측은 주 경제활동인 생산·고용·투자에 영향을 미치게 되고 이는 결국 전체 경제에 영향을 미치게 된다. 기업경기조사는 이러한 경험적 사실을 바탕으로 기업가의 경기판단을 파악하기 위해 설문조사 방식으로 진행되고 있다.

기업경기조사에서는 기업활동의 수준 및 변화방향만 판단한다. 판단조사 결과는 기업실사지수(BSI) 형태로 종합된다. 기업경기실사지수는 조사결과의 전체 응답업체 중에서 '증가 또는 호전 응답업체 비중'과 '감소 또는 악화 응답업체 비중'의 차를 기초로 하여 다음과 같이 계산한다.

$$\text{기업실사지수} = \frac{\text{증가 응답업체수} - \text{감소 응답업체수}}{\text{전체 응답업체수}} \times 100 + 100$$

기업경기실사지수의 값은 0~200의 값을 가지며 100 이상이면 경기가 호전될 것으로 전망하며, 100 미만이면 경기가 악화될 것으로 전망한다.

기업경기조사는 설문조사 방식에 의존하므로 간편하고 신속하게 경기를 파악할 수 있으며, 전통적인 경제통계로는 포착할 수 없는 경제주체의 경제활동에 대한 평가와 전망을 수량화할 수 있는 장점이 있다. 기업경기실사지수는 경기변동의 방향을 측정할 수 있으나, 속도, 경기전환점을 측정하는 데 제약이 있다. 또한 기업경기실사지수는 경기에 민감하게 반응한다. 즉, 경기상승 시에는 사실보다 높게, 하강 시에는 사실보다 낮게 나타난다. 그리고 조사응답자가 응답 시 계절적인 영향을 고려하여 응답해야 하는데, 실제로는 계절적 영향을 경기변동으로 잘못 이해하여 응답할 가능성이 크다. 또 기업실사지수가 경기측정에 유효한 지표가 되려면 기업의 경영층이 조사에 직접 응답하는 것이 긴요한데 경영층이 직접 응답하는 것은 사실상 어려운 일이다.

기업경기조사 결과와 경제성장률 등 경기 관련 양적 지표 간 관계를 계량적으로 살펴보면 대체로 유의한 관계를 보인다. 따라서 기업경기실사지수를 이용하여 경기를 예측하게 된다.

기업경기조사는 1920년대 들어 공공 및 민간 연구단체 등에 의해 작성되기 시작했다. 대표적인 예로는 1927년 미국의 레일로드 시퍼스(Railroad shippers)에 의해 실시된 수화물 예측조사가 있다. 현대적인 형태의 조사로는 1947년에 미국 상무부(Department of Commerce)가 실시한 투자계획서 베이가 있다. 한편 유럽에서의 기업경기조사로는 영국산업협회, 독일 IFO 연구소 등에서 실시한 조사가 있다. 프랑스에서는 1950년 정부통계기관인 INSEE에서 기업경기조사를 실시하기 시작했다.

주요국의 실증분석 결과 기업경기조사가 경기 대응성 및 선행성 등의 측면에서 유용하다고 인정되면서 그 활용도가 점차 높아져 왔다. 특히 1990년대 들어 동구권 국가들이 시장경제체제로 전환한 후 기업이 각종 재무제표를 작성하지 않은 상황에서 경기를 판단하기 위해 기업경기조사를 실시하면서 조사의 실시 국가 및 기관수가 크게 늘어났다. 미국의 경우 지역연준, 시카고 구매관리자협회 등이 기업경기조사를 실시하고 있으며, 일본에서는 일본은행의 기업단기경제관측조사, 재무성의 경기예측조사, 일본상공회의소의 조기경기관측조사, 내각부의 법인기업동향조사 등이 있다.

우리나라의 경우 기업들의 경제활동을 예측하기 위해 1960년대 중반부터 한국은행, 한국산업은행 등에서 기업경기조사를 실시하기 시작했으며 1970년대 중반부터 대한상공회의소, 전국경제인연합회도 기업경기전망조사 통계를 작성하고 있다.

한국은행은 전국 법인기업을 대상으로 업황(전반적인 기업경기), 제품재고, 설비투자실행, 생산설비수준, 인력사정, 신규수주·생산·매출(내수, 수출), 가동률, 제품판매가격, 원자재구입가격, 채산성, 자금사정 등을 조사하고 있다. [그림 3-27]은 제조업의 업황 BSI 추이를 나타내고 있다. 이를 보면 경기의 순환변동을 알 수 있다.

[그림 3-27] **한국은행 기업실사지수 추이**

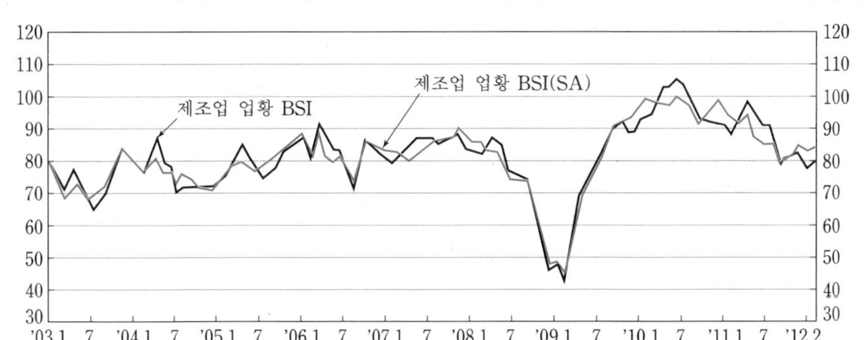

5.2. 소비자동향조사란 무엇인가?

소비자동향조사(소비자태도조사, 소비자신뢰조사)는 소비자의 경기에 대한 인식이 장래의 저축 및 소비에 영향을 미친다는 전제하에 소비자의 현재 및 미래의 재정상태, 소비자가 보는 경제 전반 상황과 물가, 구매조건 등에 대해 설문조사를 하는 조사이다. 소비가 경제 전체에서 차지하는 비중이 점차 커지면서 소비자들의 경제에 대한 판단 및 기대수준의 변화를 조사하여 소비자의 소비태도를 파악하고 이를 바탕으로 경제현상을 분석·예측하는 것이 중요해지고 있다.

소비자동향조사는 조사대상자가 쉽게 응답할 수 있어 속보성을 가지고 있으며 기존의 양적 통계에서 얻을 수 없는 생활형편, 소비지출 전망 등의 질적 정보도 얻을 수 있다. 그러나 소비자는 언론의 뉴스 등 경제 외적 요소에 의해 영향을 크게 받는 약점이 있다.

이 조사는 1944년 카토마(Katoma)가 소비자의 유동자산 배분 및 그와 관련된 태도를 파악하기 위해 실시되었고, 그 이후 1946년 미국 미시간 대학교에서 최초로 개발되었다. 1967년 이후 민간연구소 컨퍼런스 보드에서도 소비자신뢰지수(Consumer Confidence Index)를 작성하고 있는데, 이 지수는 미국 경기종합지수(CI) 선행지수의 구성지표로 이용되고 있다.

소비자동향지수는 소비주체인 소비자의 경기에 대한 인식을 바탕으로 작성되므로 생산주체의 기업가의 경기판단을 중심으로 작성된 기업실사지수와는 차이가 날 수 있다. 따라서 양 지수를 비교, 종합하여 기업가와 소비자의 경기인식을 종합적으로 판단해야 한다.

소비자동향조사를 실시하고 있는 국내외 대표적인 기관으로는 미국의 미시간 대학교, 컨퍼런스 보드, 일본의 내각부, 유럽 각국의 통계 편제기관 등이 있다. 우리나라에서는 삼성경제연구소가 1991년 4/4분기부터 분기별로 소비자태도조사를, 한국은행은 1995년 3/4분기부터 분기별로 소비자동향조사를, 통계청은 1998년 12월부터 월별로 소비자전망조사를 실시하고 있다. 유사통계 통합으로 통계청 통계와 한국은행 통계가 통합되어 2011년 7월 현재 한국은행에서 월별로 작성하여 공표하고 있다.

작성방법을 살펴보면 전국 56개 도시의 2,200가구에 대해 6개월 전과 비교한 현재의 생활형편, 현재와 비교한 향후 6개월 후의 생활형편, 가계수입, 소비지출

(목적별 소비지출 포함), 6개월 전과 비교한 현재의 국내경기, 현재와 비교한 향후 6개월 후의 국내경기, 취업기회 등을 조사대상가구 앞으로 조사표를 발송하여 우편조사를 실시하고 미회수가구에 대해서는 전화 인터뷰 조사를 실시하여 집계하고 있다.

한국은행에서는 현재 생활형편, 가계수입전망, 소비지출전망 등 6개의 주요 개별 소비자동향 관련 지수를 표준화하여 합성한 지수로 소비자심리지수를 작성하고 있다. 소비자심리지수는 전반적인 소비자심리를 종합적으로 판단하는 데 유용하다. 6개 개별지수를 표준화구간(현재 1999.1/4분기~2008.2/4분기)의 평균과 표준편차를 이용하여 표준화한 후 이를 합성한 종합적인 소비자심리지표이다. 소비자심리지수값이 100보다 높을 경우 경제상황에 대한 소비자의 주관적인 기대심리가 과거 평균보다 낙관적임을, 100보다 낮을 경우에는 비관적임을 나타낸다.

[그림 3-28] **편제방법**

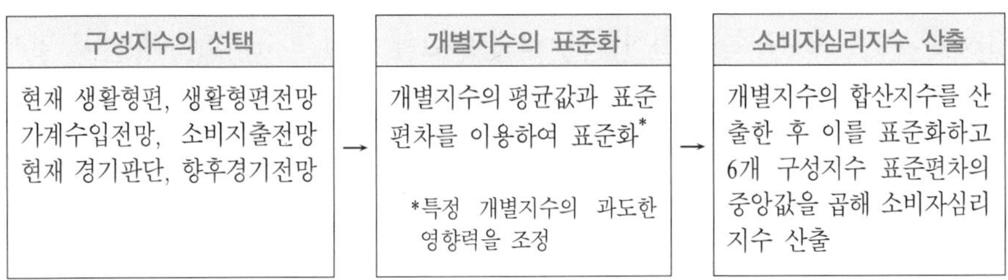

[그림 3-29] **소비자심리지수 추이**

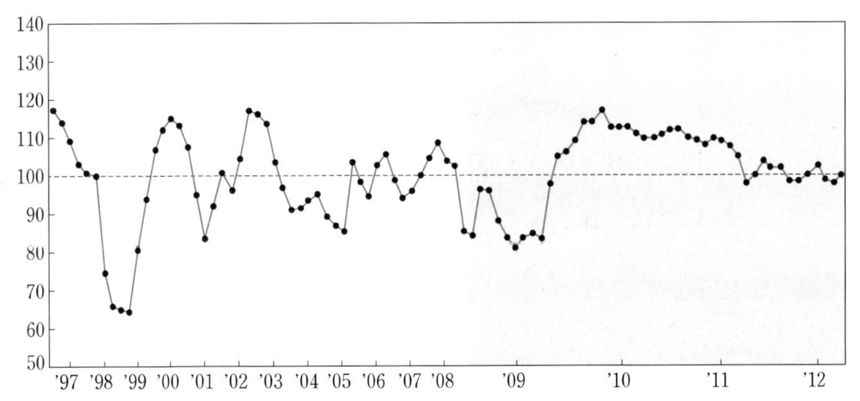

6. 현재의 경제를 어떻게 파악할 것인가?

현재의 경제를 판단하는 종합적인 경제통계로는 국민소득통계와 동행종합지수가 있다. 흔히 월별로 발표되는 동행종합지수로 경기의 흐름을 파악하고, 분기통계인 GDP로 이를 확인한다. 동행종합지수와 관련 높은 생산통계, 수출입통계, 도소매판매, 취업자수도 동행종합지수와 같이 살펴보게 된다. 이를 통해 현재의 총제적인 경제상황을 나타내는 경기를 파악하고 검토하게 된다. GDP의 경우 GDP와 그 구성인 생산측면과 지출측면을 살펴보게 된다.

GDP와 개별지표는 전기대비 성장률 또는 전년동기대비 성장률로 경기동행종합지수는 순환변동치로 경제현황을 파악한다. 그리고 그 구성지표의 영향력은 기여율 또는 기여도로 파악한다.

동행종합지수나 GDP는 1개월 또는 2개월 후에 발표하는 통계여서 현재의 경제상황이라 말하기는 어렵지만 1~2개월 전과 현재가 유사하다고 보고 현재 경기를 판단한다. 한편 심리지표는 조사방법이 간단하여 빨리 발표하기 때문에 현재 경제상황을 보다 빨리 파악할 수 있어서 동행종합지수 및 GDP를 이용한 현재 경기 판단을 보완할 수 있다.

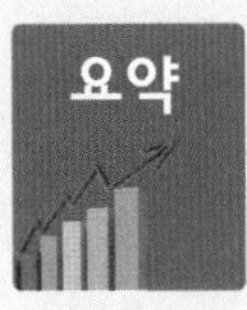

1. 경제통계를 이용하여 경제상황을 판단하는 방법은 크게 개별 경제통계를 이용하는 방법, 종합경제지표를 이용하는 방법, 설문조사에 의한 방법으로 나눌 수 있다.

2. 개별 경제통계는 원계열과 계절조정계열로 구분되어 발표된다. 계절조정계열의 경우 전기대비 성장률을, 원계열의 경우 전년동기대비 성장률을 이용하여 경제현황을 파악하고 순환변동치를 구하여 추가적으로 분석한다.

3. 경기순환시계는 경제통계가 4개의 국면에 어디에 위치하고 있는지를 시계형태로 표현한 그래프이다.

4. 경기종합지수는 경제 각 부문을 대표하고 경기대응성이 높은 경제통계들을 가공·종합하여 작성한 지수형태의 통계이다.

5. 경기확산지수는 경기변동의 변화방향만을 파악하는 것으로 경기의 국면 및 전환점을 판단할 때 유용하다.

6. 기업가·소비자 등 경제주체들의 경기에 대한 판단, 전망에 관한 설문조사를 통하여 경제상황을 판단하는 통계가 있는데, 대표적인 통계로는 기업경기실사지수(BSI)와 소비자태도지수(CSI)가 있다.

제 4 장

한 개의 경제통계를 어떻게 분석할 것인가?

개 요

시계열인 경제통계를 분석할 때 경제통계가 ARIMA모형과 같은 시계열모형으로부터 생성되었다고 가정한다. 그리고 경제통계를 이용하여 시계열모형으로 구체화한다. 시계열모형은 '모형의 식별 → 모형의 추정 → 모형의 진단'이라는 3단계의 반복적인 작업으로 작성되며, 이 시계열모형이 미래에도 지속될 것으로 판단하고 연장하여 예측을 실시한다. 이 장에서는 시계열모형의 특징을 자기상관계수, 부분자기상관계수, 스펙트럼 등을 통해 살펴보고 이를 바탕으로 시계열모형을 작성하여, 예측하는 방법에 대해 살펴본다.

1. 경제통계를 시간영역에서 어떻게 분석할 것인가?

경제통계는 시간에 따라 측정되는 시계열이므로 경제통계의 과거, 현재, 미래 사이에 일정한 관계를 가진다. 이는 마치 할아버지－아버지－아들－손자의 유전자가 일정한 관계를 가지는 것과 같다. 경제통계를 분석할 때 이러한 시간적 연결구조를 이해해야 한다. 시계열의 시간 간 연결구조를 파악하는 분석을 시간영역(time domain)분석이라고 한다. 시간영역분석은 자기상관계수와 부분자기상관계수와 같은 지표를 이용하여 현재와 과거 또는 미래와의 연결구조를 이해하는 기술적 분석과 시계열의 연결구조를 수리적으로 표현한 시계열모형을 작성하여 미래를 예측하는 추론적 분석으로 구분할 수 있다.

1.1. 두 변수는 얼마나 밀접한가?

자기상관계수를 이해하려면 상관계수의 개념을 이해해야 한다. 두 변수가 얼마나 밀접하게 움직이는지에 대해 알고 싶을 때에는 어떻게 파악할까? 가장 간단한 방법은 두 변수를 곱해 보는 것이다. 두 변수를 곱해 보자(표 4-1 참조). 두 변수의 부호가 같으면 +, 부호가 다르면 －를 나타낸다.

그런데 경제통계가 대체로 +값을 가지므로 경제통계 간 관련성은 경제통계에서 그 평균을 차감한 후 표준편차로 나누어 표준화한 후 평균을 낸 다음의 표본상관계수(r)로 파악될 수 있다.

표 4-1 두 변수의 곱

XY		*X*	
		+	－
Y	+	+	－
	－	－	+

$$r = \frac{\sum_t (x_t - \bar{x})(y_t - \bar{y})}{\sqrt{\sum_t (x_t - \bar{x})^2 \sum_t (y_t - \bar{y})^2}}$$

여기서 $\bar{x}$, $\bar{y}$는 x_t, y_t의 표본평균

두 변수값이 평균적으로 함께 증가, 감소하면 표본상관계수는 양의 값을, 반대로 움직이면, 즉 한 변수는 증가하는데 다른 변수는 감소하면 표본상관계수는 음의 값을 갖는다. 표본상관계수는 -1과 1 사이의 값을 가지며 두 변수 간 선형관계의 정도를 나타낸다. 두 변수 간 상관계수값이 0보다 클 때($r > 0$)는 두 변수가 같은 방향으로, 0보다 작을 때($r > 0$)는 반대방향으로 움직임을 의미한다. 두 변수 간 상관계수 값이 ± 1이면 완전 선형관계를 가지며 0이면 두 변수 간 선형관계가 없음을 의미한다.

1.2. 자기상관계수란 무엇인가?

경제통계의 현재 상태는 과거 및 미래의 상태와 연관되어 있다. 이러한 시간적 연관관계는 경제통계와 경제통계 시차변수의 상관계수인 표본자기상관계수를 이용하여 파악할 수 있다.[1)] 표본자기상관계수(sample autocorrelation coefficient, $\hat{\rho}(h)$)는 다음과 같이 정의할 수 있다.

$$\hat{\rho}(h) = \frac{\sum_t (y_t - \bar{y})(y_{t-h} - \bar{y})}{\sum_t (y_t - \bar{y})^2} = \frac{\sum_t (y_t - \bar{y})(y_{t+h} - \bar{y})}{\sum_t (y_t - \bar{y})^2}$$

표본자기상관계수들이 시차별로 구해졌으면 이들이 실제로 어떤 형태로 움직이는지를 검도해야 한다. 이는 시차(h)를 x축, 표본자기상관계수($\hat{\rho}(h)$)를 y축으로 하여 상관도표(correlogram)를 그려 파악할 수 있다.

1) 표본자기상관계수란 주어진 경제통계를 바탕으로 구한 자기상관계수이다. 모든 통계량에 표본이 추가되는 경우 이는 경제통계(데이터)를 바탕으로 구한 것을 의미한다.

1.3. 부분자기상관계수란 무엇인가?

현재 시계열(Y_t)과 과거(또는 미래)의 시계열 간 관련성을 파악하는 데 표본자기상관계수와 더불어 유용하게 이용되는 것으로 표본부분자기상관계수(sample partial autocorrelation coefficients, $\hat{\phi}(h)$)가 있다. Y_t와 Y_{t+h} 표본부분자기상관계수($\hat{\phi}(h)$)는 Y_t와 Y_{t+h} 사이 기간 관측값 $Y_{t+1}, \cdots, Y_{t+h-1}$의 영향력을 제거한 후 구한 표본자기상관계수이다. 따라서 표본부분자기상관계수로 Y_t와

예 4-1 **GDP의 상관도표와 부분상관도표**

GDP의 상관도표를 그려보면 [그림 4-1]과 같다.

[그림 4-1] GDP 원계열의 상관도표와 부분상관도표

Autocorrelation	Partial Correlation		AC	PAC	QStat	Prob
		1	0.965	0.965	111.74	0.000
		2	0.942	0.164	219.24	0.000
		3	0.912	−0.087	320.92	0.000
		4	0.899	0.206	420.60	0.000
		5	0.865	−0.262	513.59	0.000
		6	0.843	0.083	602.77	0.000
		7	0.815	−0.005	686.82	0.000
		8	0.804	0.124	769.38	0.000
		9	0.773	−0.170	846.34	0.000
		10	0.753	0.034	920.05	0.000
		11	0.723	−0.041	988.71	0.000
		12	0.708	0.031	1055.2	0.000
		13	0.672	−0.157	1115.7	0.000
		14	0.648	0.018	1172.4	0.000
		15	0.618	0.040	1224.5	0.000
		16	0.603	0.020	1274.6	0.000
		17	0.568	−0.114	1319.6	0.000
		18	0.545	0.015	1361.3	0.000
		19	0.517	0.033	1399.2	0.000
		20	0.502	0.006	1435.4	0.000
		21	0.469	−0.096	1467.3	0.000
		22	0.447	0.022	1496.6	0.000
		23	0.419	0.027	1522.6	0.000
		24	0.405	−0.006	1547.2	0.000

이를 보면 표본 자기상관계수(Autocorrelation Coefficient : AC)값이 서서히 감소하는 것으로 나타났다. 이는 동 시계열은 강한 추세가 있는 불안정 시계열이라는 것을 나타낸다. GDP의 부분상관도표를 보면 표본 부분자기상관계수(Partial Autocorrelation Coefficient : PAC)값은 1차에서 1에 가까운 큰 값을 가지고 있으며, 주기적으로도 5, 9, 13차에서 큰 값을 보이고 있다. 1차의 큰 값은 추세가 있는 불안정 시계열이라는 것을, 주기적으로 크게 나타난 부분자기상관계수값은 계절변동에 따른 것으로 판단된다.

[그림 4-1]에서 점선은 자기상관계수값 또는 부분자기상관계수값이 통계적으로 유의한지 판단하는 기준선이다.

Y_{t+h} 간 순수한 상관관계를 파악할 수 있다. 표본부분자기상관계수도 표본자기상관계수처럼 시차(h)를 x축, 표본부분자기상관계수($\hat{\phi}(h)$)를 y축으로 한 부분상관도표(partial correlation)를 그려 그 특징을 파악한다.

1.4. 경제통계의 종속성과 통계학 이론은 어떤 관계인가?

경제통계의 시간적 연결구조가 강할 경우 통계추론에서 중요하게 이용되고 있는 중심극한정리[2)]와 대수의 법칙[3)]이 성립되지 않는다. 이는 경제통계가 시간적 종속성이 강할 경우 표본크기가 커지더라도 그 종속성으로 인해 경제통계의 표본수가 늘어도 모집단의 정보가 추가적으로 늘어나지 않기 때문이다. 경제통계의 종속성이 크지 않다면 중심극한정리와 대수의 법칙이 성립하므로 시계열모형을 종속성에 따라 구분하여 작성하는 것이 통계이론적으로 중요하다.

---

2) 중심극한정리는 모집단에서 표본을 임의로 뽑고 이들 표본이 동일한 평균, 분산을 가지고 서로 독립적일 때 표본수가 커지면서 모집단의 분포와 관계없이 표본평균은 정규분포에 수렴한다는 것이다.

3) 대수의 법칙은 표본수가 커지면서 표본평균이 모집단의 평균으로 확률적으로 수렴한다는 것이다.

2. 시계열모형이란 무엇인가?

시계열모형은 시계열의 특성을 고려하여 주파수영역의 모형과 시간영역의 모형으로 구분된다.

2.1. 주파수영역의 모형이란 무엇인가?

계절은 1년마다 돌아오고 오늘 아침은 어제와 같이 돌아온다. 이렇게 주변에서 반복되는 여러 주기의 순환변동을 볼 수 있다. 시계열분석은 이러한 시계열의 숨겨진 순환변동을 찾는 데에서 시작되었다. 구체적으로 보면 17세기경부터 태양의 흑점자료와 밀가격지수를 분석했고 이때의 관심은 통계가 어떤 주기로 움직이는가였다. 18세기 프랑스 수학자 퓨리에(Fourier)는 어떤 함수도 sine 함수와 cosine 함수, 즉 삼각함수를 선형적으로 결합하여 비슷하게 표현할 수 있다는 것을 밝혔고 이를 바탕으로 슈스터(Schuster, 1906)는 시계열의 숨겨진 순환을 찾는 도표인 주기도를 개발했다. 이와 같은 분석이 주파수분석의 출발이었다. 경제통계를 추세변동, 순환변동, 계절변동, 불규칙변동으로 나누어 분석하는 분해법도 일종의 주파수영역에서 모형을 설정한 것이라고 볼 수 있다.

2.2. 시간영역의 모형이란 무엇인가?

경제통계의 순환변동은 결정적으로 반복되는 것은 아니며 확률적으로 변동하면서 나타날 수 있다. 이를 감안하여 경제통계분석 연구자들은 시계열인 경제통계가 무엇으로부터 생성되는지에 관심을 가지게 되었다. 먼저 어떠한 주기도 없고 랜덤인 백색잡음계열을 생각해 보자. 백색잡음계열은 과거와는 아무런 상관없이 움직이는 계열이다. 그런데 빛으로 본 백색잡음계열을 프리즘으로 분해해 보면 모든 주기의 색을 포함하고 있다. 따라서 백색잡음계열은 아무것도 아닌 것 같지만 모든 것을 가지고 있기도 하므로 새로운 것을 창출할 수 있다.

백색잡음(white noise)모형은 서로 독립이고 동일한 분포를 따르는 확률과정이며, 통상 이 모형은 평균이 0이고, 분산이 σ^2으로 일정하며 서로 독립적인 정규분포로부터 산출된 계열(ϵ_t)을 의미한다.

$$y_t = \epsilon_t,\ t = 1, 2, \cdots$$

1920년대 러시아의 슬러츠키(Slutzky)는 백색잡음계열(ϵ_t)을 적절히 섞으면 하나의 새로운 시계열(Y_t)이 생성된다고 했다. 다시 말하면 몇 개의 백색잡음계열을 합하면 어떤 시계열도 비슷하게 재생할 수 있다는 것이다. 경제통계가 과거의 경제적 충격이 누적되어 형성되었다고 생각하는 것이다. 이와 관련된 모형을 이동평균(Moving Average : MA)모형이라고 한다. 이는 마치 혼돈으로부터 질서를 찾는 모형이라고 할 수 있다. MA모형에 의한 시계열은 시계열의 현재 상태가 과거의 오차(또는 충격)의 선형결합으로 표현될 수 있다는 것이다.

$$y_t = \mu + \theta_1 \epsilon_{t-1} + \theta_2 \epsilon_{t-2} \cdots + \theta_q \epsilon_{t-q} + \epsilon_t$$

여기서 ϵ_t는 백색잡음 과정이며 μ와 θ_i는 미지의 상수이다. 현재 시계열을 q개의 과거 오차로 설명하므로 이 시계열모형을 MA(q)모형이라고 한다. 이 절에서는 현재의 관측값을 전기의 오차로 설명하는 MA(1)모형만을 살펴보도록 하겠다. MA(1)모형은 다음과 같이 표현된다.

$$y_t = \mu + \theta_1 \epsilon_{t-1} + \epsilon_t$$

한편 1920년대 미국의 율(Yule)은 슬러츠키와는 반대로 시계열은 과거의 자료로 설명할 수 있다고 생각했다. 이와 같이 시계열의 생성원리를 과거 시계열로부터 찾은 것이 자기회귀모형이다. 이는 이동평균모형과 달리 질서로부터 혼돈을 찾는 것이라고 할 수 있다. 시계열의 현재 상태가 과거 상태에 의존하여 움직인다면 현재 시계열이 다음과 같은 과거 시차 시계열의 함수로 나타낼 수 있다.

$$y_t = \mu + \phi_1 y_{t-1} + \phi_2 y_{t-2} \cdots + \phi_p y_{t-p} + \epsilon_t$$

여기서 ϵ_t는 평균이 0, 분산이 σ^2인 백색잡음 과정이며 μ와 ϕ_i는 미지의 상수이다. 이러한 확률과정은 설명변수를 자기시차변수를 이용한 것 외에는 회귀분석모형과 비슷하다고 하여 자기회귀(autoregress)모형이라고 하는데 간단하게는 AR 모형이라고 한다. 현재 시계열을 과거 $1 \sim p$시차의 시계열로 설명하는 확률모형을 AR(p)모형이라고 한다. 시계열을 전기의 시계열로 설명하는 AR(1)모형은 다음과 같이 표현할 수 있다.

$$y_t = \delta + \phi_1 y_{t-1} + \epsilon_t$$

이와 같이 같은 시기에 각각 미국과 러시아에서 진행된 시계열의 생성비밀에 대한 연구는 나중에 다른 것이 아님이 밝혀졌다. 왜냐하면 이동평균모형은 자기회귀모형으로, 자기회귀모형은 이동평균모형으로 표현될 수 있기 때문이다. 그런데 자기회귀모형과 이동평균모형만으로 시계열을 표현하다 보면 차수가 길어져서 복잡해지는 경향이 있다. 이를 추정하려면 많은 노력이 필요하고 추정도 불안정해진다. 즉, 하나의 시계열을 생성하는 데 자원이 너무 많이 드는 것이다. 즉, 시계열을 자기회귀모형이나 이동평균모형으로만 설명하려고 하면 AR모형의 차수나 MA모형의 차수를 지나치게 크게 설정해야 한다. 따라서 왈드(Wold, 1954)와 워커(Walker, 1962)는 AR모형과 MA모형을 동시에 이용하여 시계열모형의 모수의 수를 줄여서 보다 효율적인 시계열모형을 작성할 수 있는 자기회귀이동평균모형(AutoRegressive Moving Average : ARMA)을 제안했다.

$$y_t = \delta + \phi_1 y_{t-1} + \cdots + \phi_p y_{t-p} + \theta_1 \epsilon_{t-1} + \cdots + \theta_q \epsilon_{t-q} + \epsilon_t$$

이와 같이 AR(p)모형과 MA(q)모형이 섞여 있는 시계열모형을 ARMA(p, q)모형이라고 한다. 다음 모형은 ARMA(1,1)모형이다.

$$y_t = \delta + \phi y_{t-1} + \theta \epsilon_{t-1} + \epsilon_t$$

이제까지 설명한 시계열모형은 안정 시계열을 모형화한 것이다. 안정 시계열이란 평균, 분산 등에 체계적인 변화가 없고 주기적인 변화도 없는 확률과정이다. 시계열분석 이론은 이러한 안정 시계열을 중심으로 정립되어 있다. 따라서 많은 경우 안정 시계열이 아닌 불안정 시계열에 대해서는 차분, 변수변환 등으로 안정 시계열로 변환해서 분석한다. 또 왈드는 중요한 분해정리를 했다. "안정 시계열은 결정적 과정에서 생성되는 부분과 확률적으로 결정되는 부분으로 구분된다."는 정리인데 시계열 분야의 중요 정리로 기록되고 있다.

안정 시계열이 아닌 불안정 시계열을 표현하는 대표적인 모형으로는 확률보행모형이 있다. 어떤 경제전문가가 오늘의 주가(또는 환율)는 전일의 주가(또는 환율)와 비슷한 수준에서 박스를 이루며 변동한다고 예측한다면 그 전문가는 주가가 확률보행모형을 따른다고 가정한 것이다. 확률보행모형은 다음과 같이 표현할 수 있다.

$$y_t = y_{t-1} + \epsilon_t$$

이 모형의 시계열은 평균은 일정하나 그 분산이 시간에 따라 증가하므로 이 시계열은 불안정 시계열이다. 이 모형은 예측모형을 비교하는 벤치마킹 모형으로서의 역할을 한다. 확률보행모형에 다음과 같이 절편(δ : drift)이 추가된다면 시계열의 평균($E(Y_t) = t \cdot \delta$)과 분산($Var(Y_t) = t \cdot \sigma^2$)이 모두 시간에 따라 증가한다.

$$y_t = \delta + y_{t-1} + \epsilon_t$$

확률보행모형의 시계열을 차분하면 차분계열이 백색잡음계열이 되므로 안정 시계열로 전환된다. 시계열을 차분해서 ARMA모형이 되는 모형을 ARIMA (AutoRegressive Integated Moving Average)모형이라고 한다.[4] 즉, d차 차분한 시계열 $W_t = \Delta^d Y_t$가 다음과 같은 ARMA(p, q)모형을 따를 때 이 시계열은 ARIMA(p, d, q)모형으로부터 생성되었다고 가정한다.

$$w_t = \delta + \phi_1 y_{t-1} + \cdots + \phi_p y_{t-p} + \theta_1 \epsilon_{t-1} + \cdots + \theta_q \epsilon_{t-q} + \epsilon_t$$

실제 시계열을 분석할 때는 차분 d는 시계열에 계절변농이 포함되지 않는다면 2차 이하로 정한다. ARIMA(1,1,1)모형은 다음과 같이 표현된다.

4) 차분된 계열이 누적 또는 적분되면(summed or integrated) 원래의 계열로 돌아간다는 의미에서 I를 ARMA모형에 추가한 것이다.

$$\Delta y_t = \delta + \phi y_{t-1} + \theta \epsilon_{t-1} + \epsilon_t$$

앞서의 확률보행모형은 ARIMA(1,0,1)모형으로, AR(p)모형은 ARIMA(p,0,0)모형으로, MA(q)모형은 ARIMA(0,0,q)모형으로, ARMA(p, q)모형은 ARIMA(p,0,q)모형으로 표현할 수 있다. 따라서 ARIMA모형으로 앞서 설명한 모든 시계열모형을 표현할 수 있다.

3. 시계열은 어떻게 구분되는가?

시계열모형은 확률법칙에 의해 생성된 일련의 현상을 수리함수로 나타낸 확률과정(stochastic process)이다. 경제통계는 특정한 시계열모형에서 생성된 값이며 우리가 찾은 경제통계는 참값 주위로 분포된 값 중에서 하나가 측정된 것이다.

3.1. 안정 시계열과 불안정 시계열은 어떻게 구분되는가?

경제통계는 확률적 성질이 불변인 안정 시계열과 그렇지 않은 불안정 시계열로 구분된다. 안정 시계열은 평균, 분산 등에 체계적인 변화가 없고 주기적인 변화도 없는 확률과정을 따르는 시계열이다.[5] 대부분의 불안정 시계열은 안정 시계열과 달리 확률적 추세를 가지고 있다. 통계추론은 안정 시계열을 바탕으로 정립되어 있기 때문에 시계열모형 작성 등 통계분석을 할 때 불안정 시계열을

5) 안정 시계열에 대한 강한 정의는 시간이동에 따라 시계열의 분포가 같음을 의미한다. 안정 시계열의 약한 정의는 1, 2차 적률(평균, 분산, 공분산)이 변하지 않음을 의미한다. 시계열이 정규분포를 따른다면 안정성에 대한 약한 정의와 강한 정의는 같다.

차분하거나 변수변환하여 안정 시계열로 변환해서 분석하는 것이 일반적이다. 넬슨과 플로서(Nelson and Plosser, 1982)는 많은 경제통계가 확률적 추세를 가지는 불안정 시계열임을 보였다. 따라서 경제통계를 분석할 때 확률적 추세를 식별하고 분석하는 것이 중요한 과제 중 하나이다.

[그림 4-2]는 계절조정 실질GDP와 이의 전기대비 성장률이다. 계절조정 실질GDP는 추세변동이 있으므로 대표적인 불안정 시계열이라고 할 수 있다. 한편 전기대비 성장률은 차분을 통해 추세를 제거한 안정 시계열이라고 할 수 있다.

어떻게 안정 시계열과 불안정 시계열을 구분할까? 가장 간단한 방법은 시계열의 표본자기상관계수, 표본부분자기상관계수를 이용하는 것이다. 불안정 시계열의 경우 표본자기상관계수는 1차에 1에 가까운 값을 가지고 서서히 작아지고, 부분자기상관계수는 1차에 1에 가깝고 나머지는 0에 가깝다. 이러한 특징은 확률적 추세를 가지는 시계열에서 나타난다. 한편 안정 시계열의 경우 표본자기상관계수와 부분자기상관계수는 시차가 커짐에 따라 빠르게 0으로 수렴된다.

계절조정 실질GDP의 상관도표와 부분상관도표를 보면 표본자기상관계수는 1차에 1에 가까운 값을 가지고 서서히 작아지고, 부분자기상관계수는 1차에 1에 가깝고 나머지는 0에 가깝다. 한편 이를 차분한 시계열의 경우 표본자기상관계수와 표본부분자기상관계수가 시차가 커짐에 따라 빠르게 0으로 수렴된다. 따라

[그림 4-2] **실질GDP와 전기대비 성장률 추이**

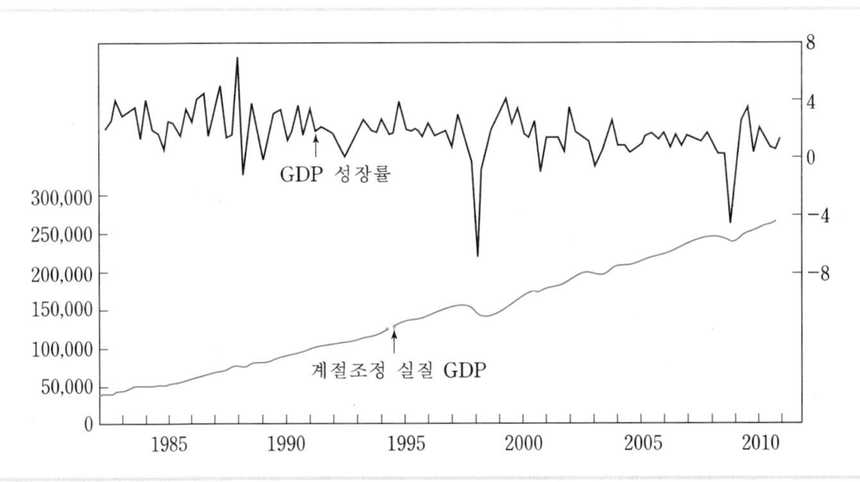

[그림 4-3] **계절조정 실질GDP 계열과 차분계열의 자기상관계수와 부분자기상관계수**

(a) 계절조정 실질GDP

Autocorrelation	Partial Correlation		AC	PAC
		1	0.975	0.975
		2	0.950	−0.016
		3	0.924	−0.020
		4	0.899	−0.012
		5	0.874	−0.005
		6	0.850	0.006
		7	0.826	−0.019
		8	0.803	0.013
		9	0.781	0.008
		10	0.759	−0.023
		11	0.733	−0.079
		12	0.707	−0.028
		13	0.680	−0.020
		14	0.653	−0.015
		15	0.627	−0.010
		16	0.601	−0.014
		17	0.575	−0.010
		18	0.550	−0.010
		19	0.525	−0.016
		20	0.500	−0.011
		21	0.475	−0.014
		22	0.451	−0.000
		23	0.426	−0.015
		24	0.402	−0.013
		25	0.379	0.003
		26	0.356	−0.026
		27	0.332	−0.013
		28	0.309	−0.019
		29	0.286	−0.023
		30	0.262	−0.019
		31	0.239	0.003
		32	0.217	−0.005
		33	0.195	−0.030
		34	0.172	−0.037
		35	0.150	−0.010
		36	0.127	−0.013

(b) 계절조정 실질GDP 차분

Autocorrelation	Partial Correlation		AC	PAC
		1	0.249	0.249
		2	0.009	−0.056
		3	−0.147	−0.145
		4	−0.113	−0.043
		5	−0.219	−0.199
		6	−0.080	−0.004
		7	−0.045	−0.055
		8	−0.049	−0.101
		9	−0.005	−0.008
		10	0.008	−0.057
		11	0.030	−0.004
		12	−0.013	−0.057
		13	−0.037	−0.074
		14	−0.021	−0.013
		15	0.050	0.031
		16	−0.040	−0.099
		17	−0.003	−0.000
		18	0.025	0.006
		19	−0.004	−0.052
		20	0.025	0.045
		21	0.055	0.010
		22	0.096	0.079
		23	0.073	0.066
		24	0.017	−0.012
		25	−0.012	0.042
		26	−0.024	0.019
		27	−0.049	0.002
		28	−0.025	0.046
		29	0.020	0.041
		30	0.008	0.014
		31	−0.017	0.014
		32	0.122	0.161
		33	−0.025	−0.084
		34	−0.066	−0.005
		35	−0.004	0.082
		36	−0.033	−0.060

서 계절조정 실질GDP는 불안정 시계열, 이의 차분은 안정 시계열이라고 할 수 있다.

3.2. 불안정 시계열은 어떻게 찾는가?

경제통계를 안정 시계열과 불안정 시계열로 어떻게 구분하여 찾을까? 안정 시계열과 불안정 시계열을 구분하는 판단은 단위근검정을 통해 이루어진다. 이 검정의 목적은 불안정 시계열에 존재하는 확률적 추세를 파악하는 것이다.

시계열은 1기 전 시계열과 깊은 상관으로부터 확률적 추세가 형성된다. 확률적 추세는 서서히 위 또는 아래 방향으로 움직인다. 확률적 추세를 나타내는 기본적 시계열모형은 다음의 확률보행모형이다.

$$y_t = y_{t-1} + \epsilon_t$$

위의 확률보행모형에 확정적 추세가 혼합된 모형도 고려할 수 있다.

$$y_t = \alpha + \beta t + y_{t-1} + \epsilon_t$$

확률보행모형은 현재 시계열을 전기 시계열로 설명하는 자기회귀모형 AR(1)모형에서 $\phi = 1$인 모형인데 다음과 같이 표현된다. 여기서 ϵ_t는 백색잡음계열이다.

$$y_t = \phi y_{t-1} + \epsilon_t \rightarrow (1 - \phi B) y_t = \epsilon_t$$

만약 AR(1) 모형에서 $\phi = 1$인 경우 시계열에 단위근(unit root)이 존재한다고 한다. 단위근이 존재하는 시계열의 경우 그 시계열의 분산이 ∞가 된다.[6] 만약 $\phi < 1$이면 시계열은 평균수준으로 수렴하고 단기적 움직임만 존재하지만 $\phi = 1$이면 평균수준으로 수렴하지 않게 된다. 즉, 시계열에 외부적 충격이 주어지는 경우, 단위근이 존재하는 시계열의 경우 그 충격이 영구적으로 영향을 주게 된다.

단위근이 있는 시계열을 차분하면 단위근이 없어진다. 이와 같이 차분을 해서 안정 시계열이 되는 계열을 적분계열이라고 한다. 원래 시계열은 단위근이 있는데 1차 차분한 시계열에 단위근이 없다면 이 계열은 I(1) 적분계열이라고 하며, 원래의 시계열 및 $1 \sim d-1$차 차분계열에서 단위근이 있는데 d차 차분한 시계열에는 단위근이 없다면 I(d) 적분계열이라고 한다. 단위근이 없는 안정 시계열은 I(0) 적분계열로 표현한다. 단위근을 검정하는 방법으로는 디키-풀러(Dickey-Fuller : DF) 검정과 이를 보완한 ADF(Augmented Dickey-Fuller) 검정, 필립스-페런(Phillips-Perron) 검정 등이 있다.

3.2.1. ADF 검정

디키와 풀러(Dickey and Fuller, 1979)는 다음 식에서 $\rho = 1$인지를 검정하는 단

---

6) AR(1)모형의 분산은 $Var(y_t) = \frac{\sigma^2}{1-\phi^2}$이며 $\phi = 1$이면 $Var(y_t) = \infty$이다.

위근검정을 개발했다.

$$y_t = \mu + \rho y_{t-1} + \epsilon_t$$

위의 식을 $\rho = 1 + \delta$를 이용하여 변형하면 다음과 같은 식으로 전환된다.

$$\Delta y_t = \mu + \delta y_{t-1} + \epsilon_t$$

시계열이 단위근을 가지면 $\delta = 0$인데 이를 귀무가설로 둔다. 시계열이 안정적이면 $\delta < 0$이며 이는 대립가설로 지정한다.

위의 식을 최소자승법으로 추정하고 $\delta = 0$에 대한 t검정통계량을 이용하여 단위근이 있다는 귀무가설을 검정하게 된다.

$$\Delta y_t = \mu + \delta y_{t-1} + \epsilon_t$$

t통계량은 t-분포를 따르지 않는다. 통계량의 대부분 값이 0보다 작거나 왼쪽으로 긴 꼬리를 갖는 분포이기 때문에 별도의 표를 이용하여 임계치를 구해야 한다. t통계량이 임계치와 비교해서 검정을 실시하게 되는데 통상 유의확률로 판단하게 된다. 유의확률이 0.05보다 작으면 귀무가설을 기각하고 그렇지 않으면 귀무가설을 기각하지 못한다. 디키-풀러의 단위근검정은 모형에 시간추세를 추가하여 검정하기도 한다. $\beta \neq 0$와 $\rho < 1$를 동시에 검정할 수도 있다. 이 경우 t통계량은 앞서의 분포와 다른 분포를 따르게 되므로 통계량값보다는 유의확률을 살펴보아야 합니다.

$$y_t = \mu + \beta t + \rho y_{t-1} + \epsilon_t$$

상수항 및 확정적 추세를 검정모형에 포함할지의 여부는 다음의 기준을 고려한다.

① 시계열에 추세가 존재하면 상수항과 확정적 추세를 포함한다.
② 시계열에 추세는 없으나 평균이 0이 아니면 상수항만 포함한다.
③ 시계열이 평균 0을 중심으로 변동하면 상수항과 확정적 추세를 포함하지 않는다.

그런데 오차가 자기상관되었을 경우에는 앞서의 최소자승 추정치가 더 이상 유효하지 않게 된다. 차분항의 시차항을 추가하여 δ를 추정하여 t통계량으로 단위근을 검정해야 한다. 이를 ADF 검정이라 한다.

$$\Delta y_t = \mu + \delta y_{t-1} + \gamma_1 \Delta y_{t-1} + \gamma_2 \Delta y_{t-2} + \cdots + \gamma_{p-1} \Delta y_{t-p+1} + \epsilon_t$$

ADF 검정에서 p를 선택하는 방법은 자유도를 확보하기 위해서 될 수 있으면 작은 수를 택하되 오차의 자기상관을 감안할 만큼 충분히 커야 한다. 실제의 경우 AIC(Akaike Information Criterion) 통계량과 SBC(Schwarz's Bayesian Criterion) 통계량 등의 모형선택기준을 이용하여 선택한다.

3.2.2. 필립스-페런(PP) 검정

필립스와 페런(Phillips and Perron, 1988)은 경제통계에 고차 자기상관이 존재할 때 이를 비모수적 방법으로 조정하여 단위근검정을 하는 검정방법을 개발했다. 경제통계에 고차 자기상관이 존재할 때 ADF 검정은 시차변수를 도입하여 이를 조정하는 반면 PP 검정에서는 DF 검정통계량을 조정하여 통계량을 새로이 작성한다. 경제통계가 다음 모형을 따른다고 하자.

$$\Delta y_t = \mu + \delta y_{t-1} + \epsilon_t$$

이때 DF 검정은 다음과 같고 이를 조정한 PP 검정은 다음과 같다.

DF 검정통계량 : $t_{DF} = \hat{\delta} / se(\hat{\delta})$

PP 검정통계량 : $t_{PP} = t_{DF} (\frac{\gamma_0}{f_0})^{1/2} - \frac{T(f_0 - \gamma_0) se(\hat{\delta})}{2 f_0^{1/2} s}$

s : 회귀검정의 표준오차, γ_0 : 오차분산 일치 추정치

f_0 : 빈도수 0에서의 잔차 스펙트럼의 추정치

PP 검정통계량의 점근적 분포는 ADF 검정통계량의 분포와 동일하다. PP 검정의 성과는 f_0를 어떻게 추정하느냐에 달려 있는데 대표적인 추정방법으로는 커널(kernel) 추정법과 자기회귀 스펙트럴 밀도함수 추정법이 있다.

단위근검정은 형태를 달리하여 여러 형태가 존재한다. 대표적인 방법으로는 크비아트콥스키 등(Kwiatkowski et al, 1992)의 KPSS 검정, 엘리엇 등(Elliot et al, 1996)의 ERS 검정, 엔그와 페런(Ng and Perron, 2001) 검정 등이 있다.

계절단위근검정은 계절시차에 단위근이 존재하는지를 검정하는 것이다. 이는 아래 모형에서 $\delta=0$인지를 검정하는 것이다. 대표적인 검정으로는 하자-풀러(Hasza-Fuller) 검정, HEGY 검정이 있다.

$$\Delta_s y_t = \mu + \delta y_{t-s} + \gamma_1 \Delta_s y_{t-1} + \gamma_2 \Delta_s y_{t-2} + \cdots + \gamma_{p-1} \Delta_s y_{t-p+1} + \epsilon_t$$

예 4-2 계절조정 실질GDP에 대한 단위근검정

[표 4-2]는 1982년 1/4분기~2011년 1/4분기까지의 계절조정 실질GDP에 대한 ADF 검정 및 PP 검정 결과이다. 이를 보면 원계열의 ADF 검정 및 PP 검정 결과를 보면 유의확률이 유의수준 0.05보다 커서 귀무가설인 단위근이 존재한다는 가설을 기각할 수 없다. 그러나 1차 차분계열을 보면 유의확률이 0.05보다 작아서 단위근이 존재한다는 귀무가설을 기각한다. 따라서 계절조정 실질GDP는 1차 단위근이 존재한다고 할 수 있다.

표 4-2 계절조정 실질GDP에 대한 단위근검정

	ADF 검정		PP 검정	
	통계량값	유의확률	통계량값	유의확률
원계열	0.684	0.991	1.175	0.998
차분계열	−8.232	0.000	−7.944	0.000

4. 시계열모형을 어떻게 작성할 것인가?

시계열 생성원리를 통계학으로 표현한 것이 시계열모형이다. 시계열모형을 작성한다는 것은 시계열의 생성원리를 파악하는 것이다. 박스와 젠킨스(Box and Jenkins, 1976)는 시계열모형을 시계열을 이용하여 '식별 → 추정 → 진단'의 반복과정을 통해 추정할 수 있는 절차로 체계화했다.

4.1. 시계열로부터 어떻게 시계열모형을 유추할 것인가?

시계열모형으로 시계열의 생성비밀을 안다면 이를 이용하여 시계열의 미래를 예측할 수 있다. 시계열의 생성과정은 AR모형, MA모형, ARMA모형, ARIMA모형으로 표현될 수 있다. 그러면 주어진 경제통계는 어떤 시계열모형으로부터 생성되었을까? 주어진 경제통계로부터 생성비밀을 찾아가는 과정은 시계열모형을 유추하는 과정이며 시계열모형의 작성이라고 한다.

그러면 어떻게 주어진 경제통계로 시계열모형을 유추할까? 이 방법은 시계열모형의 자기상관계수, 부분자기상관계수, 스펙트럼을 이용하여 이론적 특성을 찾고, 주어진 경제통계로 구한 표본자기상관계수, 표본부분자기상관계수, 표본스펙트럼의 추정치와 비교해서 시계열모형을 추정하고 있다. 즉, 어떤 경제통계의 자기상관계수, 부분자기상관계수, 스펙트럼의 추정치가 특정 시계열모형의 이론값과 유사하다면 동 경제통계가 특정 시계열모형으로부터 생성되었다고 유추할 수 있다. 그러면 백색잡음모형, AR(p)모형, MA(q)모형, ARMA(p, q)모형과 ARIMA(p, d, q)모형의 자기상관계수, 부분자기상관계수, 스팩트럼의 이론적인 움직임을 정리하면 [표 4-3]과 같다.[7)]

[그림 4-4]와 같은 경제통계가 있다고 하자. 사실 이 경제통계, 즉 시계열은 특정한 시계열모형으로부터 생성된 것이다.[8)] 눈으로 봐서는 추세적 움직임이 보

7) 이는 이론적으로 입증되어 있으며 자세한 내용은 이긍희·이한식(2009)을 참조하면 된다.
8) 컴퓨터의 난수를 이용하여 ARIMA모형을 따르는 시계열을 만들 수 있다.

표 4-3 시계열모형의 이론적 자기상관계수·부분자기상관계수·스팩트럼

	이론적 자기상관계수	이론적 부분자기상관계수	이론적 스펙트럼
백색잡음	모든 시차에서 0	모든 시차에서 0	모든 주파수에서 같은 값을 가짐
AR(p)	지수적으로 감소하거나 진동하면서 소멸	p 시차 이후에는 0으로 절단	자기회귀계수가 양의 값이면 저주파에서 큰 값을 가지나 음의 값이면 고주파에서 큰 값을 가짐
MA(q)	q 시차 이후에는 0으로 절단	지수적으로 감소하거나 진동하면서 빠르게 소멸	이동평균계수가 양의 값이면 저주파에서 큰 값을 가지나, 음의 값이면 고주파에서 큰 값을 가짐
ARMA (p, q)	$q-p$ 시차 이후부터 빠르게 소멸	$p-q$ 시차 이후부터 빠르게 소멸	혼합계열이므로 명확하지 않음
ARIMA (p, d, q)	서서히 소멸	1차에서 매우 큰 값	저주파에서 매우 큰 값을 가짐

[그림 4-4] 경제통계의 추이

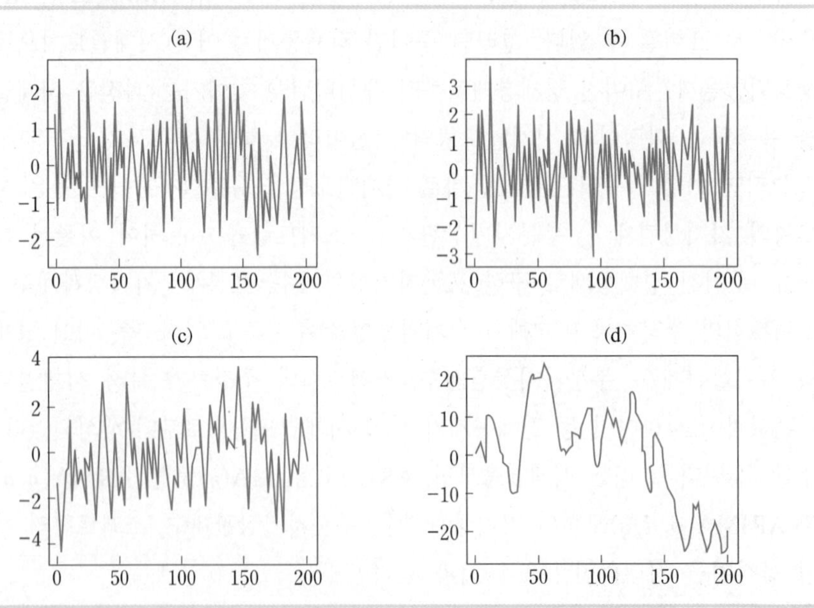

이는 (d)를 제외하고는 시계열 자체만으로는 시계열모형을 추측하기 어렵다. 눈으로만 보면 (a)에서 (c)까지의 시계열은 평균과 분산이 시간에 따라 일정한 안정 시계열이고 (d)는 그렇지 않은 불안정 시계열임을 알 수 있다. 주파수영역에

서 살펴보면 (a)와 (b)는 랜덤하거나 고주파 시계열이며, (c)는 순환변동, (d)는 추세변동이 있어 보인다.

그러면 이 통계들은 어떤 특성을 가지는가는 시간영역과 주파수영역의 정보를 파악해서 유추할 수 있다. 우선 시간영역에서 주어진 경제통계를 바탕으로 추정한 표본자기상관계수, 표본부분자기상관계수에 대한 상관도표와 부분상관도표가 있는데, 각각 [그림 4-5]와 [그림 4-6]과 같다. [그림 4-5, 4-6] (a)의 상관도표와 부분상관도표를 보면 표본자기상관계수과 표본부분자기상관계수가 모두 점선 내에 있음을 알 수 있다. 이를 통해 이 경제통계는 과거와 아무런 상관관계가 없는 계열임을 알 수 있다. 한편 [그림 4-5, 4-6] (b)와 (c) 계열의 상관도표와 부분상관도표를 보면 모든 표본자기상관계수 또는 표본부분자기상관계수가 빠르게 0으로 수렴하고 있다. [그림 4-5, 4-6]의 (b)를 보면 표본부분자기상관계수는 1차에 음의 값을 가지고 표본자기상관계수는 양과 음을 교대로 하여 지수적으로 작아지고 있다. [그림 4-5, 4-6]의 (c)를 보면 표본자기상관계수와 표본부분자기상관계수 모두 지수적으로 하락하고 있다. 마지막으로 [그림 4-5, 4-6]의 (d)를 보면 표본자기상관계수는 서서히 하락하고 표본부분자기상관계수는 1차에 큰 값을 가짐을 알 수 있다. 이는 경제통계가 직전 시차와 깊은 상관관계가 있음을 의미한다. 이러한 직전 시차와의 상관관계는 시계열에 확률적 추세를 만든다. 이를 통해 [그림 4-5, 4-6]의 (a)~(c) 계열은 안정 시계열이고, (d)는 불안정 시계열임을 알 수 있다.

스펙트럼(스펙트럴 밀도함수)을 통해서는 시계열에 어떤 주파수의 변동이 큰지를 파악할 수 있다. [그림 4-7]의 (a)~(d)를 비교하려면 y축의 값을 일치시켜서 비교해야 한다. [그림 4-7]의 (a)는 특정 주파수에서 큰 값을 보이지 않고 대체로 평평하다. 이는 (a)는 경제통계에 한 주기의 변동이 없음을 의미한다. (b)는 고주파의 변동이 존재하고, (c)는 저주파의 변동이 존재한다. (d)는 장기 추세변동이 있음을 알 수 있다.

그러면 [그림 4-4]의 4개의 경제통계는 무엇일까? 4개의 경제통계로부터 추정된 표본자기상관계수, 표본부분자기상관계수, 표본스펙트럼의 특성을 정리하면 [표 4-4]와 같다.

[표 4-4]로부터 [그림 4-4]의 경제통계를 다음과 같이 추측할 수 있다. 경제통계 (a)는 백색잡음계열로 추정되며 경제통계 (b)는 AR(1) 시계열모형의 시계

[그림 4-5] **상관도표**

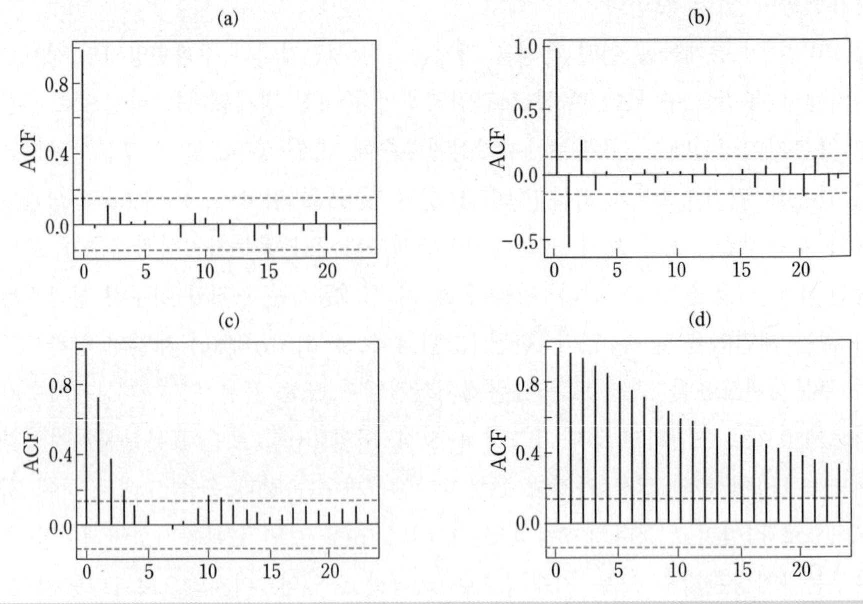

[그림 4-6] **부분상관도표**

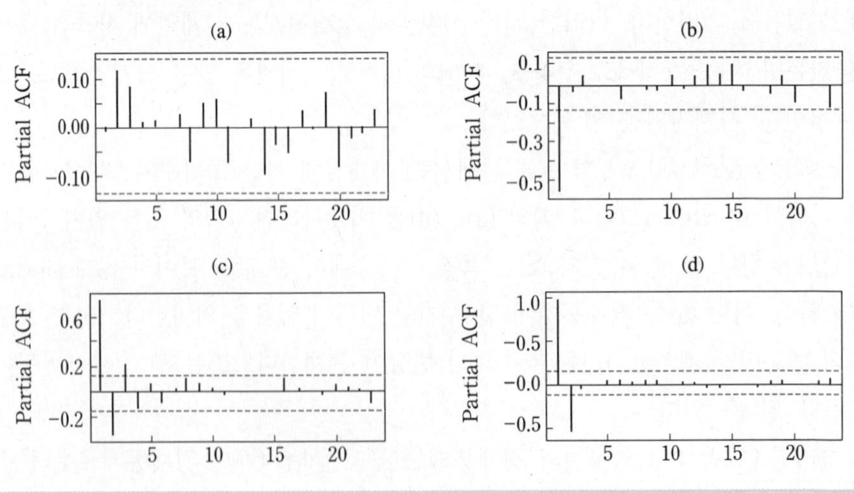

열로 추정되는데 1차에 음의 값으로 판단된다. 경제통계 (c)는 ARMA모형으로 추정되나 정확한 구조는 파악하기 어렵다. 다만 1차의 AR항이 +인 것으로 판단된다. 마지막으로 경제통계 (d)는 확률적 추세가 있는 불안정 시계열로 판단

[그림 4-7] **스펙트럼**

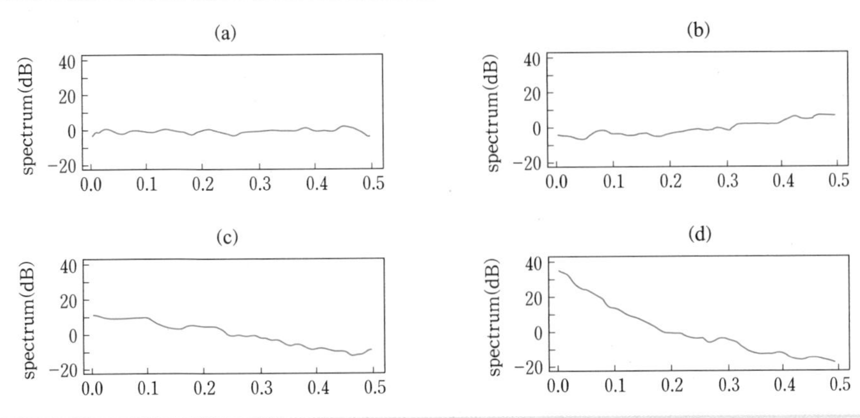

표 4-4 경제통계의 표본자기상관계수, 표본부분자기상관계수, 표본스팩트럼

계열	표본자기상관계수	표본부분자기상관계수	표본스펙트럼
(a)	모든 시차에서 0이라는 가설을 기각하지 못함	모든 시차에서 0이라는 가설을 기각하지 못함	모든 주파수에서 같은 값을 가짐
(b)	−와 +값을 달리하면서 감소하면서 빠르게 소멸	1 시차 이후에는 0으로 절단	고주파에서 큰 값을 가짐
(c)	지수적으로 빠르게 소멸	+와 −값을 달리하면서 지수적으로 빠르게 소멸	저주파에서 큰 값을 가짐
(d)	1에 가까운 값에서 지수적으로 서서히 소멸	1차에서 1에 가까운 값	저주파에서 매우 큰 값을 가짐

된다.

그러면 이러한 추측은 맞는 것일까? 사실 [그림 4-4]의 4개의 경제통계를 컴퓨터 시뮬레이션을 통해 생성했다. 경제통계 (a)는 표준정규분포로부터 생성된 표본수 200개의 백색잡음계열이고, 경제통계 (b)는 1차의 자기상관계수가 -0.6인 표본수 200개의 자기회귀(AR)모형에 따른 시계열이다. 즉, $\phi_1 = -0.6$인 AR(1)모형으로부터 생성된 시계열이다. 경제통계 (c)는 ARMA(1,1) 계열, 즉 ARMA(1,1)($\phi_1 = 0.6$, $\theta_1 = 0.6$)모형으로부터 생성된 시계열이다. 경제통계 (d)는 $\delta = 0.2$인 확률보행모형이다.

이를 통해 앞서의 표본자기상관계수, 표본부분자기상관계수와 표본스펙트럼으로부터 백색잡음계열은 식별 가능하지만 나머지 시계열은 대략의 형태만 알 수 있다는 것이다. 이와 같이 시계열 생성비밀을 대략적으로 파악하는 것을 시계열모형의 식별이라고 한다.

4.2. 경제통계로부터 ARIMA모형을 어떻게 작성할 것인가?

시계열모형을 식별했다면 이를 구체적인 수식으로 표현해야 한다. 이를 시계열모형의 추정이라고 한다. 동 추정이 적절한지를 파악하는 것을 모형의 진단이라고 한다. 그러면 시계열모형을 어떻게 구체화할까?

박스와 젠킨스(Box and Jenkins, 1976)는 관측된 시계열이 ARIMA모형으로부터 생성되었다고 가정하고, 시계열로부터 ARIMA모형을 어떻게 체계적으로 작성하고, 동 모형을 바탕으로 미래를 어떻게 예측할 것인가를 정리했다. ARIMA모형은 '① 모형의 식별 → ② 모형의 추정 → ③ 모형의 진단'이라는 3단계의 작업을 반복적으로 진행하여 작성된다. ARIMA모형의 작성이 완료되면 시계열이 동 모형에 따라 미래에도 움직일 것으로 보고 미래를 예측하게 된다. 그러면 시계열로부터 어떻게 시계열모형을 작성하는지 구체적으로 정리해 보자.

4.2.1. 시계열모형을 어떻게 식별할 것인가?

주어진 경제통계로부터 시계열모형의 대략의 특성을 파악하는 것을 모형의 식별이라고 한다. 이 절에서는 수식을 바탕으로 모형의 식별과정을 정리하고자 한다.

관측된 시계열을 분석할 때 가장 먼저 해야 할 일은 경제통계에 대한 시간에 따른 도표를 그리는 일이다. 이를 통해 시계열이 안정적인지를 살펴보아야 한다. 만약 경제통계 추세변동이 있거나 그 변동성이 시간에 따라 변해서 시계열이 안정적이 아니라고 판단된다면 차분, 변수변환 등 적절한 변환을 통해서 시계열을 안정 시계열로 전환시켜 주어야 한다. 이 과정에서 ARIMA(p, d, q)모형에서 차분의 수를 나타내는 d의 차수와 변수변환 형태가 정해진다. 물론 단위근 검정을 통해 차수를 정하고 불안정 시계열을 안정 시계열로 변환할 수 있다. 다음으로 차분된 안정 시계열을 ARMA(p, q)모형에서 AR차수 p와 MA차수 q

를 정한다. 이와 같이 ARIMA(p, d, q)모형에서 p, d, q를 정하는 것을 '모형의 식별'이라고 한다.

만약 Y_t가 d차 차분되어 ARMA(p, q)모형을 따른다면 Y_t가 ARIMA(p, d, q)를 따른다고 한다. Y_t를 d차 차분한 계열을 $W_t(W_t = \Delta^d Y_t)$라 할 때 ARIMA(p, d, q)는 다음과 같이 표현할 수 있다.

$$w_t = \mu + \phi_1 w_{t-1} + \phi_2 w_{t-2} + \cdots + \phi_p w_{t-p} - \theta_1 \epsilon_{t-1} - \cdots - \theta_q \epsilon_{t-q} + \epsilon_t$$

이 모형에서 미지의 모수는 $\phi_1, \cdots, \phi_p$, $\theta_1, \cdots, \theta_q$와 W_t의 평균 μ와 분산 σ^2이다. 위의 모형은 다음과 같은 후진작용소(backshift operator) B를 이용하면 보다 단순하게 표현할 수 있다.

[그림 4-8] ARIMA(p, d, q)모형의 수립과정

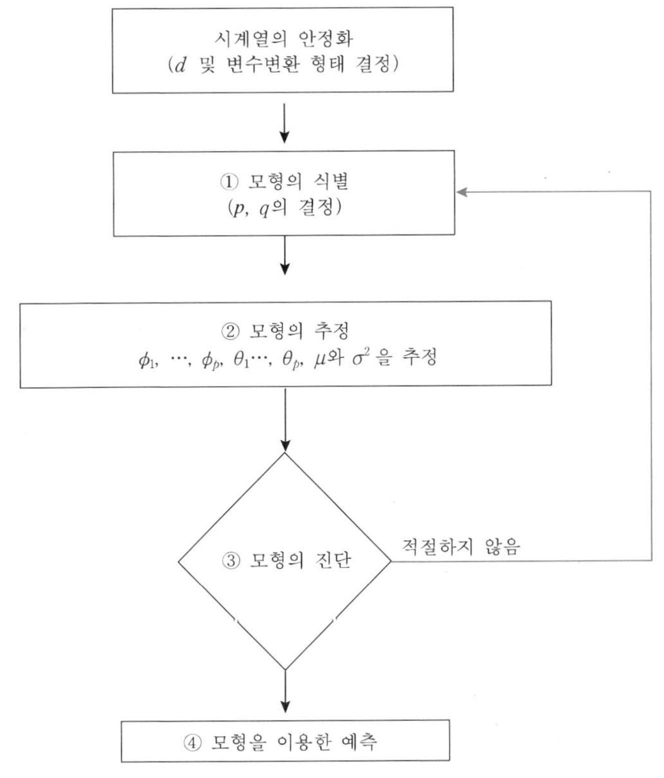

$$w_t - \phi_1 B w_t - \cdots - \phi_p B^p w_t = \mu + \epsilon_t - \theta_1 B \epsilon_t - \cdots - \theta_q B^q \epsilon_t$$

만약 $\Phi(B) = 1 - \phi_1 B - \cdots \phi_p B^p$, $\Theta(B) = 1 - \theta_1 B - \cdots - \theta_q B^q$라고 정의하면 위의 식은 다음과 같이 간단히 표현할 수 있다.

$$\Phi(B) w_t = \mu + \Theta(B) \epsilon_t$$

4.2.2. 차분수는 어떻게 결정하는가?

경제통계의 평균이 일정하지 않아서 확률적 추세가 있으면 통상 차분을 통해 시계열을 안정 시계열로 변환시킨다. 어떤 경우에는 여러 번의 차분을 거쳐야 시계열이 안정 시계열로 변하는 경우도 있다. 만약 시계열에 계절변동이 포함되어 있다면 계절차분을 통해 계절변동을 제거한다. 만약 확정적인 추세변동이 있다면 이는 시간의 함수로 하여 제거해야 한다. 그러나 시계열에 확정적 추세가 있는 경우는 흔하지 않으므로 대부분의 경우 차분을 통해 추세를 제거한다. 시계열에서 확률적 추세가 있는지를 단위근검정으로 검정하여 차분의 수를 정할 수도 있다. 만약 추세와 계절변동이 동시에 있을 때는 일반적 차분과 계절차분을 동시에 실시하여 시계열을 안정화시킨다.

$$\begin{aligned} \Delta \Delta_s Y_t &= \Delta (Y_t - Y_{t-s}) \\ &= (Y_t - Y_{t-s}) - (Y_{t-1} - Y_{t-s-1}) \end{aligned}$$

시계열을 차분한 후에는 차분된 계열이 안정적인지를 검토해야 한다. 만약 안정 시계열을 차분한 경우, 즉 과대 차분한 경우에는 모형의 구조를 복잡하게 하고 분산을 크게 한다. 따라서 시계열에 계절변동이 포함되어 있지 않으므로 차분은 2차 이하로 하는 것이 바람직하다.

4.2.3. ARMA모형은 어떻게 결정할 것인가?

ARMA(p, q)모형은 어떻게 식별할 것인가? 사실 경제통계로부터 구한 상관도표 및 부분상관도표로 ARMA모형을 정확하게 파악하기는 어렵다. 왜냐하면 ARMA모형에서 표본자기상관계수와 표본부분자기상관계수는 일정 시점 이후

0이 되는 절단형태를 보이지 않고 지수적으로 감소하거나 sine 커브를 그리면서 감소하기 때문이다. 따라서 ARMA모형의 후보 모형들을 정하고 모형선택기준을 이용하여 이들 중에서 최적의 모형을 정한다.

만약 AR차수 p와 MA차수 q를 크게 정하면 추정해야 할 모수(parameter)의 수($p+q+2$)가 증가하여 모형이 효율적으로 추정되기 어려우며 모형 자체도 복잡하여 이해하기도 어려워진다. 따라서 모수의 수가 적은 간단한 모형을 선호한다. 왜냐하면 간단한 모형은 설명하기 편하면서도 추정에서 효율적이기 때문이다. 이와 같이 가능한 한 간단한 모형을 선택하자는 원칙을 '모형간결의 원칙(principle of parsimony)'이라고 한다.

이러한 모형간결의 원칙을 이용하여 모형을 선택하는 방법으로는 AIC(Akaike Information Criterion)와 SBC(Schwarz's Bayesian Criterion)가 있다. AIC 및 SBC는 모형의 적합도와 과대추정에 따른 벌칙항의 합으로 표현되는데 모수의 수($p+q$)가 증가하면 모형의 적합도가 개선되어 적합도가 줄어들지만 모수의 수의 증가로 벌칙항이 커진다. 따라서 모형선택기준은 '모형의 적합'과 '과다한 모수'를 균형시키는 역할을 한다. 따라서 여러 후보 모형 중 모형선택기준을 최소로 하는 p와 q를 선정하면 '모형간결의 원칙'에 부합하면서도 적합도가 높은 모형을 찾을 수 있다. AIC와 SBC의 차이는 벌칙항값에 있다. SBC의 벌칙항은 표본수를 로그변환한 값인데 AIC의 벌칙항 2보다 크다. 이는 SBC가 AIC보다 모수의 수가 많아지는 데에 엄격하다는 의미이다. 표본수가 충분히 크다면 SBC를 최소로 하는 p, q로, 표본의 수가 적다면 AIC를 최소로 하는 p, q로 ARMA모형을 정하는 것이 바람직하다. 실제로는 표본의 수가 적고, 큼을 분석자가 정하기 어려우므로 최소 SBC와 최소 AIC로 정해진 p, q의 범위에서 적절한 p, q를 정하게 된다.

4.2.4. 계절형 ARIMA모형은 어떻게 식별할 것인가?

계절형 ARIMA모형은 계절성이 있는 시계열 분석을 위한 특수한 ARIMA모형이다. 승법형 계절형 ARIMA모형은 ARIMA$(p, d, q)(P, D, Q)_s$로 표현된다.

$$\phi(B)\Phi(B^s)\Delta_s^D\Delta^d y_t = \theta(B)\Theta(B^s)\epsilon_t$$

계절형 ARIMA모형의 식별은 계절시차의 표본자기상관계수 및 부분자기상관계수의 움직임을 바탕으로 계절시차 ARIMA모형의 (P, D, Q)를 별도로 정해야 한다.

4.2.5. ARIMA모형은 어떻게 추정할 것인가?

식별된 모형은 모수 $\phi_1, \cdots, \phi_p$, $\theta_1, \cdots, \theta_q$, μ와 σ^2을 경제통계를 바탕으로 숫자를 지정하여 구체화하는데 이를 추정이라 한다. ARIMA모형 식별과정을 통해 적절한 모형이 선택되면 경제통계로 모수를 가장 잘 설명할 수 있는 최우추정법[9], 최소제곱추정법[10]을 적용하여 모수값들을 추정하게 된다. 만약 Y_t가 ARIMA(p, d, q)를 따르면 안정화된 시계열 $W_t = \Delta^d Y_t$는 다음과 같이 표현할 수 있다.

$$w_t = \mu + \phi_1 w_{t-1} + \cdots + \phi_p w_{t-p} - \theta_1 \epsilon_{t-1} - \cdots - \theta_q \epsilon_{t-q} + \epsilon_t$$

여기서 ϵ_t는 평균 0, 분산 σ^2을 가지는 백색잡음이다. 이때 추정해야 할 모수는 $\phi_1, \cdots, \phi_p$, $\theta_1, \cdots, \theta_q$, μ, σ^2이다. 따라서 ϵ_t가 정규분포를 따르면 모수의 추정량 $\hat{\mu}$, $\hat{\phi_1}, \cdots, \hat{\phi_p}$, $\hat{\theta_1}, \cdots, \hat{\theta_q}$는 근사적으로 t-분포를 따른다. 동 통계량들을 이용하여 $\mu, \phi_1, \cdots, \phi_p$, $\theta_1, \cdots, \theta_q$가 각각 0과 유의적으로 다른지 검토할 수 있다. 만약 통계량값이 기각역보다 크거나 p값(유의확률값)이 유의수준보다 작으면 동 통계량을 이용한 추정치가 통계적으로 유의하다고 할 수 있다.

4.3. 추정된 ARIMA모형이 적절한가?

추정된 잠정모형이 적절한지는 실제값과 추정된 값의 차이로 나타나는 잔차가

9) 최우추정법(maximum likelihood estimation method)은 관측된 시계열의 우도함수, 즉 결합확률밀도함수를 최대화하여 모수를 추정하는 방법이다. 이를 위해서는 ϵ_t의 분포를 반드시 가정해야 한다.

10) 최소제곱추정법(least square estimation method)은 오차(ϵ_t)의 제곱합을 가장 작게 하는 모수들의 추정량을 구하는 방법이다. 그런데 이 방법에는 오차제곱합을 계산하는 과정에서 조건을 부여하는가에 따라서 조건부 최소제곱추정법과 비조건부 최소자승제곱법으로 구분할 수 있다.

임의적인지를 검토하여 파악할 수 있는데 이를 모형의 진단이라고 한다. 잔차가 임의적이면 더 이상 모형을 고치기 힘들다고 판단하고 동 모형을 최종모형으로 정하고 예측을 실시한다. 만약 잔차가 임의적이지 않으면 잠정모형이 적절하지 않다고 보고 ARIMA모형의 식별, 추정을 다시 실시한다.

구체적으로 살펴보자. ARIMA(p, d, q) 모형의 오차 ϵ_t는 평균 0, 분산 σ^2이고 서로 독립인 정규분포를 따르는 백색잡음이라고 가정된다. 만약 시계열 $y_1, \cdots, y_n$에 대한 ARIMA모형이 ① 제대로 모형식별이 되고 ② 모수도 효율적으로 추정되었다면 오차 ϵ_t의 추정치 잔차($r_t = w_t - \widehat{w}_t$=관측값−적합된 값)는 오차와 같이 평균이 0이고 분산이 일정하며 서로 독립적일 것이다. 모형진단이란 잔차 $\{r_t, t = 1, \cdots, n\}$이 백색잡음인지를 검토하는 것이다.

잔차에 대한 분석은 잔차에 대한 도표를 그리는 것부터 시작된다. 도표는 x축을 시간(t), y축을 잔차(r_t)로 하여 작성한다. 이를 통해 잔차에 체계적인 변동이 남아 있는지, 이분산이 남아 있는지 등을 파악할 수 있다. 다음으로 잔차에 자기상관이 남아 있는지의 여부는 상관도표와 부분상관도표를 통해 파악할 수 있다. 만약 잔차가 자기상관이 없다면 거의 대부분의 표본자기상관계수와 표본부분자기상관계수가 0과 다르지 않을 것이다. 잔차가 임의적이어서 거의 대부분 잔차의 표본자기상관계수 및 표본부분상관계수$(-1.96/\sqrt{n},\ +1.96/\sqrt{n})$의 구간 내에 있을 것이다.

그러나 이러한 도표에 의한 검정은 객관적이지 못한 경우가 많다. 즉, 분석자마다 다른 결론을 나타낼 가능성이 크다. 이를 위해 전반적인 잔차의 이론적 자기상관계수가 0인지를 검정하게 되는데 이 검정을 포트맨토 검정(portmanteau test)이라고 한다. 포트맨토 검정의 귀무가설은 다음과 같다.

$$H_0:\ \rho(1) = \rho(2) = \cdots = \rho(k) = 0$$

여기서 ρ는 잔차항의 이론적 자기상관계수를 의미한다. 이를 검정하기 위한 통계량으로는 다음의 융과 박스(Ljung and Box, 1978)의 검정통계량이 있다.

$$Q = n(n+2)\sum_{k=1}^{k}\frac{\widehat{\rho^2}(h)}{n-h}$$

이 통계량은 귀무가설하에서 $\chi^2(k-p-q)$ 분포를 따르므로 Q의 값이 크면, 즉 $Q \geq \chi^2_\alpha(k-p-q)$이면 모형이 적합하다는 귀무가설을 유의수준 α에서 기각하게 된다. 여기에서 $\chi^2_\alpha(k-p-q)$는 자유도 $(k-p-q)$를 가지는 χ^2분포의 상위 $100\alpha\%$ 백분위수이다. 다음으로 잔차의 스펙트럼을 구해 동 계열이 백색잡음인지를 파악할 수 있다. 만약 잔차의 스펙트럼이 평평하지 않으면 잔차가 백색잡음이 아니라고 할 수 있다. 스펙트럼을 이용해서 잔차의 임의성을 검정하는 방법으로는 피셔-카파(Fisher-Kappa) 검정과 바틀릿 콜모고로프-스미르노프(Bartlett Komogorov-Smirnov) 검정이 있다. 이 검정에 대한 내용은 풀러(Fuller, 1976)를 참고하기 바란다.

잔차의 정규성 여부는 정규확률 그림을 이용하여 잔차들이 직선에 가깝게 산포되어 있는지를 확인하거나 샤피로-윌크스(Shapiro-Wilks) 검정을 실시하는 것이다. 시계열 수가 크다면 많은 추정량이 정규분포에 수렴되는 경향이 있기 때문에 실세 분석에서는 정규성에 대한 검정은 자주 생략된다.

5. ARIMA모형으로 어떻게 예측할 것인가?

5.1. 예측은 왜 필요한가?

"지금 알고 있는 걸 그때도 알았더라면……"이라는 시가 있다(류시화 역, 『지금 알고 있는 걸 그때도 알았더라면』, 1998). 누구나 한번쯤 이 시처럼 후회 섞인 가정을 하게 된다. 여기서 '그때도 알았더라면'이란 '그 시점에서 미래를 정확히 예측할 수 있었다면'으로 다시 표현할 수 있다. 예측이란 현재 시점에서 미래 시점에서의 사건을 추측하는 것을 의미한다.

우리는 의사결정을 하기 위해 끊임없이 예측하면서 살고 있다. 왜냐하면 일어날 사건을 인지하여 의사결정하는 것이 사건이 발생하는 것보다 먼저 일어나기 때문이다. 우산을 가지고 외출할지 여부를 결정하기 위해서 하늘을 살펴보거나 일기예보를 듣고 비가 올지 예측한다. 집을 구입하려면 부동산가격이 향후 어떻게 될지 살펴본다. 정부에서는 경제정책수립을 위해 성장, 물가에 대해 예측하고 있다. 이와 같이 우리는 의식적 또는 무의식적으로 예측을 하고 이를 통해 의사결정을 하고 있다. 예측은 현실에서 일반적으로 부닥치는 미래의 불확실성을 해결하여 보다 합리적이고 효율적인 의사결정을 지원하기 위해 실시된다고 할 수 있다.

예측이 항상 맞는 것은 아니다. 그렇다고 예측하지 않고 임의적으로 의사결정을 할 수는 없다. 예측은 현실을 인지하고 이의 변화를 이해해서 올바른 의사결정을 도와주는 것이라고 할 수 있다.

5.2. ARIMA모형을 이용하여 어떻게 예측하는가?

경제통계를 이용하여 시계열모형을 작성하면 경제통계가 동 모형의 형태로 움직일 것으로 가정하고 동 모형을 이용하여 예측을 한다. 예를 들면 현재 시점이 2011년 4/4분기라 하자. 과거 통계가 1970년 1/4분기~2011년 3/4분기까지 존재하고 있으며 2011년 4/4분기 이후를 예측한다. 2011년 4/4분기 이후 경제통계는 아직 관측하지 못한 시계열이다.

통계학에서 모수의 추정방법이 점추정(point estimation)과 구간추정(interval estimation)으로 나뉘듯이 예측도 한 개의 수치로 예측할 수도 있고 구간으로 예측할 수도 있다. 구간을 구할 때는 예측치의 분포를 고려한다. 구간으로 예측하면 부정확한 느낌이지만 예측에 불확실성이 포함되었다는 점을 알린다는 점에서 유용한 측면도 있다. 영국 등의 나라에서 팬차트 등을 통해 구간예측을 실시하고 있다. 시계열 예측에서는 미래 시점(lead time)이 멀어지면 예측오차가 매우 커지면서 예측구간이 매우 커진다. 따라서 지나치게 먼 미래 시점의 예측은 의미가 없는 경우가 많다.

'좋은' 예측값을 선택하기 위해 예측오차를 최소화할 수 있는 과거 경제통계를 바탕으로 추정량을 사전에 정하고 이를 이용하여 미래를 연장한다. 이러한 의미에서 과거 경제통계를 연장하는 시계열모형에 따른 예측은 주로 단기예측에 유

참고 4-1 팬차트

영국 중앙은행은 물가보고서에 팬차트(fan chart)로 소비자물가지수 증감률과 경제성장률의 구간예측을 시도하고 있다. 여기서는 비대칭적 확률분포를 이용하여 구간예측을 하고 있으며 색을 신뢰구간별로 하여 조금씩 다르게 표현하고 있다. 이러한 신뢰구간을 이용한 예측을 통해 예측결과는 물론 예측의 정확도도 알 수 있다.

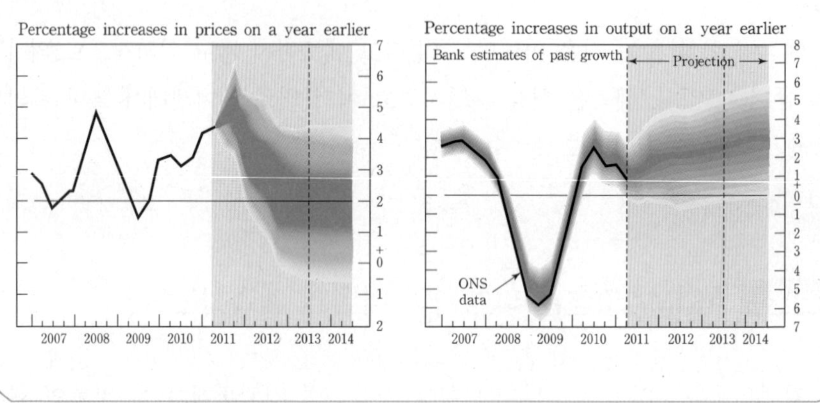

용하고, 장기예측에는 적당하지 않다. 가장 간단한 AR(1)모형에 따라 살펴보자. 만약 경제통계 $\{y_t\}$가 다음과 같은 AR(1) 모형을 따르고 μ와 ϕ는 미지의 모수이므로 추정해야 할 부분이다.

$$y_t = \mu + \phi y_{t-1} + \epsilon_t$$

경제통계로 μ와 ϕ의 추정량은 $\hat{\mu}$와 $\hat{\phi}$라 할 때 $1 \sim l$ 시차 앞 예측치는 다음과 같이 순차적으로 대입하여 구한다.

$$\begin{aligned} y_n(1) &= \hat{\mu} + \hat{\phi} y_n \\ y_n(2) &= \hat{\mu} + \hat{\phi} y_n(1) = \hat{\mu} + \hat{\phi}\hat{\mu} + \hat{\phi}^2 y_n \\ &\vdots \\ y_n(l) &= (1 + \hat{\phi} + \cdots + \hat{\phi}^{l-1})\hat{\mu} + \hat{\phi}^l y_n \end{aligned}$$

ARIMA(1, 1, 0)모형을 생각해 보자. 여기서 $w_t = y_t - y_{t-1}$이므로 이를 Y_t

로 정리하면 다음과 같다.

$$w_t = \mu + \phi w_{t-1} + \epsilon_t$$
$$y_t = \mu + (1+\phi) y_{t-1} - \phi y_{t-2} + \epsilon_t$$

예측치는 앞서 AR(1)모형과 같이 순차적으로 구한다.

$$y_n(1) = \hat{\mu} + (1+\hat{\phi}) y_n - \hat{\phi} y_{n-1}$$
$$y_n(2) = \hat{\mu} + (1+\hat{\phi}) y_n(1) - \hat{\phi} y_n$$
$$\vdots$$
$$y_n(l) = \hat{\mu} + (1+\hat{\phi}) y_n(l-1) - \hat{\phi} y_n(l-2), \quad l \geqq 2$$

이와 같이 ARIMA모형으로 경제통계를 연장하여 예측할 수 있으며, 이러한 예측은 경제통계 예측의 준비시점에서 시행되는 기본적인 예측이다.

5.3. 예측결과는 어떻게 평가되는가?

예측결과는 시간이 지나면서 실제 결과와 비교된다. 따라서 예측자는 내일이 오는 것을 가장 두려워한다고 한다. 내일이 되면 예측치와 실적치의 차이가 드러나기 때문이다. 예측결과와 실제 결과의 차이를 예측오차라고 하는데 예측자는 이 오차를 줄이기 위해 끊임없이 노력한다. 만일 예측오차가 만족스럽지 않을 정도로 크다면 시계열모형이 제대로 설정되어 있지 않았거나 최근 들어 시계열의 행태가 변한 데 기인한 것이다. 따라서 예측오차를 평가해 봄으로써 설정된 모형의 최신화(updating)를 기할 수 있다. 예측오차는 RMSE% 등의 지표를 이용하여 측정된다.

예 4-3 전국 아파트가격지수에 대한 ARIMA모형의 작성

다음은 1990년 1/4분기~2011년 1/4분기까지의 전국 아파트가격지수이다. 이에 대한 ARIMA모형을 작성해 보자. 먼저 로그변환된 전국 아파트가격지수의 흐름을 시계열도표로 살펴보면 [그림 4-9]와 같다. 이를 보면 전국 아파트가

[그림 4-9] 전국 아파트 가격지수의 추이

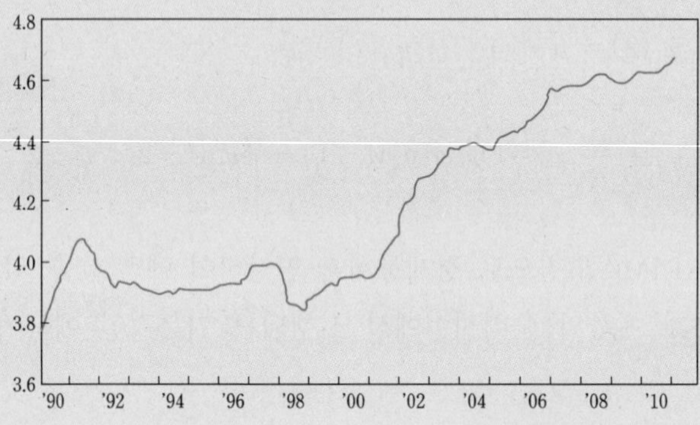

[그림 4-10] 전국 아파트가격지수의 상관도표와 부분상관도표

Autocorrelation	Partial Correlation		AC	PAC	QStat	Prob
		1	0.988	0.988	252.95	0.000
		2	0.977	−0.002	500.92	0.000
		3	0.965	0.003	744.04	0.000
		4	0.954	0.027	982.73	0.000
		5	0.944	−0.005	1217.0	0.000
		6	0.933	−0.018	1446.7	0.000
		7	0.921	−0.024	1671.8	0.000
		8	0.909	−0.013	1892.0	0.000
		9	0.898	0.012	2107.8	0.000
		10	0.887	0.007	2319.2	0.000
		11	0.877	0.009	2526.4	0.000
		12	0.866	−0.008	2729.5	0.000
		13	0.856	−0.002	2928.5	0.000
		14	0.845	0.006	3123.5	0.000
		15	0.836	0.019	3314.9	0.000
		16	0.827	0.032	3503.0	0.000
		17	0.818	0.003	3687.9	0.000
		18	0.809	−0.013	3869.4	0.000
		19	0.800	−0.009	4047.6	0.000
		20	0.790	−0.009	4222.4	0.000
		21	0.781	−0.005	4393.9	0.000
		22	0.772	−0.011	4561.9	0.000
		23	0.762	−0.031	4726.4	0.000
		24	0.751	−0.029	4687.0	0.000

Autocorrelation	Partial Correlation		AC	PAC	QStat	Prob
		1	0.745	0.745	143.11	0.000
		2	0.476	−0.177	201.77	0.000
		3	0.266	−0.044	220.22	0.000
		4	0.264	0.305	238.41	0.000
		5	0.364	0.195	273.05	0.000
		6	0.384	−0.097	311.96	0.000
		7	0.300	−0.065	335.78	0.000
		8	0.131	−0.104	340.32	0.000
		9	0.027	0.004	340.52	0.000
		10	0.003	−0.037	340.52	0.000
		11	0.068	0.058	341.75	0.000
		12	0.087	−0.062	343.78	0.000
		13	0.014	−0.112	343.84	0.000
		14	−0.096	−0.033	346.37	0.000
		15	−0.163	0.016	353.66	0.000
		16	−0.093	0.132	356.06	0.000
		17	−0.019	−0.054	356.16	0.000
		18	−0.016	−0.118	356.22	0.000
		19	−0.063	0.078	357.33	0.000
		20	−0.111	0.056	360.79	0.000
		21	−0.123	−0.078	365.04	0.000
		22	−0.060	0.062	366.06	0.000
		23	0.002	0.012	366.06	0.000
		24	0.010	−0.058	366.09	0.000

격지수는 불안정 시계열로 보인다.

시간영역에서 구조를 파악하기 위해 로그변환된 전국 아파트가격지수와 그 차분계열에 대해 상관도표와 부분상관도표를 그려보면 [그림 4-10]과 같다. 이를 보면 로그변환된 계열은 표본자기상관계수가 서서히 하락하고 표본부분자기상관계수는 1차에서 큰 값을 가지는 것으로 나타났다. 한편 로그차분계열의 경우 표본자기상관계수와 지수적으로 하락하고 표본부분자기상관계수는 4차 또는 5차 이후 0에 가까워지는 것으로 나타났다. 이를 보면 이 경제통계는 ARIMA(4,1,0)으로 우선 식별할 수 있다.

이 경제통계에 대한 ADF 검정 및 PP 검정을 실시해 보자. [표 4-5] 원계열의 ADF 검정 및 PP 검정 결과를 보면 유의확률이 유의수준 0.05보다 커서 귀무가설인 단위근이 존재한다는 가설을 기각할 수 없다. 그러나 1차 차분계열을 보면 유의확률이 0.05보다 작아서 단위근이 존재한다는 귀무가설을 기각한다. 따라서 이 계열에는 1차 단위근이 존재한다고 할 수 있다.

표 4-5 전국 아파트가격지수의 단위근검정

	ADF 검정		PP 검정	
	통계량값	유의확률	통계량값	유의확률
로그계열	0.031	0.960	−0.370	0.911
로그차분계열	−4.562	0.000	−6.412	0.000

ARIMA(4,1,0)으로 모형을 추정해 보면 다음과 같다.

$$\begin{aligned}\Delta\log(y_t) = {} & \underset{(1.64)}{0.003} + \underset{(16.40)}{0.979}\Delta\log(y_{t-1}) - \underset{(3.57)}{0.286}\Delta\log(y_{t-2}) \\ & - \underset{(1.95)}{0.155}\Delta\log(y_{t-3}) + \underset{(4.58)}{0.255}\Delta\log(y_{t-4})\end{aligned}$$

$$R^2/\overline{R}^2 = 0.648/0.642$$

경제통계의 추정계열과 잔차는 [그림 4-11]과 같으며 잔차계열의 상관도표와 부분상관도표를 보면 잔차에 자기상관이 남아 있는 것으로 보인다.

[그림 4-11] 잔차의 추이와 상관도표

(a) 추이

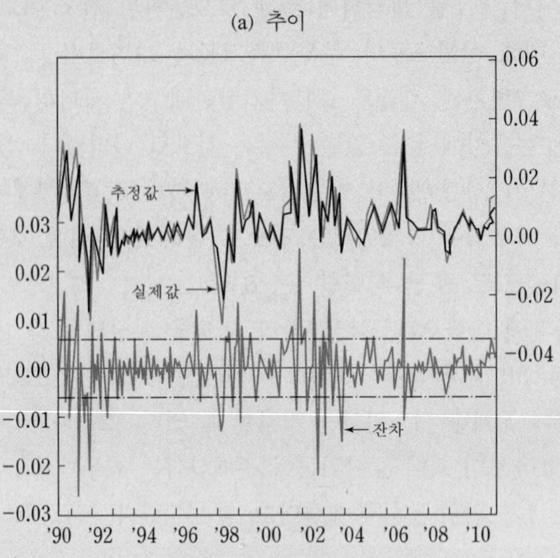

(b) 상관도표

Autocorrelation	Partial Correlation		AC	PAC	QStat	Prob
		1	0.201	0.201	10.428	0.001
		2	0.180	0.145	18.806	0.000
		3	0.096	0.039	21.223	0.000
		4	−0.055	−0.111	22.027	0.000
		5	0.110	0.126	25.214	0.000
		6	0.083	0.072	27.034	0.000
		7	0.055	0.005	27.845	0.000
		8	−0.009	−0.076	27.868	0.000
		9	−0.003	0.015	27.871	0.001
		10	−0.058	−0.049	28.772	0.001
		11	0.068	0.092	30.032	0.002
		12	0.004	−0.031	30.036	0.003
		13	0.003	−0.009	30.038	0.005
		14	−0.075	−0.101	31.560	0.005
		15	−0.203	−0.154	42.833	0.000
		16	−0.003	0.085	42.836	0.000
		17	0.003	0.066	42.838	0.001
		18	−0.107	−0.159	46.027	0.000
		19	−0.048	−0.052	46.667	0.000
		20	−0.033	0.087	46.965	0.001
		21	−0.079	−0.010	48.719	0.001
		22	0.034	0.010	49.051	0.001
		23	0.027	0.025	49.260	0.001
		24	−0.008	−0.005	49.277	0.002

따라서 잔차의 임의성을 보장할 수 있는 다양한 ARIMA모형을 찾아보았는데 다소 복잡하지만 그 결과는 다음과 같다.

$$\Delta \log(y_t) = \underset{(1.64)}{0.003} + \underset{(16.40)}{0.781}\Delta\log(y_{t-1}) - \underset{(3.57)}{0.262}\Delta\log(y_{t-2})$$

$$+ \underset{(1.95)}{0.244}\Delta\log(y_{t-3}) + \underset{(4.58)}{0.150}\Delta\log(y_{t-4}) - \underset{(7.02)}{0.350}\epsilon_{t-1}$$

$$R^2/\overline{R}^2 = 0.679/0.673$$

[그림 4-12] 잔차의 추이와 상관도표

(a) 추이

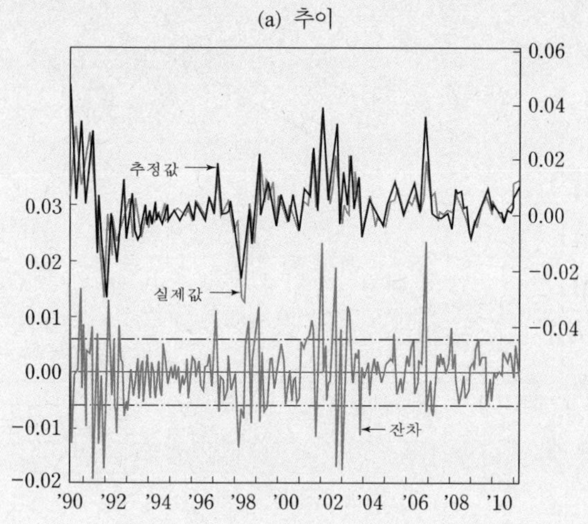

(b) 상관도표

Autocorrelation	Partial Correlation		AC	PAC	QStat	Prob
		1	0.071	0.071	1.2903	0.256
		2	0.042	0.037	1.7515	0.417
		3	−0.033	−0.039	2.0352	0.565
		4	−0.100	−0.097	4.6364	0.327
		5	−0.036	−0.020	4.9757	0.419
		6	0.051	0.064	5.6692	0.461
		7	0.112	0.103	8.9850	0.254
		8	−0.062	−0.095	10.006	0.265
		9	−0.027	−0.032	10.193	0.335
		10	−0.077	−0.052	11.799	0.299
		11	−0.030	0.004	12.046	0.360
		12	0.037	0.035	12.417	0.413
		13	0.040	0.012	12.856	0.459
		14	−0.031	−0.051	13.115	0.517
		15	0.053	0.072	13.869	0.535
		16	0.033	0.058	14.387	0.570
		17	0.104	0.116	17.357	0.430
		18	0.033	−0.003	17.667	0.478
		19	−0.021	−0.047	17.786	0.537
		20	−0.057	−0.043	18.703	0.541
		21	−0.108	−0.066	21.952	0.402
		22	0.028	0.041	22.169	0.450
		23	0.031	0.022	22.435	0.494
		24	0.018	−0.031	22.532	0.548

추정계열과 잔차는 [그림 4-12]와 같으며 잔차계열의 상관도표와 부분상관도표를 보면 잔차에 자기상관이 남아 있지 않다.

따라서 이를 바탕으로 예측해 보면 [그림 4-13]과 같다.

[그림 4-13] ARIMA모형을 이용한 예측

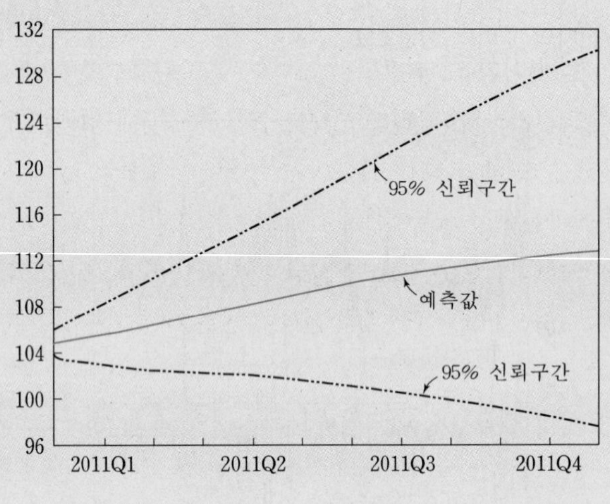

6. 변동성 분석 및 예측

이제까지는 경제통계의 시간적 연계성을 찾고 모형화하는 데 관심을 두었다. 그러나 최근 금융시장의 움직임을 통계로 측정해 보면 금융통계는 제도변화, 기업파산 등을 계기로 급락하거나 급등한다. 이러한 변동성은 경제주체 등의 파산 또는 대규모 손실을 유발하는 위험이 있다.

몇 가지 예를 살펴보자. 1997년 말 발생한 외환위기로 원/달러 환율이 급등하고 주가지수는 폭락했으며, 2008년 리먼브라더스 파산을 계기로 세계 금융시장이 변동하면서 원/달러 환율이 급등하고 주가지수는 폭락했다. 또한 1987년 10월 19일(Black Monday) 미국에서는 특별한 이유 없이 주가가 23% 하락했다.

[그림 4-14] **종합주가지수의 추이**

또한 2011년 8월 중 신용평가기관 S&P의 미국신용등급 강등과 남유럽 국가의 재정위기로 2011년 8월 중 주식가격이 급락했고 그 여파로 우리나라 주식시장도 크게 변동했다. 이와 같이 우리나라와 해외 각국에서 발생하는 수많은 사건들은 금융 관련 경제통계를 크게 변동시켰고 이로 인해 개인, 기업이 금융위험을 경험했다. [그림 4-14]는 우리나라 종합주가지수의 추이이며 몇 가지 사건을 계기로 주가가 급등락을 지속하고 있음을 알 수 있다.

6.1. 금융위험의 측정

금융위험은 투자자산이 예상을 벗어나서 손실을 볼 가능성을 의미한다. 위험은 자산가치 또는 부채가치의 변동에서 나타나며 이 변동은 통계학으로 분산 또는 표준편차로 측정된다. 또한 주식의 경우 베타, 채권의 경우 듀레이션, 옵션의 경우 델타 등으로 측정하고 있다. 그러나 각각의 상품별로 측정도구가 달라 위험에 노출된 총금액을 파악하기 어려운 단점이 있다. 따라서 금융기관에서는 여러 가지 금융상품의 위험을 종합적으로 파악하기 위해 VaR(Value-at-Risk)를 이용하고 있다.

우리나라 금융시장의 위험을 파악하는 대표적인 지표로는 주가지수 변동성지수(VKOSPI)와 CDS 프리미엄이 있다. 코스피 200 변동성지수(V-KOSPI 200)는 옵션가격을 이용하여 코스피 200 옵션시장 투자자들이 예상하는 미래(30일 만기) 코스피 200 지수의 변동성을 나타낸 지수로 주식시장의 위험을 파악할 수 있는 지표이다. 미국의 유사지표로는 S&P 500 지수 옵션을 기초로 하여 작성되는 변동성지수(VIX)가 있다. 우리나라 VKOSPI 추이를 보면 2008년 9월 급등 이후 하락추세를 보이고 있으나 유럽재정위기 등으로 주기적으로 급등하고 있다(그림 4-15 참조).

CDS는 채권을 발행한 기업, 국가 등의 신용위험에 대한 보장을 거래하는 신용파생상품이며 CDS 프리미엄은 위험보장의 대가이다. 국가 CDS 프리미엄은 외평채와 같은 외화표시국채 발행 시 주로 활용되는 지표로 우리나라 국가신용위험수준을 나타낸다. 우리나라 CDS 프리미엄 추이를 보면 2008년 9월 급등(2008년 10월 27일 675bp로 사상 최고치) 이후 하락추세를 보이고 있다. CDS 프리미엄은 외평채 가산금리와 유사하게 움직이고 있다(그림 4-16 참조).

[그림 4-15] VKOSPI 200의 추이

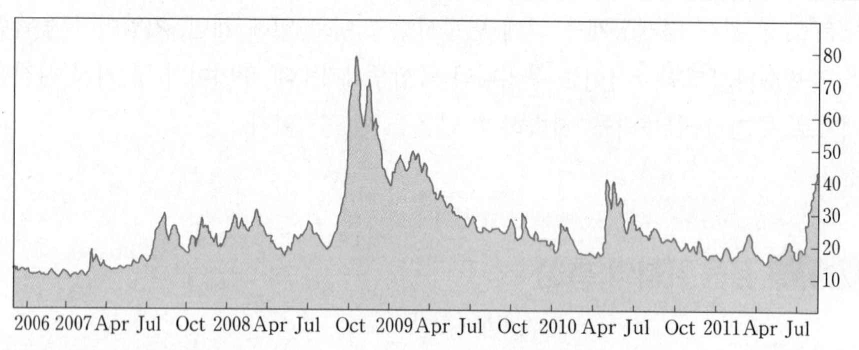

[그림 4-16] CDS 프리미엄 추이

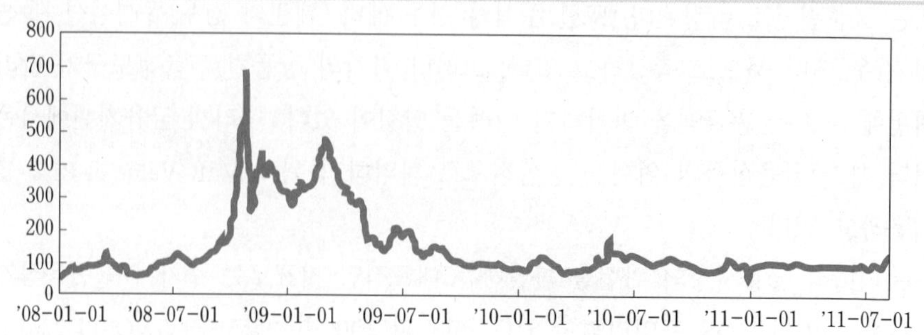

6.2. 금융위험의 모형화

[그림 4-17]의 (a)에서 일별 종합주가지수(KOSPI)의 수익률을 보면 백색잡음 계열과 같은 모습을 보인다. 그러나 주가수익률을 제곱한 값을 도표로 제시한 [그림 4-17]의 (b)를 보면, 수익률의 변동성에는 밀집현상과 지속성이 있음을 알 수 있다. 즉, 시계열의 분산은 시간이 변함에 따라 특정 기간에서는 커지거나 작아지는 등 일정한 값을 지니지 않는다.

[그림 4-18]은 종합주가지수 로그수익률 분포인데 이를 보면 정규분포와 달리 꼬리 부분이 두꺼운 분포를 하고 있음을 알 수 있다.

[그림 4-19]의 (a), (b)를 보면 주가수익률의 표본자기상관계수는 백색잡음과 같이 모든 시차에서 대체적으로 유의하지 않지만 변동성의 표본자기상관계수는 모든 시차에서 매우 유의하다. 이는 포트맨토 검정으로 확인할 수 있다. 10차, 20차에서 유의수준 5%에서 주가수익률은 백색잡음과 차이가 없는 것으로 나타났으나 변동성은 백색잡음과 매우 다른 것으로 나타났다.

이러한 변동성, 즉 분산의 변화는 오차항의 제곱을 조건부로 파악할 때 적절하게 설명될 수 있다. 이러한 현상을 적절하게 다룰 수 있는 모형으로는 자기회귀

[그림 4-17] **종합주가지수 수익률과 변동성**

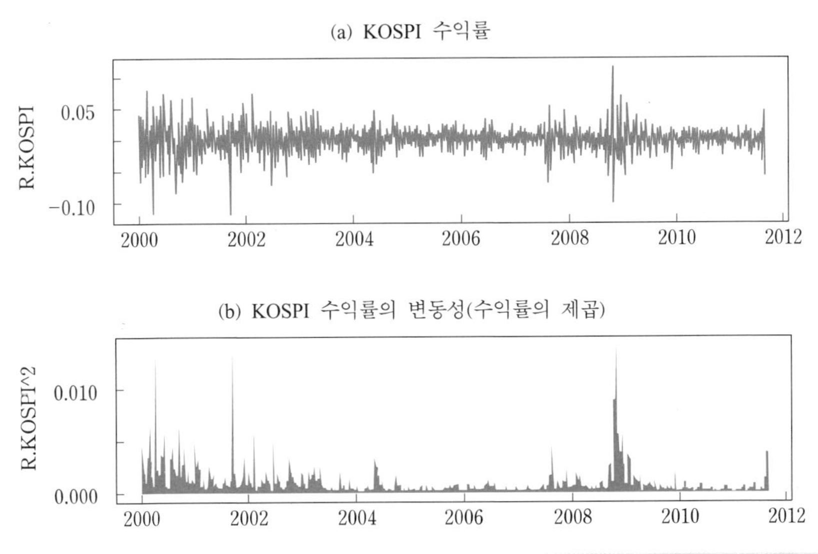

[그림 4-18] 종합주가지수 로그수익률의 분포

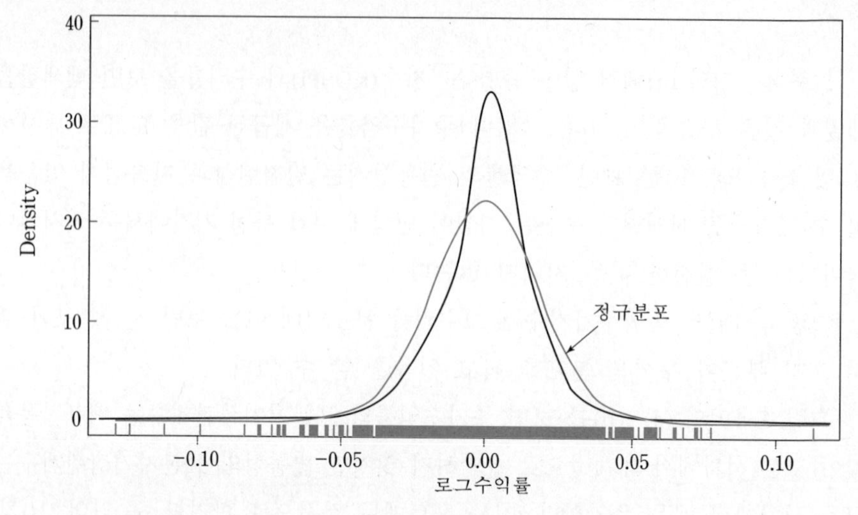

[그림 4-19] 종합주가지수 수익률과 변동성의 상관도표

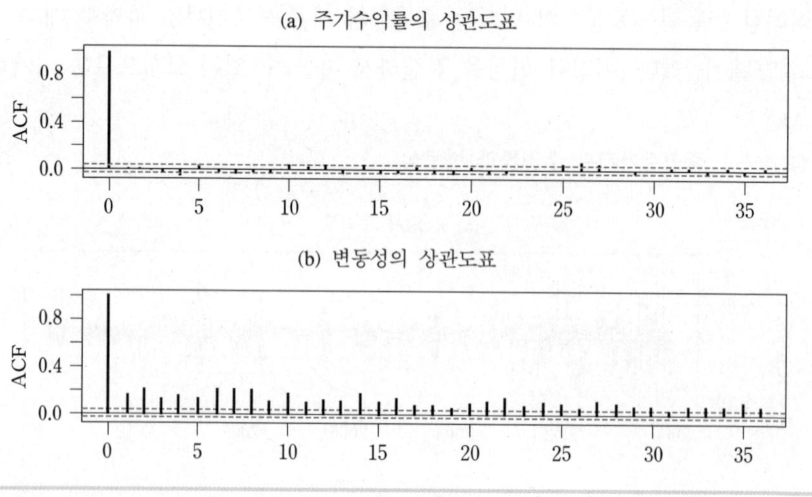

적 조건부 이분산(autoregressive conditional heteroscedasty : ARCH)모형이 있다. 자기회귀적 조건부 이분산(ARCH)모형은 엥글(Engle, 1982)에 의해 개발된 분석기법으로 모형이 단순하고 금융시계열의 특징을 잘 반영한다는 점에서 매우 널리 사용되고 있다.

엥글의 ARCH모형을 자세히 살펴보자.

먼저 앞서 살펴본 AR(1)모형을 살펴보면 다음과 같다.

$$y_t = \delta + \phi_1 y_{t-1} + \epsilon_t$$

박스와 젠킨스(Box and Jenkins, 1976)는 오차 ϵ_t의 분산이 σ^2으로 일정하다고 가정하고 시계열모형을 추정하고 이를 이용하여 분석했다. [그림 4-17]의 종합주가지수 수익률 시계열처럼 변동성이 일정하지 않으면 오차의 추정된 조건부분산인 잔차의 제곱항을 다음과 같이 AR(1)모형화할 수 있다. 여기서 v_t는 백색잡음계열이다.

$$r_t^2 = \alpha_0 + \alpha_1 r_{t-1}^2 + v_t$$

만약 $\alpha_1 = 0$이면 추정된 변동성은 α_0으로 일정하지만 그렇지 않으면 조건부분산은 AR(1)을 따른다. 그런데 통상의 경우 이와 같이 두 단계로 추정하지 않고 최우추정법으로 다음의 식을 같이 추정한다. 이 과정은 오차가 ARCH(1) 과정을 따른다고 한다.

$$y_t = \delta + \phi_1 y_{t-1} + \epsilon_t,\ \epsilon_t = v_t \sqrt{\alpha_0 + \alpha_1 \epsilon_{t-1}^2}$$

이러한 ARCH 과정은 다음의 ARCH(q)로 확장할 수 있으며 이를 통해 시계열의 변동성이 시간의 흐름에 따라 달라지는 것을 파악할 수 있다.

$$y_t = \delta + \phi_1 y_{t-1} + \epsilon_t,\ \epsilon_t = v_t \sqrt{\alpha_0 + \alpha_1 \epsilon_{t-1}^2 + \cdots + \alpha_q \epsilon_{t-q}}$$

ARCH모형의 기본적인 특징은 시계열의 조건부분산은 시간의 흐름에 따라 변하지만, 오차 안정성의 조건을 충족시키는 경우 비조건부분산(unconditional variance)은 항상 일정하다. 또한 시계열은 정규분포보다 두꺼운 꼬리를 지닌다.

ARCH모형으로는 조건부분산이 오랫동안 천천히 변화하는 구조를 표현하기 어려우므로 볼러슬레브(Bollerslev, 1986)는 ARCH모형을 ARMA모형 형태로 다음과 같이 일반화했다. 이 모형을 GARCH(p, q)라고 한다.

$$y_t = \delta + \phi_1 y_{t-1} + \epsilon_t,\ \epsilon_t = v_t \sqrt{h_t},\ h_t = \alpha_0 + \sum_{i=1}^{q} \alpha_i \epsilon_{t-i}^2 + \sum_{j=1}^{p} \beta_j h_{t-j}$$

주어진 경제통계에 대하여 ARCH모형을 적용하는 과정은 다음과 같다. 시계열 y_t를 추정하고 잔차의 제곱항을 구하고 이것의 자기상관도표를 살펴본다. 이것의 융-박수(Ljung-Box) 검정 또는 LM-ARCH 검정[11]의 결과가 유의한 것으로 나타난다면 오차에 "조건부 이분산성이 존재하지 않는다."는 가설을 기각하여 오차에 ARCH 현상이 있다고 보고 오차분산을 ARCH모형 또는 GARCH모형으로 추정한다. ARCH모형이나 GARCH모형의 작성과정은 ARIMA모형 작성과정과 비슷하다. 최우추정법을 이용하여 모수를 추정한 후 추정된 잔차에 이분산이 남아 있는지 점검하여 최종모형을 정한다.

예 4-4 GARCH모형

일별 종합주가지수 로그수익률을 GARCH모형으로 추정한 결과이다. 이를 보면 변동성의 추정결과는 다음과 같다. 괄호 안은 t통계량값이다.

$$\begin{aligned} y_t &= \underset{(0.73)}{0.00619} + h_t \\ h_t &= \underset{(3.79)}{0.0108} + \underset{(5.80)}{0.1531}\epsilon_{t-1}^2 + \underset{(24.14)}{0.8060}h_{t-1} \end{aligned}$$

계수들은 5% 유의수준에서 모두 유의하고 잔차 및 잔차제곱의 융-박스 검정 결과 유의확률(p-value)이 0.05보다 커서 유의하지 않게 나타나 GARCH모형이 적절히 작성된 것으로 판단된다.

계수들은 5% 유의수준에서 모두 유의하고 잔차제곱의 융-박스 검정 결과 유의확률(p-value)이 0.05보다 커서 유의하지 않게 나타나 GARCH 모형이 적

11) LM-ARCH 검정은 잔차항의 자승값 $\hat{\epsilon}_t{}^2$을 $\hat{\epsilon}_{t-1}{}^2, \cdots, \hat{\epsilon}_{t-m}{}^2$에 대하여 회귀분석한다 $(\hat{\epsilon}_t{}^2 = \alpha_0 + \alpha_1 \hat{\epsilon}_{t-1}{}^2 + \alpha_2 \hat{\epsilon}_{t-2}{}^2 + \cdots + \alpha_m \hat{\epsilon}_{t-m}{}^2)$. 여기서는 결정계수를 바탕으로 검정통계량 $n \cdot R^2$을 구한다. 여기서 n은 시계열 길이이고 동 통계량은 χ_m^2 분포를 따른다.

절히 작성된 것으로 판단된다.

[그림 4-20]은 GARCH모형으로 추정된 일별 주가지수 로그수익률의 변동성(표준편차) 추이이다.

표 4-6 잔차와 잔차제곱에 대한 검정

검정	대상	검정형태	검정 통계량값	유의확률
융-박스 검정	잔차	Q(10)	10.121	0.4299
	잔차	Q(20)	19.298	0.5026
	잔차제곱	Q(10)	9.0626	0.5262
	잔차제곱	Q(20)	17.507	0.6198
LM-ARCH 검정	잔차	TR^2	9.7712	0.6360

[그림 4-20] GARCH모형 추정 결과

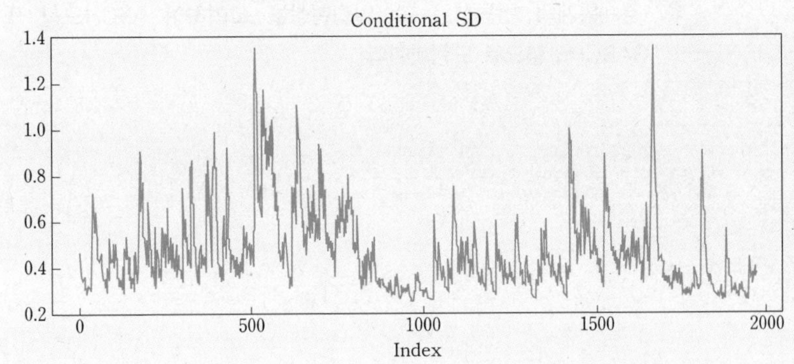

1. 경제통계의 연결구조를 바탕으로 시계열모형을 작성할 수 있으며 대표적인 단일변수 시계열모형으로는 ARIMA모형이 있다.

2. 시계열은 확률적 성질이 불변인 안정 시계열과 그렇지 않은 불안정 시계열로 구분되며 안정 시계열 여부는 단위근검정으로 파악한다. 대표적인 단위근검정방법으로는 ADF 검정, 필립스-페런 검정이 있다.

3. 박스와 젠킨스는 ARIMA모형을 시계열을 이용하여 '식별 → 추정 →진단'의 반복과정을 통해 추정할 수 있는 절차로 체계화했다.

4. 경제예측은 경제현실에서 일반적으로 부닥치는 미래의 불확실성을 해결하여 보다 합리적이고 효율적인 의사결정을 지원하기 위해 실시되고 있다.

5. 경제통계의 변동성은 그 밀집현상을 고려하여 ARCH모형 또는 GARCH모형으로 모형화한다.

제 5 장

경제통계의 계절조정계열은 어떻게 작성되는가?

개 요

계절조정이란 경제통계 내에 존재하는 1년 주기의 계절변동을 통계적으로 추출하여 원래의 경제통계(원계열)로부터 제거하는 것을 의미한다. 경제통계를 분석할 때 주요 관심사는 현재 경제통계가 전기(월)보다 나아지고 있는지 아니면 나빠지고 있는지를 비교하는 것이다. 하지만 경제통계에 포함된 계절변동은 이의 비교를 어렵게 한다. 따라서 이를 적절히 제거한 계절조정계열을 작성해야 한다. 이 장에서는 계절조정의 의미를 파악하고 경제통계로부터 계절조정을 하는 방법을 정리한다.

1. 계절조정이란 무엇인가?

한국은행의 2011년 1/4분기 국민소득(잠정) 통계 보도자료를 보면 2011년 1/4분기 실질국내총생산(GDP)은 전기대비 1.3% 성장(전년동기대비 4.2% 성장)한 것으로 나타났다(그림 5-1 참조). 우리나라 경제상황을 종합적으로 살펴보는 국민

[그림 5-1] 국민소득통계와 계절조정

보도자료

2011년 6월 8일 공보 2011-6-1호

이 자료는 6월 8일 석간부터 취급하여 주십시오.
단, 통신/방송/인터넷 매체는 6월 8일 08:00 이후부터 취급 가능

제 목 : 2011년 1/4분기 국민소득(잠정)

□ 2011년 1/4분기 실질 국내총생산(GDP)은 전기대비 1.3% 성장(전년동기대비 4.2% 성장)
- 생산 측면에서는 건설업이 부진했으나 제조업이 큰 폭 증가
- 지출 측면에서는 설비투자 및 건설투자가 줄었으나 재화수출의 증가세가 확대

□ 실질 국민총소득(GNI)은 전기대비 0.1% 감소(전년동기대비 1.8% 증가)
(세부내용 "붙임" 참조)

전기대비 경제성장률(계절조정계열)

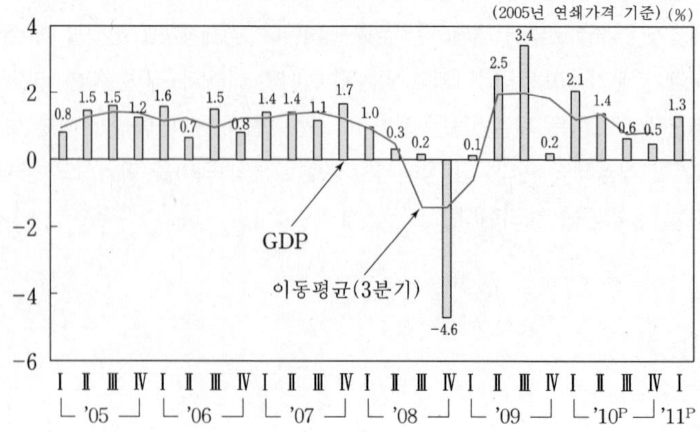

소득통계는 계절조정계열 기준으로는 전기대비 성장률을, 원계열 기준으로는 전년동기대비 성장률을 이용하고 있다. 계절조정 국민소득통계는 1999년 3/4분기 국민소득통계 공표 시부터 발표하기 시작했다.[1] 통계청과 한국은행은 주요 경제통계에 대한 계절조정계열을 원계열과 동시에 발표하고 있다.

1.1. 계절조정계열이란 무엇인가?

경제통계(Y_t)는 일반적으로 그 변동주기에 따라 추세변동(T_t), 순환변동(C_t), 계절변동(S_t), 불규칙변동(I_t)으로 구성된다고 가정하고 있다. 계절변동은 협의로 정의하면 계절에 따른 1년 주기의 변동이지만 광의로 정의하면 달력에 따른 변동인 음력에 따른 설, 추석 등 명절변동(H_t)과 영업일수변동(W_t), 요일구성변동(D_t)이 포함되어 있다. 계절조정계열은 경제통계 내에 존재하는 1년 주기의 계절변동과 명절변동, 요일구성변동 및 영업일수변동 등 달력변동에 해당하는 성분을 통계적으로 추출하여 원래의 통계로부터 제거한 통계를 의미한다(그림 5-2 참조). [그림 5-3]은 공표하고 있는 실질GDP 원계열과 계절조정계열이다. 이를 보면 GDP 원계열에는 지속적으로 성장하는 추세변동과 톱니바퀴처럼 보이는 계절변동이 크게 나타나지만 계절조정계열에는 계절변동이 사라지고 추세변동만 나타나고 있음을 알 수 있다.

[그림 5-2] **경제통계의 계절변동조정**

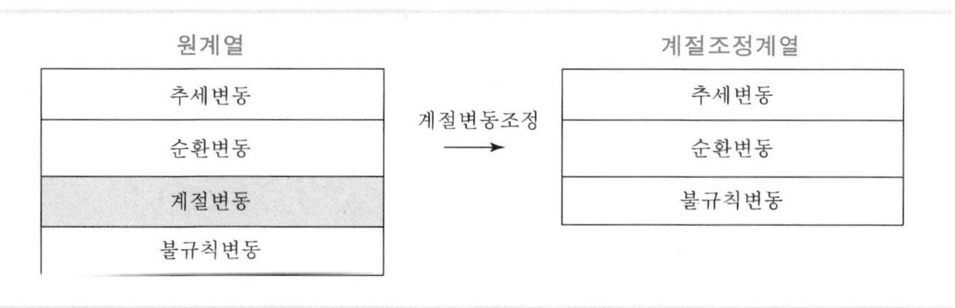

1) GDP에 대한 계절조정통계를 발표할 때 처음에는 부정적인 의견이 있었으나 현재는 주지표로 이용되고 있다.

[그림 5-3] GDP 원계열과 계절조정계열

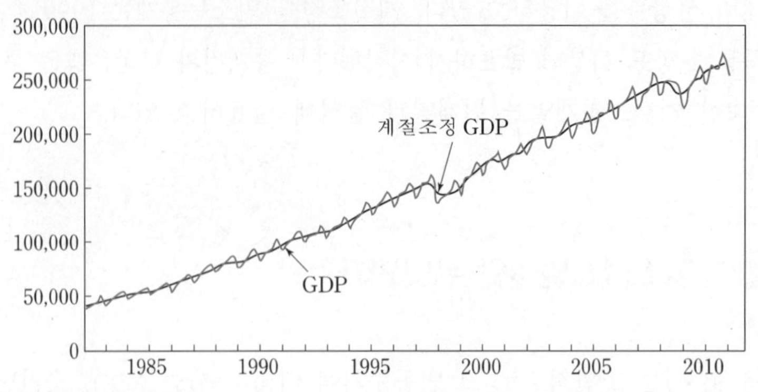

1.2. 계절조정은 왜 필요한가?

한 개의 경제통계를 분석할 때 주 관심사는 이번 기(월) 통계값이 전기(월)보다 나아지고 있는지 아니면 나빠지고 있는지를 비교하는 것이다. 그런데 대부분의 경제통계에서 앞서 설명한 계절변동이 존재하기 때문에 이를 적절히 제거(계절조정)하지 않을 경우 경제통계의 기조적인 실제 흐름(추세 및 순환변동의 흐름)을 파악하기가 어렵다. 경제정책은 경제통계의 기조적 변화에 대한 정확한 인식을 바탕으로 적시에 실시되어야 하므로 경제통계의 단기적 교란요인인 계절변동을 제거한 계절조정계열을 바탕으로 경제현황을 분석해야 한다.

2. 계절조정방법에는 어떤 것이 있는가?

계절조정방법은 시계열의 계절성이 일정하다는 가정하에 간편히 이용할 수 있는 전년동기비, 더미(dummy)변수이용법과 계절성이 변동적이라는 가정하의 이동평균법과 모형접근법으로 구분된다. 이는 [그림 5-4]에 정리되어 있다.

[그림 5-4] **계절조정방법의 종류**

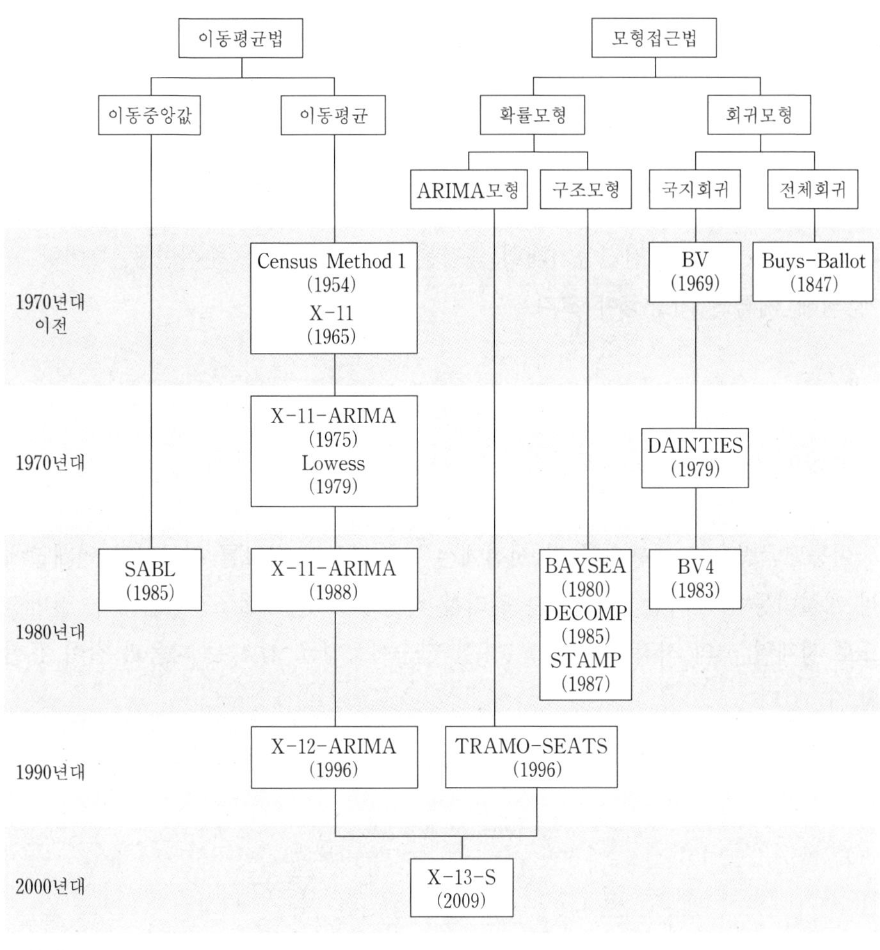

출처 : *Ladiray and Quaenneville*, 2001

2.1. 전년동기대비 증감률로 어떻게 계절조정이 가능한가?

제3장에서 설명했던 전년동기대비 증감률은 계절변동이 안정적으로 고정되었다는 가정하에 실시되는 일종의 계절조정방법이다. 이 방법은 작성방법이 간단하여 기초분석에 가장 많이 이용된다. 경제통계가 승법형으로 표현되는 경우 전년동월대비 증감률 r_t는 다음과 같이 표현할 수 있다.

$$r_t = (\frac{y_t}{y_{t-1}}) \times 100 = (\frac{T_t}{T_{t-12}} \times \frac{C_t}{C_{t-12}} \times . \frac{S_t}{S_{t-12}} \times \frac{I_t}{I_{t-12}} - 1) \times 100$$

위의 식에서 전년동기대비 증감률이 추세·순환변동(T_tC_t)의 움직임을 나타내려면 원계열의 계절변동이 안정적($S_t \doteqdot S_{t-12}$)이고 불규칙변동도 변동성이 작다는($I_t \doteqdot I_{t-12}$) 가정이 필요하다. 그런데 위의 조건을 충분히 만족시키는 경제통계는 흔하지 않다. 따라서 전년동기대비 증감률은 전년의 추세·순환변동, 특이항 등에 의해 왜곡될 가능성이 크다.

2.2. 이동평균법으로 어떻게 계절조정을 하는가?

이동평균법은 경제통계의 각 시점에서 1년 이상의 자료를 평균하면 원계열에서 계절변동을 제거할 수 있다는 원리를 바탕으로 한 계절조정방법이다. 일반적으로 시계열 y_t의 시점 t에서 $2k+1$항 단순이동평균 MA_t는 다음과 같이 표현할 수 있다.

$$\begin{aligned} MA_t &= \frac{1}{2k+1} \sum_{i=-k}^{k} y_{t+i} \\ &= \frac{1}{2k+1} \sum_{i=-k}^{k} T_{t+i} + \frac{1}{2k+1} \sum_{i=-k}^{k} C_{t+i} \\ &\quad + \frac{1}{2k+1} \sum_{i=-k}^{k} S_{t+i} + \frac{1}{2k+1} \sum_{i=-k}^{k} I_{t+i} \end{aligned}$$

이때 이동평균의 항수($2k+1$)에 따라서 평활화의 정도가 결정되며 이의 결정에 대한 다양한 객관적인 기준이 있다(Euank, 1988). 예를 들어 분기 경제통계에 대해서 이동평균항수를 5분기로 두면 이동평균된 경제통계는 5분기보다 짧은 계절변동(S_t)과 불규칙변동(I_t)은 상쇄되어 평활화되므로 5개항 이동평균으로 추세·순환변동계열(T_tC_t)이 생성된다. 이를 원계열에서 제거하여 계절·불규칙변동(S_tI_t)을 추출하고 같은 분기 또는 월에 해당되는 계절·불규칙변동(S_tI_t)을 3개항 이동평균하여 불규칙변동(I_t)을 제거하면 계절·불규칙변동으로부터 계절변동(S_t)을 추출할 수 있다.

이동평균법은 변동하는 계절변동을 파악할 수 있지만 시계열 양끝의 자료부족으로 양끝에서 동일 기준으로 이동평균하기 어렵다. 따라서 신규 통계가 추가될 때마다 작성되었던 계절조정계열의 상당 부분이 변동되는 문제도 있다.

2.2.1. X-11방법이란 무엇인가?

이동평균법은 오랜 실무적 통계분석 경험에 통계학 개념이 추가되면서 개선, 확장되었다. 1950년대에 컴퓨터가 발전하면서 컴퓨터 프로그램을 이용한 계절조정에 대한 관심이 커졌다. 미국 센서스국(Bureau of the Census)은 1954년 센서스 방법(Census Method) Ⅰ이라는 계절조정방법을 만든 이래 지속적으로 계절조정방법을 개발하여 1965년 X-11방법을 마련했다(Shiskin, Young, and Musgrave, 1965). X-11방법은 이동평균법을 정교화한 계절조정방법으로 X-11-ARIMA방법이 개발되기 이전까지 선진국과 국제기관 등에서 널리 이용되었던 계절조정방법이다. X-11방법은 내장된 통계적 기준에 의거하여 통계의 특성에 맞은 계산방법이 자동적으로 선택되도록 되어 있다. 계절변동을 추출하는 방법을 월별 시계열으로 정리하면 다음의 4단계로 구분할 수 있다.

첫째, 승법형 원계열 $y_t(TC_t \times S_t \times I_t)$을 계절조정할 필요성이 인정될 때 계절조정 작업에 앞서 사전조정을 실시한다. 특히 요일구성 또는 영업일수가 같지 않은 월 또는 분기에 대해 원계열을 사전조정한다. 둘째, 첫째 단계에서의 사전조정된 계열을 중심 2×12항 이동평균하여 잠정적인 추세·순환변동계열을 산출하고 이를 원계열에서 제거하여 계절·불규칙변동을 산출한다(이때 특이항을 수정한다). 이를 동월 또는 동기별로 3항 이동평균한 후 다시 같은 방법으로 3항 이동평균함으로써 잠정적 계절변동 및 계절조정계열을 구한다. 이 과정을 정리해 보면 다음과 같다.

① 2×12 이동평균에 따른 추세순환변동을 추정한다.

$$TC_t^{(1)} = \frac{1}{24}\sum_{i=-6}^{6} \omega_i y_{t+i} \quad \text{여기서} \quad \omega_i = \begin{cases} 1, i = -6, 6 \\ 2, \text{ 그외} \end{cases}$$

② 계절·불규칙변동을 추정한다.

$$SI_t^{(1)} = y_t / TC_t^{(1)}$$

③ 각 월별 3×3 이동평균에 의해 계절변동을 추정한다. 3×3 이동평균은 다음의 49개월 이동평균에 해당된다.

$$S_t^{(1)} = \frac{1}{9}\sum_{i=-24}^{24} \omega_i SI_t^{(1)}$$

$$\text{여기서 } \omega_i = \begin{cases} 3, i = 0 \\ 2, i = \pm 12 \\ 1, i = \pm 24 \end{cases}$$

계절변동의 12개월의 평균이 1이 되도록 표준화한다.

$$\widetilde{S_t}^{(1)} = S_t^{(1)} / \frac{1}{24}\sum_{i=-6}^{6} \omega_i S_{t+i}$$

$$\text{여기서 } \omega_i = \begin{cases} 1, i = -6, 6 \\ 2, \text{그 외} \end{cases}$$

④ 잠정 계절조정계열을 추정한다.

$$A_t^{(1)} = y_t - \widetilde{S_t}^{(1)}$$

셋째, 잠정 계절조정계열을 핸더슨 필터(Henderson filter)[2)]로 가중 이동평균하여 잠정적 추세순환계열을 다시 산출한 후 잠정적 계절·불규칙변동을 구하며 이를 동월별로 3항 이동평균하고 이를 5항 이동평균하여 계절변동을 구한다. 이 과정을 다시 한 번 반복하여 최종 추세·순환변동, 계절변동 및 불규칙변동계열을 구한다. 이 과정을 수식으로 정리하면 다음과 같다.

① 13항 핸더슨 이동평균에 의해 추세·순환변동을 추정한다. 핸더슨 이동평균을 통해 불규칙변동을 제거한다.

2) 핸더슨 필터는 2·3차 포물선을 재생할 수 있는 필터이다.

$$TC_t^{(2)} = \frac{1}{16796} \sum_{i=-6}^{6} \omega_i A_{t+i}^{(1)}$$

$$\text{여기서 } \omega_i = \begin{cases} -325, & i = \pm 6 \\ -468, & i = \pm 5 \\ 0, & i = \pm 4 \\ 1100, & i = \pm 3 \\ 2475, & i = \pm 2 \\ 3600, & i = \pm 1 \\ 4032, & i = 0 \end{cases}$$

② 계절·불규칙변동을 다시 추정한다.

$$SI_t^{(2)} = y_t / C_t^{(2)}$$

③ 3×5 이동평균에 의해 계절변동을 추정한다.

$$S_t^{(2)} = \frac{1}{27} \sum_{i=-36}^{36} w_i SI_{t+i}^{(2)}$$

$$\text{여기서 } w_i = \begin{cases} 3, & i = 0, \pm 12 \\ 2, & i = \pm 24 \\ 1, & i = \pm 36 \end{cases}$$

추정된 계절변동을 앞에서와 같이 다시 표준화하여 표준화된 계절변동 $\widetilde{S}_t^{(2)}$를 구한다.

④ ③의 계절변동 $\widetilde{S}_t^{(t)}$를 이용하여 계절조정계열 A_t를 구한다.

$$A_t = y_t / \widetilde{S}_t^{(2)}$$

마지막으로 계절조정이 적절히 되었는가를 검토하며 적절하지 않은 경우 앞서의 방법에서 사전조정 및 이동평균항수 등을 조정한 후 계절조정 과정을 반복한다. X-11방법에 따른 결과는 [표 5-1]과 같이 A~G까지의 표로 정리할 수 있다.

계절조정 시 중요한 것은 계절 필터와 추세 필터를 어떻게 선택하는가이다. 계절 필터 선택기준은 I/S(불규칙변동/계절변동) 비율이다. 불규칙변동의 영향이 클수록 계절이동 평균길이를 늘려서 불규칙변동의 영향력을 줄일 필요가 있다 (표 5-2 참조).

표 5-1 X-11방법에서의 각종 표

표명	내역
A	계열의 사전조정 : 특이항, 요일구성 등을 사전에 조정
B	① 계열의 자동조정 : 불규칙변동의 추정
C	② 계열의 자동조정 : 불규칙변동의 추정, 특이항의 파악 및 조정, 요일구성 조정
D	계절조정 D1~D6 : 임시 계절조정 D7~D10 : 임시 계절조정계열을 바탕으로 계절변동을 식별 및 추정 D11 : 최종 계절변동계열 산출 D12 : 최종 추세순환변동계열 산출 D13 : 최종 불규칙변동계열 산출
E	특이항값을 조정한 요인
F	계절조정 품질점검
G	그래프 산출

표 5-2 불규칙변동과 계절이동평균 필터

I/S	계절이동평균 필터
$0 < I/S < 2.5$	3×3
$3.5 \le I/S < 5.5$	3×5
$6.5 \le I/S$	3×9

2.2.2. X-11-ARIMA방법이란 무엇인가?

X-11방법은 확정적 계절변동뿐만 아니라 변동적 계절변동을 정교히 추출할 수 있는 장점이 있으나 새로운 통계가 추가될 때마다 계절조정을 새로 해야 하며 이 경우 과거 수년간의 계절조정계열이 변동하는 문제가 있다. 이는 계절조정 시 시계열 양끝에서 필터를 적용하는 경우 중심화 이동평균이 아닌 후방 또는 전방 이동평균을 하기 때문이다. 따라서 이 방법을 이용한 계절조정계열을 바탕으로 시계열의 최근 움직임과 전환점을 파악하는 데에는 어려움이 있다.

이러한 문제를 보완하기 위해 캐나다 통계청은 박스와 젠킨스(1976)의 ARIMA모형으로 시계열의 양끝을 1~2년 예측·연장한 후 X-11방법을 적용한 X-11-ARIMA방법을 제안했다(Dagum, 1980). 그러나 이 경우도 적절한 ARIMA 모형이 선택되지 못할 경우 X-11방법과 마찬가지로 계절조정계열의 안정성에 문제가 발생한다. 따라서 X-11-ARIMA방법 이용 시 시계열의 양끝 연장을 위한 보다 정교한 예측모형 작성이 필요하다.

2.2.3. X-12-ARIMA방법이란 무엇인가?

미국 상무부에서 1996년에 그동안의 계절조정에 대한 연구성과를 바탕으로 이동평균법에 모형접근법을 가미한 새로운 계절조정방법 X-12-ARIMA방법을 제안했다. 주요 개선내용으로는 RegARIMA모형으로 사전조정 및 예측모형선택이 가능하도록 한 것과 X-11방법의 이동평균 기능을 보강하면서 새로운 진단방법을 도입한 것이 특징이다. X-12-ARIMA에 대해서는 절을 달리해서 자세히 설명하겠다.

2.3. 회귀모형접근법

회귀모형을 이용한 계절조정은 바이스와 밸럿(Buys and Ballot, 1847)이 시간의 함수로 계절변동을 추정한 이래 오랫동안 이용되어 왔다. 대표적인 방법으로는 독일의 BV4(Berlin Procedure)와 유럽연합(Eurostat)의 DANINTIES가 있다. 회귀분석법은 이동평균법에 비해 작성방법이 복잡하지 않아 계절조정계열을 작성하기 쉽지만, 함수를 경험에 의존하여 선택하는 경우가 많아 자의성이 크고 계절성이 고정적이라고 전제하고 있어 계절조정계열의 신뢰성 및 안정성이 사전적으로 보장되지 않는다는 단점이 있다.

2.3.1. BV4로 어떻게 계절조정을 할 것인가?

독일에서는 1969년 이래 이동회귀모형을 바탕으로 한 BV를 이용하고 있으며 1983년부터 BV4를 이용하고 있다. BV4는 기존의 선형회귀모형 방식의 BV를 개선하여 주파수영역 정보를 바탕으로 모형선택을 하여 계절조정을 하는 방법이다(Speth. H.-Th., 2004).

경제통계 Y_t를 다음과 같이 정의한다.

$$y_t = TC_t + S_t + D_t + H_t + O_t + I_t$$

여기서 D_t는 요일구성변동 등 달력변동이고, H_t는 사용자정의 변동으로 명절변동이며, O_t는 특이항이다. 사전조정계열을 다음의 국지적 회귀모형으로 근사시킨다.

$$y_t^* = \sum_{j=0}^{p}\alpha_j t^j + \sum_{j=1}^{\frac{p}{2}}(\beta_j \cos\lambda_j t + \gamma_j \sin\lambda_j t) + \epsilon_t$$
$$\lambda_1 = \frac{p}{2\pi},\ \lambda_j = \lambda_1 j,\ p = 12(\text{월})$$

위의 모형을 가중최소자승법을 이용하여 추정하여 $\alpha_j, \beta_j, \gamma^j$를 구하고 추세순환변동($\widehat{TC_t}$), 계절변동($\widehat{S_t}$)을 다음과 같이 추정한다.

$$\widehat{TC_t} = \sum_{j=0}^{p}\widehat{\alpha_j} t^j$$
$$\widehat{S_t} = \sum_{j=1}^{\frac{p}{2}}(\widehat{\beta_j}\cos\lambda_j t + \widehat{\gamma_j}\sin\lambda_j t)$$

이 방법은 방법이 표준화되어 있어 작성자가 특별한 전문지식 없이도 계절조정계열을 작성할 수 있으며 구조변화를 모형화하기 쉽고 계절조정 시 간접법과 직접법[3]에 따른 변화가 없다.

2.3.2. DAINTIES란 무엇인가?

DAINTIES는 1970년대 말 유로스태트(Eurostat)에서 개발한 방법으로 국지적 회귀에 의해 도출된 이동평균을 바탕으로 한 계절조정방법이다. DAINTIES에서는 m개의 시계열 추세순환변동은 3차의 다항식으로 표현되며 계절변동은 고정되었다고 가정한다.

$$y_t = \sum_{j=0}^{3}\beta_j t^j + \sum_{j=1}^{p}\alpha_j I_j + \epsilon_t$$

3) 간접법은 구성항목을 계절조정한 후 전체 합의 계절조정계열을 만드는 것이고, 직접법은 전체 계열의 계절조정계열을 만드는 것이다.

여기서 I_j는 계절더미변수이며 $\sum_{j=1}^{p}\alpha_j = 0$이다. 위의 모형을 추정하여 시계열의 계절조정계열을 구하면 다음과 같다.

$$A_t = y_t - \sum_{j=1}^{p}\hat{\alpha}_j I_j$$

시계열이 추가될 때는 일정기간 모형의 값을 그대로 이용하여 계절조정계열을 구한다.

2.4. 확률모형으로 어떻게 계절조정을 하는가?

확률모형에 따른 계절조정법은 신호추출법(signal extraction)과 베이즈(Bayes)형 계절조정법 및 상태공간모형 계절조정법 등으로 구분할 수 있다.

2.4.1. 신호추출법이란 무엇인가?

신호추출법이란 수신신호가 송신신호(signal)에 잡음(noise)이 결합되는 경우로 상정하고 수신신호로부터 잡음을 제거하여 송신신호를 추출해 내는 방법이다. 힐머와 티아오(Hillmer and Tiao, 1982)는 신호추출법을 응용하여 원계열을 관측되지 않은 계절, 추세·순환 성분, 잡음으로 나눈 후 각각에 대해 ARIMA모형을 적용하여 계절변동을 추출했다. 이 방법에 의한 계절조정은 회귀분석방법과 마찬가지로 시계열의 모형을 명확히 가정하지 않고 경험에 의해 각각의 함수를 선택하여 분석자의 자의가 개입될 소지가 있다. 신호추출법으로 가장 많이 이용되는 방법이 스페인 중앙은행에서 개발한 TRAMO-SEATS이다. 이 방법에 대해서는 절을 달리해서 설명하겠다.

2.4.2. 베이즈형 계질조정법이란 무엇인가?

베이즈형 계절조정법은 AIC 등 통계량을 이용하여 시계열모형을 순차적으로 구축하여 조정시계열의 신뢰성 및 안정성을 최대한 확보하는 방법이다. 베이즈형 계절조정법은 사전분포에 관한 정보를 이용해 추세·순환, 계절, 불규칙변동에 대한 모수분포를 추정하고 원계열에서 각 분해요소를 직접적으로 분해하는 방법이다. 상태공간모형 계절조정법은 시계열의 각 변동성분을 상태공간모형으로 규정하는 방식으로 각 변동성분의 상태나 잡음분포 등에 관한 가정에 바탕을 둔 계절조정법이다. 베이즈형 계절조정법이나 상태공간모형 계절조정법은 체계적인 통계이론에 바탕을 두어 학문적으로 여타 계절조정법에 비해 체계적이지만 실제 이용 시 도입된 가정이 실제 자료에 적절한지를 검토해야 하는 문제가 있다.

2.5. X-12-ARIMA로 어떻게 계절조정을 하는가?

X-12-ARIMA에서는 경제통계 y_t가 추세순환변동(T_t, C_t), 계절변동(S_t), 요일구성변동(D_t), 공휴일 및 명절변동(H_t), 특이항(O_t), 불규칙변동(I_t)으로 구성되어

[그림 5-5] X-12-ARIMA의 수행과정

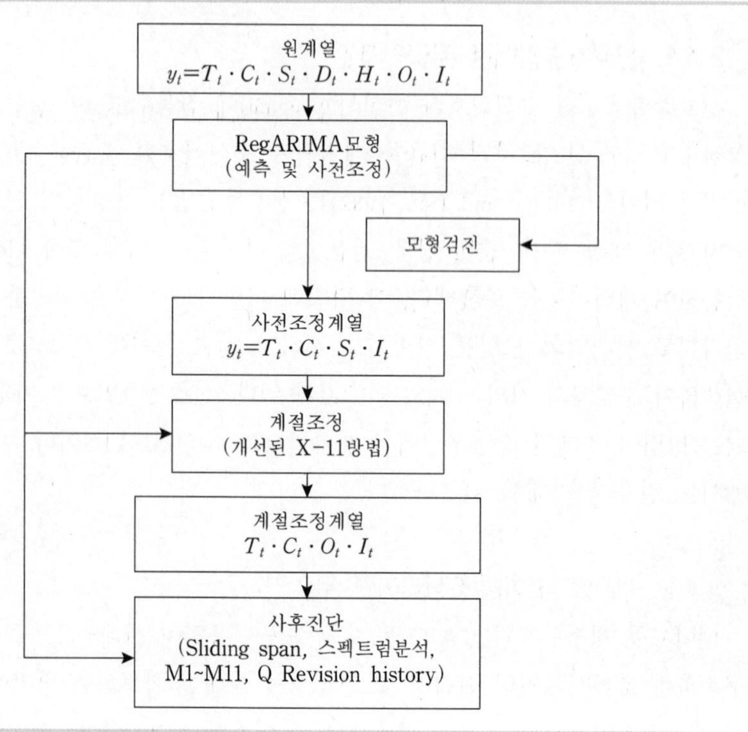

있다고 보고 RegARIMA모형과 X-11방법을 적용하여 계절조정계열 $T_tC_tO_tI_t$ 를 구하는 계절조정방법이다 이 과정은 [그림 5-5]에 정리되어 있다. 이를 보면 X-12-ARIMA방법은 다음과 같은 반복적인 3단계로 이루어져 있다. 먼저 RegARIMA모형을 이용하여 사전조정 및 시계열 양끝을 예측한다. 다음으로 개선된 X-11방법을 이용하여 시계열을 분해하여 계절조정계열을 생성한다. 마지막으로 계절조정의 적절성 평가를 위하여 다양한 검정을 실시한다. 단, 검정결과 적절하지 않은 것으로 평가되면 다시 조정하여 앞서의 3단계를 반복한다.

2.5.1. RegARIMA모형으로 어떻게 사전조정을 하는가?

RegARIMA모형은 계절ARIMA모형에 구조변화, 특이항, 요일변동 등을 회귀모형으로 추가한 시계열모형이다. 시계열 y_t에 대해 r개의 더미변수 x_{it}와 계절ARIMA모형 $(p, d, q)(P, D, Q)_s$로 구성된 RegARIMA모형은 다음과 같이 구성된다.

$$\phi_p(B)\Phi_P(B^s)(1-B)^d(1-B^s)^D(y_t - \sum_{i=1}^{r}\beta_i x_{it}) = \theta_q(B)\Theta_Q(B^s)a_t$$

여기에서 B는 후방연산자($y_{t-k} = B^k y_t$)이며 $\phi_p(z)$, $\Phi_P(z), \theta_q(z), \Theta_Q(z)$는 통상의 다항식이다. 또한 a_t는 $N(0, \sigma^2)$분포를 따른다고 가정한다.

RegARIMA모형의 모수들은 반복일반화최소자승법(iterative generalized least squares)에 의해 추정할 수 있다. 우선 AR 및 MA모수를 고정한 후 더미변수의 계수(β_i)를 추정하고 이를 포함하여 다시 AR 및 MA 그리고 더미변수의 계수를 최우추정법으로 계수들의 값이 수렴할 때까지 반복하여 추정한다. 더미변수로 공휴일, 설, 추석 등의 명절 그리고 요일변동 등을 고려할 수 있다. 이러한 사전조정요인을 더미변수를 이용하여 RegARIMA모형으로 모형화함으로써 원계열에서 직접 사전조정요인을 추출할 수 있다.

X-12-ARIMA방법에서는 다양한 더미변수가 설정되고 있으며 자동적으로 가법형 특이항(additive outlier), 구조변화(level shift), 일시적인 구조변화(temporary ramp)를 포착하여 모형화할 수 있다(Findley et al., 1995).[4]

---

4) X-12-ARIMA방법에서 고려하지 않은 특이항으로는 일정 시점에 발생한 특이현상이 지

우리나라의 경제통계를 계절ARIMA모형으로 모형화하여 잔차항의 표본자기상관계수(ACF)를 그려보면 모형이 적합한 것으로 판정된 경우에도 표본자기상관계수가 계절시차(1년)보다 긴 시차에서 지속적으로 유의하게 나타나는 경우가 있다. 이는 앞서의 명절, 영업일수, 특이항 등을 모형에 반영하지 못해 발생하며 더미변수를 이용한 RegARIMA모형으로 이러한 문제를 어느 정도 완화할 수 있다.

정리해 보면 RegARIMA모형으로 요일구성변동(D_t), 공휴일 및 명절변동(H_t), 특이항(O_t)을 추정하고 이를 원계열에서 제거하여 사전조정계열을 만들 수 있다.

2.5.2. X-11방법의 이동평균기능이란 무엇인가?

X-12-ARIMA방법에서는 주기가 1년 미만인 계절변동과 변동성이 큰 불규칙변동을 제거할 수 있는 보다 장기의 이동평균으로 기존의 X-11방법보다 평활화 효과가 더 큰 추세순환변동을 추출할 수 있다. X-11방법에서는 계절변동의 추출을 위해 3×3, 3×5, 3×9의 3가지 계절이동평균 필터가 이용되고 있으나 X-12-ARIMA방법에서는 이보다 긴 3×15 등의 필터도 이용할 수 있다. X-12-ARIMA방법에서 이용되는 개선된 핸더슨 필터는 1년 미만의 변동요인을 충분히 제거하기 때문에 주기가 1년 이상의 변동요인만 보존하는 특성을 갖도록 설계되어 있다.[5] 시계열에 대해 중심화이동평균 적용 시 양극단의 경우 자료부족으로 중심화 필터 대신 전방 또는 후방 필터를 이용하게 되는데 이때 X-12-ARIMA방법에서는 머스그레이브(Musgrave) 방법[6]을 이용하고 있다.

2.5.3. 계절변동의 존재를 어떻게 파악하는가?

경제통계에 대해 계절조정이 필요한지의 여부를 판단하기 위해 경제통계에 안정적인 계절변동(계절성)이 있는지 점검해야 한다. 여기서 안정적인 계절변동이란 연도가 바뀌어도 연도별 계절변동의 형태가 크게 바뀌지 않는 계절변동을

속적으로 영향을 주는 특이항(innovational outlier)과 계절성의 구조변화(seasonal shift) 등이 있다.

5) X-11방법에서 이용되는 개선된 핸더슨 필터는 주파수 0 외에도 0.1 정도의 주파수 순환변동을 제대로 제거하지 못하는 문제가 있다.

6) 평방개정오차(mean square revision error)를 최소화하는 필터를 찾는 방법이다.

의미한다. X-12-ARIMA에서는 경제통계의의 안정적 계절변동을 식별하는 데 F검정과 크루스칼-윌리스(Kruskal-Wallis) 검정이 이용되고 있다. 또한 특이항을 제거한 원계열의 차분계열 및 계절조정계열의 차분계열과 특이항을 제거한 불규칙변동에 대한 스펙트럼(spectrum)을 구해서 경제통계에 계절변동이 존재하고 계절조정계열에 계절성이 적절히 제거되었는지를 살펴보고 있다. 또한 차분원계열, 차분계절조정계열, 불규칙변동계열에 대해 스펙트럼을 구해서 계절조정이 적절히 진행되고 있는지를 점검하고 있다(Laytras et al. 2007, Ladiray and Quenneville 2001).

X-12-ARIMA에서 안정적 계절성을 검정하는 D8 F검정에 대해 살펴보자. 시계열이 계절변동(S)과 불규칙변동(I)만으로 다음과 같이 구성되어 있다고 하자.

$$x_{ij} = (S+I)_{ij} = a_i + b_j + \epsilon_{ij}$$

여기서 $a_i (i = 1, \cdots), N$은 i년도의 효과이고, $b_j (j = 1, \cdots, l)$는 j월 또는 분기의 효과이다. ϵ_{ij}는 불규칙변동으로 평균 0, 분산 σ^2인 정규분포를 따른다고 가정한다. $n = N \cdot l$일 때 x_{ij}의 변동은 다음과 같이 분해된다.

$$\sum_{j=1}^{l}\sum_{i=1}^{N}(x_{ij} - \overline{x}_{..})^2 = N\sum_{j=1}^{l}(\overline{x}_{.j} - \overline{x}_{..})^2 + \sum_{j=1}^{l}\sum_{i=1}^{N}(x_{ij} - \overline{x}_{.j})^2$$

여기서 $\overline{x_{.j}} = \frac{1}{N}\sum_{i=1}^{N} x_{ij}$는 j월(분기)시계열의 평균이고, $\overline{x_{..}} = \frac{1}{n}\sum_{j=1}^{l}\sum_{i=1}^{N} x_{ij}$는 시계열 전체의 평균이다. 이를 $S^2 = S_B^2 + S_R^2$으로 다시 표현할 수 있다. $a_i = a$라고 가정하면 계절성이 없다는 가설은 $H_0 : b_1 = b_2 = \cdots = b_l$로 정리할 수 있다. 이를 검정하는 검정통계량 F_S는 다음과 같은데 자유도 $l-1$과 $n-l$인 F분포를 따른다.[7)]

7) 맥도널드-존슨 등(McDonald-Johnson et al., 2006)에 따르면 F통계량은 통상적인 F통계량의 기각역을 쓰기보다는 기각역값으로 7을 이용한다. 만약 F통계량값이 7보다 크면 안정적 계절성이 있다고 판단한다.

$$F_S = \frac{S_B^2/(l-1)}{S_R^2/(n-l)}$$

X-12-ARIMA에서는 동일한 귀무가설에 대해 순위를 바탕으로 하는 비모수 검정인 크루스칼-윌리스 검정을 실시한다. $n = N \cdot l$일 때 크루스칼-윌리스 검정통계량은 다음과 같다. 여기서 S_j는 전체 관측값 중 j월(분기) 관측값의 순위(rank)의 합이다. T_{KW}는 χ^2_{l-1}을 따른다.

$$T_{KW} = \frac{12}{n(n+1)} \sum_{j=1}^{l} \frac{S_j^2}{N} - 3(n+1)$$

X-12-ARIMA에는 추가로 이동계절성, 즉 계절성이 연도별로 다른지 검정하고, 이를 앞서의 F검정과 결합하여 계절성의 안정성을 살펴보고 있다. 이를 위해 x_{ij}의 변동을 다음과 같이 분해한다.

$$\begin{aligned} \sum_{j=1}^{l}\sum_{i=1}^{N}(x_{ij}-\bar{x}_{..})^2 = & \; N\sum_{j=1}^{l}(\bar{x}_{.j}-\bar{x}_{..})^2 + l\sum_{i=1}^{N}(\bar{x}_{i.}-\bar{x}_{..})^2 \\ & + \sum_{j=1}^{l}\sum_{i=1}^{N}(x_{ij}-\bar{x}_{i.}-\bar{x}_{.j}+\bar{x}_{..})^2 \end{aligned}$$

여기서 $\bar{x}_{i.} = \frac{1}{l}\sum_{j=1}^{l} x_{ij}$는 i년도 시계열의 평균이다. T_{KW}는 $S^2 = S_A^2 + S_B^2 + S_R^2$으로 표현된다. 여기서 이동계절성을 검정하는 것은 가설 $H_0 : a_1 = a_2 = \cdots = a_N$을 검정하는 것이며 검정통계량은 다음과 같다.

$$F_M = \frac{S_A^2/(N-1)}{S_R^2/(N-1)(l-1)}$$

F_M은 자유도 $N-1$과 $(N-1)(l-1)$인 F분포를 따른다. 통상 F_S가 유의하게 크고 F_M이 유의하지 않을 경우 안정적인 계절변동, 즉 식별가능한 계절변동이 존재한다고 판단하고 계절조정을 실시한다. 그런데 두 통계량 모두 유의한 경우가 있다. 이 경우 안정적 계절성을 파악하기 위해 로디언과 모리(Lothian and

Morry, 1978)는 M7통계량을 다음과 같이 개발했다.

$$M7 = \sqrt{\frac{1}{2}(\frac{7}{F_S} + \frac{3F_M}{F_S})}$$

M7 < 1이면 시계열에 식별할 수 있는 안정적 계절성이 존재한다고 판단하며, M7 > 1이면 식별할 수 있는 안정적 계절성이 존재하지 않는다고 판단한다. 라디어리와 퀸네빌(Ladiray and Quenneville, 2001)은 2개의 F검정과 크루스칼-월리스 검정을 결합해서 이용하여 시계열에서 어떻게 계절성을 식별하는지를 정리했다.

한편 X-12-ARIMA에서는 스펙트럼을 이용하여 계절성을 파악하고 있다. 0과 0.5 사이의 61개의 주파수에서 스펙트럼을 구하고 계절주파수[8]의 스펙트럼과 주변 스펙트럼을 비교해서 시각적으로 유의성을 판단한다.[9] 구체적으로 보면 X-12-ARIMA에서는 계절주파수에서 '6 start peak'가 나타나면 시각적으로 계절성이 존재한다고 표시한다. 여기서 '1 start'는 61개 스펙트럼의 최대값과 최소값의 차이의 1/52이다(The Census Bureau, 2007). X-12-ARIMA에서 제공하는 M7과 스펙트럼과 같은 계절성 검정은 실무적인 성격이 강하다. 따라서 통계학적으로 보다 객관적인 검정방법을 정립할 필요가 있다.

[표 5-3]은 우리나라 시계열의 X-12-ARIMA 계절성 검정 결과이다. 안정적 계절성에 대한 F검정과 크루스칼-월리스 검정 결과를 보면 모든 시계열에서 매우 유의하게 나타났다. 한편 이동계절성에 대한 F검정 결과를 보면 건설기성액, 서비스업생산지수를 제외하고는 유의하게 나타났으나, 안정적 계절성 검정의 F값에 비해 검정통계량값이 상대적으로 매우 작아서 M7이 모두 1보다 작게 나타났다. X-12-ARIMA에서는 M7의 결과에 따라서 시계열에서 안정적 계절성이 식별되었다고 정리하고 있다. 한편 불규칙변동계열에 대해 스펙트럼을 구한

8) 분기별 시계열의 경우 1/4, 2/4이고 월별 시계열의 경우 1/12, 2/12, 3/12, 4/12, 5/12, 6/12인데, R로 스펙트럼 그래프를 그리면 월별 시계열의 경우 1~6, 분기별 시계열의 경우 1~4로 표시한다. R 프로그램에서는 스펙트럼 함수를 이용하여 스펙트럼 그래프를 작성할 수 있다.

9) X-12-ARIMA에서 스펙트럼 추정량은 자기상관스펙트럼 추정량이며, 빈도수값 0은 주기가 ∞인 저주파변동을, 빈도수값 0.5는 주기가 2개월인 고주파변동을 의미한다.

표 5-3 월별 시계열의 X-12-ARIMA 계절성 검정 결과

시계열명	D8 F_S	D8 F_M	T_{KW}	M7	스펙트럼
수출	0.000	0.000	0.000	식별	적절
건설기성액	0.000	0.912	0.000	식별	적절
에너지소비량	0.000	0.000	0.000	식별	적절
서비스업생산지수	0.000	0.394	0.000	식별	적절
농산품 소비자물가지수	0.000	0.000	0.000	식별	적절
M1	0.000	0.000	0.000	식별	적절

주) F_S, F_M, KW 검정은 유의확률이며, M7의 식별은 안정적 계절성이 식별되었다는 의미이며, 적절은 불규칙변동에서 계절성을 찾을 수 없음을 의미

후 인접빈도수와 비교해 보면 유의하지 않게 나타나 불규칙변동계열에 계절성은 남아 있지 않은 것으로 나타났다.

2.5.4. 계절조정이 잘 되었는지 어떻게 파악할 것인가?

계절변동은 관측 불가능하기 때문에 계절조정의 평가기준으로 조정계열의 안정성, 직교성 등이 이용되고 있다. 계절조정 대상기간변경 또는 신규자료의 추가에 따라 계절조정계열의 변화폭이 크지 않아야 하는데 이는 안정성 진단으로 파악한다. 직교성은 계절변동이 원계열에서 완벽히 제거되었는지의 여부를 판단하는 지표이다.

안정성 진단 시 X-11-ARIMA방법에서는 M1～M11[10]과 이를 가중평균한 Q통계량[11]으로 계절성이 적절히 제거되었는지를 평가하나 M1～M11과 Q통계량은 이론적 기반이 취약한 간접적 평가방법이다. 그러나 X-12-ARIMA방법에서는 이보다 직접적 의미가 있는 슬라이딩-스팬(sliding-span)과 리비전 히스토리(revision history) 분석을 제공하고 있다.

슬라이딩-스팬 분석은 기간을 부분적으로 중복되는 k개의 구간(span)으로 나누어 각각을 계절조정함에 따라 중복산출되는 동일 시점의 계절변동, 계절조정계열의 전기비 등이 얼마나 안정적인가를 비교 분석하며 계절조정계열의 안정성

10) 총 11개의 통계량이 있으며 이들은 계절조정의 각기 다른 요인(예를 들면 M2는 계절변동에 대한 불규칙변동의 비율을 나타냄)에 대한 검정이며 계절조정 전체에 대한 검정은 아니다.

11) 로디언과 모리(1978)는 캐나다 421개 계열을 바탕으로 M1～M11에 대한 가중치를 산출하여 Q통계량을 작성했다.

을 검증하는 방법이다. 예를 들면 [그림 5-6]과 같이 계절조정 산출기간을 4개의 구간으로 나누고 k번째 구간 i년 j분기의 계절요소를 $S_{i,j}(k)$로 정의했다. 이 경우 각 i년 j분기에 대해 아래의 식으로 MPD(Maximum Percentage Difference)를 구할 수 있다.

$$SP_{i,j} = \frac{\mathrm{Max}|S_{i,j}(k)| - \mathrm{Min}|S_{i,j}(k)|}{\mathrm{Min}|S_{i,j}(k)|}$$

[그림 5-6] 슬라이딩-스팬 분석

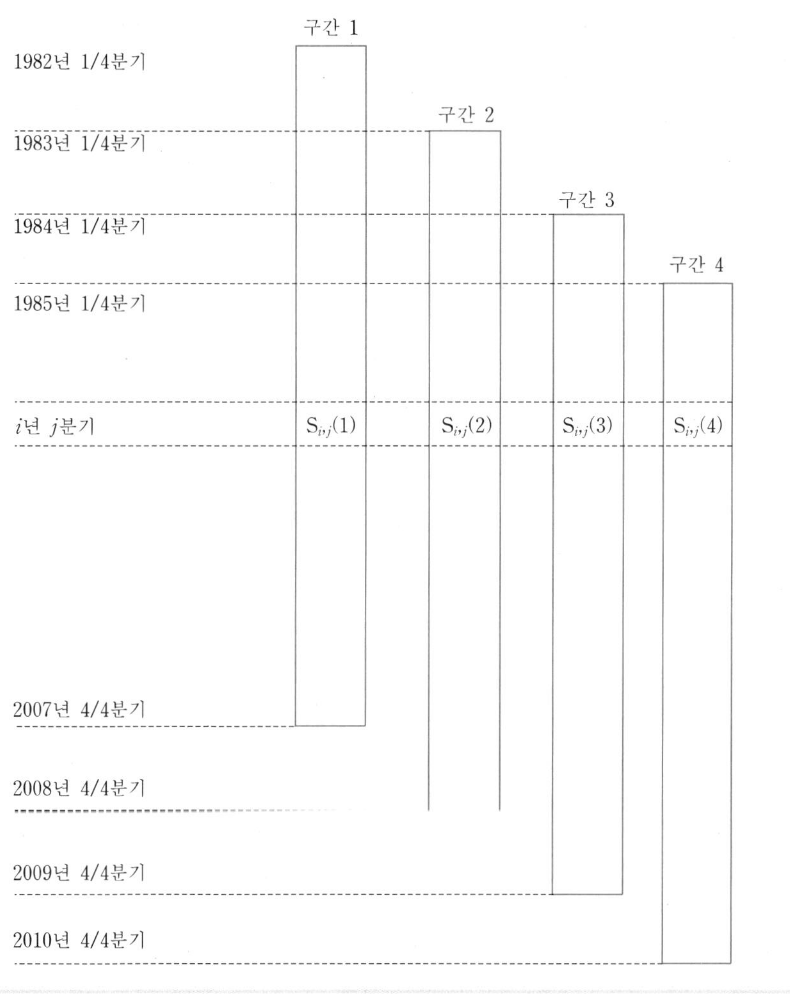

표 5-4 슬라이딩-스팬 분석의 안정성 판단기준

S%	조정의 필요성
S% ≤15%　M-M(%)<40%	만족
15<S(%) ≤ 25%　M-M(%)<40%	어느 정도 만족
S(%)>25%　M-M(%)>40%	재조정 필요

같은 방법으로 계절조정계열의 전기비에 대해 MPD($MMP_{i,j}$)를 구할 수 있으며 $SP_{i,j}$와 $MMP_{i,j}$가 3% 이상인 분기의 비율(각각 S%, M-M%)을 산출하고 파인들리 등(Findley et al., 1990)이 제시한 판단기준(표 5-4 참조)에 의거하여 안정성을 검증할 수 있다. 슬라이딩-스팬 분석으로 간접법과 직접법[12]의 상대적 우수성과 계절조정에서 이용된 필터 길이의 적절성도 판단할 수 있다.

안정성에 대한 또 다른 진단방법으로 새로운 통계자료의 추가에 따른 계절조정으로 산출되는 조정치가 기준시점 이후 얼마나 변화하는가의 정도에 바탕을 둔 리비전 히스토리 분석이 있다. 이는 다음과 같이 정의되는 MAPR(Mean Absolute Percentage Revision)로 측정되며 MAPR값이 작을수록 안정성이 높은 계절조정법이라고 할 수 있다.

$$MAPR = \frac{100}{T-T_0}\sum_{t=T_0}^{T-1}\left|\frac{A_{t/T}-A_{t/t}}{A_{t/t}}\right|$$

여기에서 $A_{t/t}$는 t기까지의 원계열($y_1, \cdots, y_t$)을 이용하여 구한 t시점의 계절조정계열로 동시조정(concurrent adjustment)계열이라 한다. $A_{t/T}$는 T기까지의 원계열($y_1, \cdots, y_t, \cdots, y_T$)을 이용하여 구한 t시점의 계절조정계열이다(그림 5-7 참조).

직교성 검정 시 X-12-ARIMA방법에서는 계절조정 후 원계열과 계절조정계열에 대해 스펙트럼을 추정하여 해당 주기에 대해 통계적으로 유의한지를 평가할 수 있다. 계절조정이 적절히 된 경우 원계열의 계절조정[13]의 스펙트럼[14]은

12) GDP, 무역수지, 실업률과 같이 여러 구성항목의 합, 차, 비로 나타내는 시계열의 경우 계절조정은 두 가지로 할 수 있는데, 직접법은 GDP 등의 시계열을 구성항목에 대한 고려 없이 직접 계절조정하는 방법이고 간접법은 원계열의 구성항목을 먼저 계절조정한 후 해당 계절조정계열의 합, 차, 비로 계절조정하는 방법이다.

13) 계절빈도는 월별자료의 경우 $k/12$, $k=1, \cdots, 6$이며 분기자료의 경우 1/4, 1/2이다. 요일변동의 빈도는 .348주기/월, .432주기/분기이다.

[그림 5-7] **리비전 히스토리 분석**

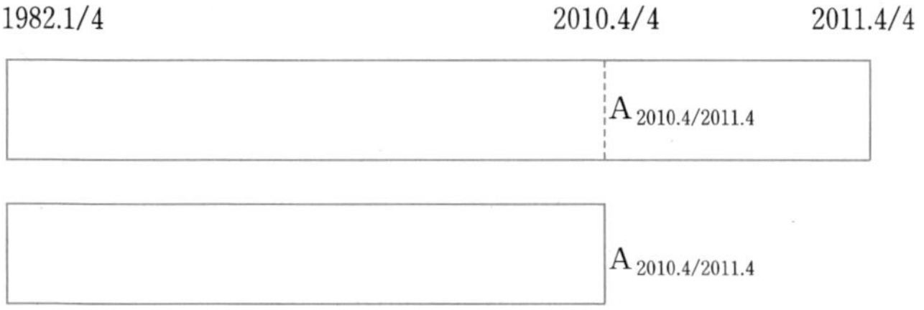

유의하게 나타나지만 계절조정계열의 계절주기에서의 스펙트럼은 유의하지 않다. 요일변동의 경우도 비슷한 방법으로 파악할 수 있다.

2.5.5. M통계량이란 무엇인가?

X-11, X-11-ARIMA와 X-12-ARIMA에서는 M1~M11이라는 계절조정과 관련된 품질통계량이 있다. 이에 대한 자세한 내용은 로디언과 모리(1978)를 살펴보면 된다. 이는 대부분 F2표 내용을 가공하여 얻을 수 있다. M1~M11의 각각에 대해 살펴보자.

M1은 3개월 기간에서 불규칙변동이 차지하는 상대적 기여를 나타낸다. 이 지표는 다음과 같으며 10%를 초과하면 계절조정이 안정적이지 않다는 의미이다.

$$M1 = 10 \cdot \frac{\overline{I_3}^2 / \overline{O}_3^2}{1 - \overline{P}_3^2 / \overline{O}_3^2}$$

여기서 $\overline{O}_3^2$, $\overline{I_3}^2$, $\overline{P}_3^2$은 각각 원계열의 3개월 기간 평균제곱을 의미한다. M2는 M1과 유사한 통계량이며 다음과 같다. 분산 중 불규칙변동의 상대적 기여를 나타내며 10%를 초과하면 계절조정을 점검해야 한다.

14) 스펙트럼은 시계열을 주기를 달리하는 삼각함수에 대응시켜 그중 가장 영향력이 큰 삼각함수의 주기를 확인하여 시계열을 구성하고 있는 순환변동의 주기를 파악하는 기법이며, X-12-ARIMA에서는 최근의 8년에 대해서 AR추정법을 사용하고 있다.

$$M2 = \frac{Contr(I)}{1 - Contr(P)}$$

M3은 추세순환변동계열 전기대비 변화율 대비 불규칙변동계열 전기대비 변화율을 나타낸다.

$$\text{월계열 } : M3 = |\tilde{I}/\tilde{C} - 1|/2$$

$$\text{분기계열 } : M3 = \left|\tilde{I}/\tilde{C} - \frac{1}{3}\right|/\frac{2}{3}$$

M4은 ADR(Average Duration of Run)에 의해 표현된 불규칙변동의 자기상관 정도를 의미한다.

$$M4 = \frac{\left|\frac{n-1}{ADR} - \frac{2(n-1)}{3}\right|}{2,577\sqrt{\frac{16n-29}{90}}}$$

M5는 불규칙변동 변화량을 능가하는 추세순환의 변화의 월(분기)수를 의미한다. M1, M2, M3, M5값이 크면 불규칙변동의 크기가 크므로 사전조정을 보다 정교히 실시해야 한다.

$$\text{월별 통계 } : M5 = \frac{|MCD' - 0.5|}{5}$$

$$\text{분기별 통계 } : M5 = \frac{|QCD' - 0.17|}{1.67}$$

여기서 $MCD' = (k-1) + \left[\frac{\tilde{I}_{k-1}}{\tilde{C}_{k-1}} - 1\right] / \left[\frac{\tilde{I}_{k-1}}{\tilde{C}_{k-1}} - \frac{\tilde{I}_k}{\tilde{C}_k}\right]$이다.

M6은 계절변동의 연간변화량 대비 불규칙의 연간변화량의 비를 의미한다. 이 값이 크면 계절이동 평균기간을 조절한다.

$$M6 = \frac{1}{2.5}\left|\frac{\tilde{I}}{\tilde{S}} - 4\right|$$

M7은 안정적 계절성 양 대비 이동계절성 양을 의미한다.

$$M7 = \sqrt{\frac{1}{2}\left(\frac{7}{F_S + \frac{3F_M}{F_S}}\right)}$$

여기서 F_S는 안정적 계절성, F_M은 이동계절성을 의미한다.

M8은 전체 계열 중 계절변동의 변동 크기를 의미한다.

$$M8 = 100|\Delta \overline{S}'|\frac{1}{10}$$

여기서 $|\Delta \overline{S}'| = \frac{1}{J(N-1)}\sum_{j=1}^{J}\sum_{I=2}^{N}|S_{Ji+j} - S_{J(i-1)+j}|$이다.

M9는 전체 계열 중 계절변동의 평균 선형적 움직임을 의미한다.

$$M9 = 100\frac{\sum_{j=1}^{J}|S'_{J(N-1)+j} - S_j'|}{J(N-1)}\frac{1}{10}$$

M10은 최근 연도의 계절변동의 움직임 규모를 의미한다.

$$M10 = 100 \cdot |\Delta \overline{S}'|_R \cdot \frac{1}{10}$$

$$|\Delta \overline{S}'|_R = \frac{1}{3J}\sum_{j=1}^{J}\sum_{i=N-4}^{N-2}|S'_{Ji+1} - S'_{J(i-1)+j}|$$

M11은 최근 연도 계절변동의 평균 선형 움직임을 의미한다.

$$M11 - 100\frac{\sum_{j=1}^{J}|S'_{J(N-2)+j} - S'_{J(N-5)+j}|}{3J}\frac{1}{10}$$

이 M1~M11 통계량을 가중평균한 Q통계량으로 계절조정계열의 안정성을 종합적으로 평가한다. 여기서 이용되는 가중치는 각 지표의 중요성을 고려한 것이다. Q통계량값이 1보다 작으면 계절조정계열이 안정적이라고 판단한다.

$$Q = \frac{1}{100}(10 \cdot M1 + 11 \cdot M2 + 10 \cdot M3 + 8 \cdot M4 + 11 \cdot M5 + 10 \cdot M6 + 18 \cdot M7 + 7 \cdot M8 + 7 \cdot M9 + 4 \cdot M10 + 4 \cdot M11)$$

2.6. TRAMO-SEATS로 어떻게 계절조정을 하는가?

TRAMO-SEATS는 스페인 중앙은행에서 개발한 ARIMA모형을 바탕으로 한 신호추출법에 따른 계절조정 프로그램이다. 이 프로그램은 경제통계를 ARIMA 모형으로 추정하는 TRAMO(Time series Regression with Arima noise, Missing observation and Outliers) 프로그램과 이를 구성변동 성분으로 분해하는 SEATS (Signal Extraction in Arima Time Series) 프로그램으로 구성되어 있다.

구체적으로 살펴보면 첫째 TRAMO를 이용하여 주어진 경제통계($y_t = TC_t \cdot S_t \cdot D_t \cdot H_t \cdot O_t \cdot I_t$)에 대한 ARIMA모형을 추정한다. 이 과정에서 특이항(O_t), 요일구성변동(D_t), 공휴일 및 명절변동(H_t)을 사전조정할 수 있다. 둘째 앞서 사전조정된 계열($y_t' = TC_t \cdot S_t \cdot I_t$)을 바탕으로 SEATS를 적용한다. 이는 사전조정된 계열의 모형에 대한 스펙트럼을 구하고 이를 비관측 변동요인의 스펙트럼으로 분해한다. 이 과정에서 구성변동요인의 직교성이 필요하며 대칭 필터를 이용하기 위해 경제통계의 양끝을 예측한다. 이 과정에서 계절조정계열을 작성한다. 셋째 X-12-ARIMA와 같이 사후적으로 계절조정이 적절한지 점검한다. 이 내용은 [그림 5-8]로 정리할 수 있다.

TRAMO는 X-12-ARIMA와 동일하며 사후 진단과정도 X-12-ARIMA와 크게 다르지 않다. 따라서 SEATS를 자세히 살펴봐야 한다. 이 프로그램은 고메즈와 마라발(Gomez and Maravall, 1994 a, b)에 의해 개발되어 스페인에서 사용되기 시작한 후 이탈리아 등 유럽 국가 중심으로 활용도가 높아지고 있으며, 유로스태트(Eurostat)에서 사용하고 있다. 미국 센서스국에서도 X-13-S 작성 시 SEATS 프로그램을 이용할 수 있도록 하고 있다.

[그림 5-8] TRAMO-SEATS의 수행과정

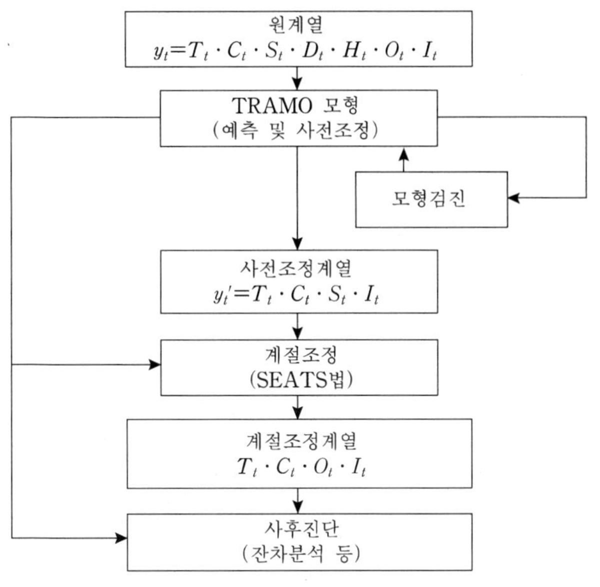

SEATS는 TRAMO에서 도출된 사전조정계열에서 각 구성성분을 ARIMA모형으로 추정하는 과정이다.

$$y_t = N_t + S_t$$
$$\phi_n(B)N_t = \theta_n(B)a_{nt}$$
$$\phi_s(B)S_t = \theta_s(B)a_{st}$$

여기서 a_{nt}와 a_{st}는 각각 분산이 V_n, V_s인 서로 독립인 백색잡음계열이고, $\phi(B)$와 $\theta(B)$는 통상의 다항식이다. 이때 $\phi_n(B)$와 $\phi_s(B)$ 사이에 같은 근이 없도록 해야 한다. 그런데 N_t와 S_t는 관측할 수 없고, y_t만 측정되므로 y_t의 ARIMA모형을 작성할 수 있다.

$$\phi(B)y_t = \theta(B)a_t$$

여기서 a_t는 분산이 V_α인 백색잡음계열이다. SEATS에서는 계절변동을 WK (Wiener-Kolmogorov) 필터를 이용하여 다음과 같이 계산한다.

$$\hat{S}_t = v_s(B) y_t = \frac{V_s}{V_a} \frac{\phi_n(B)\theta_s(B)}{\theta(B)} \frac{\phi_n(B^{-1})\theta_s(B^{-1})}{\theta(B^{-1})} y_t$$

여기서 $v_s(B)$는 계절변동 S_t와 원계열 y_t의 스펙트럼의 비율이다. 계절조정계열은 y_t에서 $\hat{S}_t$를 제거해서 구한다.

그러면 ARIMA모형을 어떻게 분해할까? 예를 들어 분기경제통계의 시계열모형이 다음과 같다고 하자.

$$(1+\alpha_1 B+\alpha_2 B^2)(1-\beta_1 B^4) y_t = \theta(B) a_t$$

이때 AR항등식 $(1+\alpha_1 B+\alpha_2 B^2)$은 $(1-a_1 B)(1-a_2 B)$로 $(1-\beta_1 B^4)$은 $(1-b_1 B)(1+b_2 B+b_3 B^2+b_4 B^3)$으로 분해된다. 통상 근의 값이 0.5보다 크면 추세변동, 0.5보다 작으면 변동에 배정된다. a_1, a_2, b_1값을 바탕으로 추세변동, 일시적 변동으로 구분하고, 이와 같이 SEATS는 시계열이 특정 확률모형으로부터 생성되었다는 가정하에 신호추출법을 이용하여 이를 모형화함으로써 계절조정계열을 산출하는 통계적 모형기반 접근방법이다. 즉, SEATS는 WK 필터를 이용하여 구성성분에 대한 최소평균제곱오차(minimum mean squared error : MMSE) 추정치를 도출한다. $1+b_2 B+b_3 B^2+b_4 B^4$의 근을 바탕으로 계절변동을 찾는다.

2.7. X-12-ARIMA와 TRAMO-SEATS는 어떻게 다른가?

그동안 각국 통계기관에서 실제 사용해 왔던 방법을 보면 X-11 유형의 접근법이 가장 널리 받아들여졌으나, 이론적 측면에서는 이와는 반대로 모형접근법의 우월성에 대한 연구가 지배적이었다. 이 절에서는 최근까지의 계절조정에 대한 연구결과를 토대로 X-12-ARIMA방법과 TRAMO-SEATS방법의 특징을 비교해 보겠다.

2.7.1. 사전조정방법은 어떻게 다른가?

계절조정을 하기 위한 첫 단계로 X-12-ARIMA 프로그램과 TRAMO-SEATS 프로그램은 각각 RegARIMA와 TRAMO방법을 적용하여 사전조정을 시행한다. 두 방법 모두 더미변수를 ARIMA모형에 포함하여 이러한 변동에 대한 점검과 수정을 시행하고, 추정된 모형을 이용하여 예측치를 만들어 낸다. 이와 같이 조정된 자료들을 각각 X-11 필터와 SEATS로 보내 계절변동을 추출해 낸다. 두 방법 모두 요일효과(trading day), 영업일수(working day), 달력효과 등에 대해 6개의 요일더미, 평일과 주말에 대한 더미, 월별 날짜의 수 조정을 위한 더미 등 다양한 선택항목을 제공하고 있으며, 부활절 같은 명절효과에 대해서도 다양한 파급기간 및 파급형태를 점검·추정할 수 있도록 했다.[15)]

사전조정과 예측치 추정을 위해서는 주어진 경제통계에 적합한 ARIMA모형을 선정해야 한다. TRAMO 프로그램에서는 ARIMA모형이 자동적으로 식별되도록 했으며, 마지막으로 SBC 기준에 따라 최종모형이 선정되도록 했다. 이와 달리 RegARIMA방법은 사용자가 융-박스(Ljung-Box) 통계량 등을 토대로 프로그램에 주어진 표준모형 중에서 가장 적합한 모형을 선택하도록 했다. 두 방법 모두 다양한 ARIMA모형을 대상으로 모형을 선정하도록 하고 있는데, 표준모형이 모두 기준에 부합하지 않을 경우 사용자가 새로운 모형을 선정할 수 있다.

두 방법은 근본적으로 같은 통계기법을 기초로 하여 사전조정을 시행하므로 특징이 거의 같다. 다만 TRAMO가 사전조정 옵션을 더 많이 제공하고 있으며, 모형선정이 자동적으로 이루어진다는 점에서 사용이 더 편리한 것으로 인식되고 있다.

2.7.2. 계절변동 추출방법은 어떻게 다른가?

사전조정계열에 대해 X-12-ARIMA와 TRAMO-SEATS는 각각 X-11 필터와 SEATS방법을 적용하여 계절조정계열을 산출한다. X-12-ARIMA는 이동평균 필터를 반복 적용하는 경험적인 방법인 반면, TRAMO-SEATS는 신호추출법의 이론을 적용하여 비관측 변동요인을 분해하는 방법이다. 이를 위해 SEATS에서는 WK 필터를 이용하여 구성변동요인에 대한 최소평균제곱오차 추정치를

15) 거래일수의 조정항목에 대한 옵션 및 명절효과의 파급기간·형태에 대한 설명은 어운선(Eo, 2009) 참조.

도출하는 방법을 사용한다.

SEATS에서 사용되는 WK 필터도 X-11 필터와 유사한 이동평균 필터로 표현된다는 점에서는 형태가 비슷하다. 또한 WK 필터를 주파수영역으로 분석하면 X-11과 유사한 주파수영역 여과 필터 구조를 가지고 있다.

이동평균 필터 측면에서 X-11 필터와 WK 필터를 분석하면 이와 같이 비슷한 패턴을 갖는다는 것을 알 수 있다. 그러나 WK 필터는 시계열의 통계적 특징을 분석하는 과정에서 도출되는 반면, X-11 필터는 경험적으로 적용되는 것이라는 측면에서 차이가 있다. 버리지와 월리스(Burridge and Wallis, 1984)가 지적한 바와 같이 WK 필터는 MMSE 필터의 기능을 가지고 있는 데 반해 X-11 필터는 이론적으로 그런 기능을 수행한다는 보장이 없다. 또한 플라나스(Planas, 1996)의 분석결과를 보면 두 필터가 비슷한 주파수영역 여과 구조를 가지고 있음에도 불구하고 X-11 필터의 경우 단기변동에 민감한 변화를 나타내는 경우가 발생한다.

2.7.3. 계절조정방법을 어떻게 비교했는가?

계절조정방법에 대한 비교분석은 오랫동안 중요한 연구과제로 논의되어 왔다. 얀센(Janssen, 1997)의 결과를 보면 X-12-ARIMA방법이 기존 X-11 유형의 계절조정방법 중에서 가장 우수한 것으로 나타났다. 또한 우리나라 통계에 대한 기존 연구에서도 X-12-ARIMA방법이 X-11-ARIMA방법보다 안정성 면에서 더 좋다는 결론을 내리고 있다.

또한 유로스태트의 연구진을 중심으로 X-12-ARIMA와 TRAMO-SEATS에 대해 이론적 분석 및 모의실험 등을 이용한 비교연구가 활발하게 진행되고 있다. 피셔(Fischer, 1995)는 TRAMO-SEATS가 이론적 모형에 근거하기 때문에 X-12-ARIMA보다 과대 혹은 과소 조정의 위험성이 적다는 면에서 더 정교한 방법일 뿐만 아니라, 계절조정의 적합성을 판단하는 통계적 기준을 비롯하여 추정치의 오차와 같은 부가적인 정보를 제공해 주기 때문에 더 유용한 프로그램이라고 평가하고 있다. 또한 유럽 여러 나라의 경제통계를 대상으로 한 실증분석 결과에서도 TRAMO-SEATS가 모형설정의 멱등성 및 안정성 측면에서 우수한 것으로 나타났다. 그밖에 ARIMA모형의 자동 선택과정, 전환점을 감지해 내는 능력 등의 측면에서 TRAMO-SEATS가 X-12-ARIMA보다 우월한 것으로 나타났다.

도세와 플라나스(Dosse and Planas, 1996a), 플라나스(Planas, 1997a)는 X-12-ARIMA와 TRAMO-SEATS에서 계절변동을 추출하기 전에 적용하는 사전조정 과정인 RegARIMA와 TRAMO에 대한 비교분석을 시행했다. 모형선정 과정에서 약간의 차이가 있으나 사전조정을 위한 통계분석기법은 기본적으로 동일한 것으로 분석되었다. 다만 TRAMO가 사전조정 단계의 옵션 기능을 더 많이 제공하고 있으며, 모형선정이 자동적으로 이루어지고 작업수행시간이 훨씬 빠르다는 측면에서 더 우수하다는 결론을 도출했다.

플라나스(1996)와 도세와 플라나스(1996b)는 두 프로그램에서 계절변동을 추출하는 과정인 X-12-ARIMA 필터와 SEATS에 대한 비교분석을 시행했다. 플라나스(1996)는 SEATS에서 사용되는 WK 필터도 X-11 중심 필터처럼 대칭 이동평균 필터로 표현된다는 면에서 비슷한 형태를 갖는다는 것과 이를 주파수영역 여과 구조로 분석하는 경우에도 비슷한 특징을 갖는다는 것을 분석했다. 그러나 WK 필터가 시계열의 통계적 특징을 분석하는 과정에서 도출되는 데 반해 X-11 필터는 경험적으로 적용되는 필터라는 면에서 실증분석 측면에서 차이를 나타낼 수 있음을 지적했다. 프랑스의 수출입자료를 대상으로 안정성을 비교한 도세와 플라나스(1996b)의 결과에 따르면 계절조정계열에 대한 수정과정에서 X-12-ARIMA가 TRAMO-SEATS보다 더 빠른 수렴속도를 보였다.

그러나 기존의 결과는 대부분 유럽의 경제통계를 대상으로 한 것으로, 우리나라 경제통계에 이러한 결과를 직접 적용할 수는 없다. 실제로 우리나라 주요 경제통계에 대해 두 방법을 비교한 이한식(2002)은 분석대상 자료에 조금 다른 결과를 보이기는 하지만 전체적으로 X-12-ARIMA가 TRAMO-SEATS보다 다소 우월하다는 결과를 제시했다. 이와는 달리 한국의 생산·지출·고용 관련 월별 자료에 대해 X-11 필터와 SEATS 필터를 비교한 어(Eo, 2009)에 따르면, 두 방법 모두 계절조정의 적합성·안정성이 우수한 것으로 나타났지만 그중 SEATS 필터가 X-11 필터보다 더 적합한 특징을 보이는 것으로 분석되었다.

이론적인 측면에서는 엄격한 통계이론에 바탕을 둔 TRAMO-SEATS가 우수한 것으로 분석되고 있으나, 실증적인 측면에서는 분석대상자료의 특징에 따라 그 결과가 달라지므로 이들 사이의 우열을 판단하기는 쉽지 않다. 또한 스튜클리페(Stucliffe, 1999)가 지적한 바와 같이 이 두 방법의 경우 기본적으로 서로 다른 접근방법에 기초하고 있기 때문에 객관적인 기준을 설정하기가 어렵다. 특히 분석대상 시계열이 구조변화를 나타내는 경우, 각 시점에 따라 부분 필터(local filter)를 적용하는 X-12-ARIMA가 전체 자료에 대해 선정된 모형(global stochastic model)을 대상으로 분석하는 TRAMO-SEATS보다 더 유용한 것으로 나타날 수 있다.

3. 우리나라 경제통계를 어떻게 계절조정하는가?

X-12-ARIMA방법 등 계절조정방법을 우리 실정에 맞도록 올바르게 이용하려면 우리나라 경제통계 특성이 제대로 반영될 수 있도록 구체적인 운영방법을 개발해야 한다. 즉, ① 음력을 바탕으로 한 설, 추석 등 불규칙적인 고유의 명절효과의 조정, ② 선거 등 공휴일 및 요일구성 변화에 따른 영업일수 및 요일변동 효과의 조정 등이 필요하다.

3.1. RegARIMA모형을 이용해서 명절효과를 어떻게 조정하는가?

음력에 기초하는 설과 추석은 각각 1, 2월과 9, 10월에 걸쳐서 나타나 월 또는 분기로 정리되는 경제통계 자료분석에 왜곡이 발생한다. 1970년 이후 2020년까지 우리나라의 설 및 추석 일자를 보면 설은 1월에 19회, 2월에 32회, 추석은 9월에 40회, 10월에 11회 나타났다. 일반적으로 명절이 다가오면 기업의 상여금 지급, 물품대금결제 등으로 기업의 차입수요가 증가함에 따라 통화공급도 확대되고 제수용품 및 선물 구입 등으로 소매 중심으로 소비가 일시적으로 증가하여 식료품 가격이 상승한다. 또한 3일간의 법정공휴일 등으로 산업생산 및 수출(통관)도 일시적으로 감소한다.

이러한 명절효과를 조정하지 않고 계절조정한 경우 1, 2월과 9, 10월의 불규

[그림 5-9] **음력설이 경제에 미치는 단기적 영향**

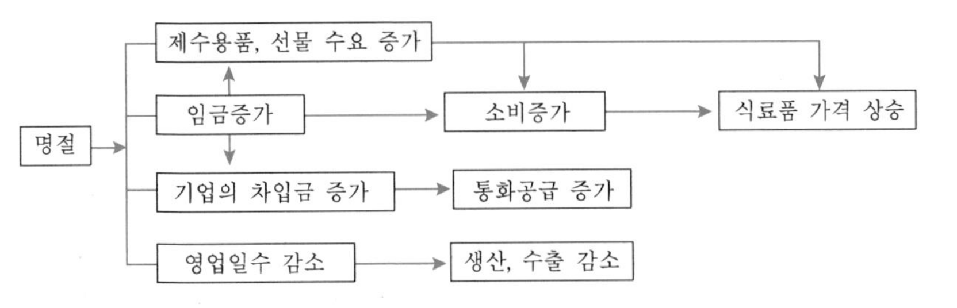

칙변동이 다른 월에 비해 심하게 나타난다. 1991～1997년 중 설이 있는 달과 없는 달의 총통화와 수출(통관)의 전년동월대비 증가율을 보면 [표 5-5]에서와 같이 그 증가율의 차이가 큰 것으로 나타났다. 현금통화의 일별자료를 바탕으로 살펴보면 현금통화가 설 또는 추석 전후 5～10일간 증가했다가 다시 원래의 추세로 돌아가는 것을 알 수 있다(그림 5-10, 5-11 참조).

서구에도 우리나라의 명절처럼 월 사이를 이동하는 명절이 있는데, 대표적인 명절로는 부활절이 있다. 중국의 경우에는 우리나라와 같은 음력 신년 등이 있다. 이 효과를 추정하는 방법으로는 첫째, X-11-ARIMA방법을 적용한 뒤 그

표 5-5 **설에 따른 총통화 및 수출의 증가율 변화** (%)

	1~2월 중 설이 있는 월	1~2월 중 설이 없는 월
M_2 증가율	18.3	16.5
수출(통관)증가율	7.6	16.8

[그림 5-10] **설 전후의 현금통화의 변화**

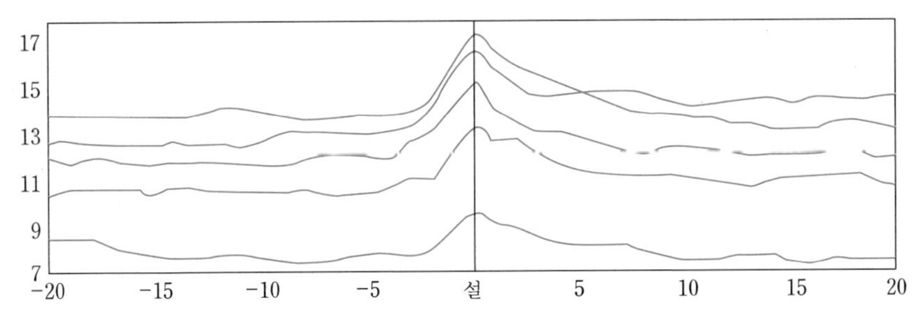

[그림 5-11] 추석 전후의 현금통화의 변화

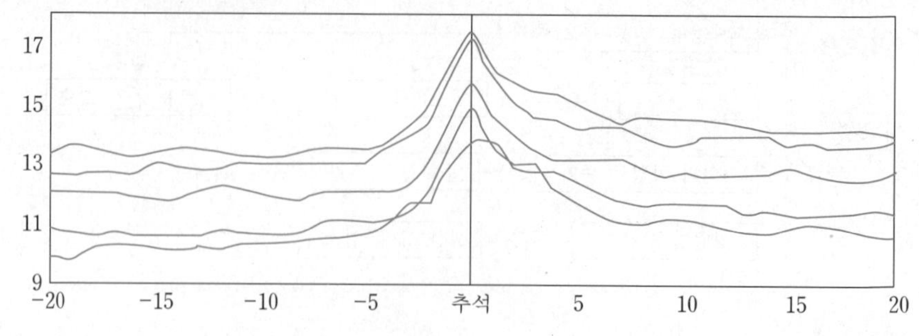

불규칙변동을 이용하여 모형화하는 법과 직접 원계열을 모형화하는 방법으로 나누어볼 수 있다. X-11-ARIMA방법을 적용한 뒤 그 불규칙변동을 바탕으로 명절효과를 추정하는 방법으로는 미 상무부의 단순평균법, 다굼(Dagum, 1988)의 방법, OECD방법, 피셔와 페퍼맨(Fisher and Pfefferman, 1981)방법, 켄달(Kendall, 1975)과 올러(Őller, 1978)의 방법 등이 있다. 이러한 방법들은 불규칙변동을 어떻게 추출하느냐에 따라 그 효과가 다르게 나타나므로 사용자에 따라 명절효과가 큰 차이를 보일 가능성이 있다.

이러한 문제를 고려하여 원계열로 명절효과를 직접 추계하는 방법이 제안되었다. 벨과 힐머(Bell and Hillmer, 1984)는 RegARIMA모형을 이용하여 원계열로부터 부활절 효과를 직접 추정했다. 첸과 파인들리(Chen and Findley, 1996)는 X-11방법과 RegARIMA모형에 의한 부활절 효과를 AIC 및 사후예측오차로 41개 계열에 대하여 비교해 보았는데 부활절 효과가 뚜렷하게 큰 경우는 X-11방법이, 그렇지 않은 경우 RegARIMA모형이 우수한 것으로 나타났다. 이는 부활절효과가 크면 X-11방법의 어떠한 필터를 이용하더라도 불규칙변동에서 그 효과를 파악할 수 있는 반면에 그 효과가 미미한 경우 적용 필터에 따라서 식별여부가 결정되는 데에 기인한다.

벨과 힐머(1983)가 제안했고 X-12-ARIMA방법에서 이용되는 RegARIMA모형으로 명절효과를 추정하는 방법을 생각해 보자([그림 5-13] 참조). 이 경우 명절일을 중심으로 지속기간 및 형태를 고려하여 더미변수를 결정할 필요가 있다. 명절 파급효과의 형태는 벨과 힐머(1983)의 방법과 다굼(1988)의 방법으로 구분할 수 있다. 벨과 힐머(1983)는 명절일 전의 기간에 대해 파급기간 중 같은 가중을 부여하는 더미변수를 이용했다. 예를 들어 파급기간이 10일이고 추석이 10월 5일인 경우 9월, 10월 더미변수값으로 각각 6/10, 4/10로 설정할 수 있다(그림 5-12 참조). 다굼(1988)은 가중치를 명절의 파급효과 기간(k) 동안 그 효과가 점차로 감소하는 i/k, $i = 1, 2, \cdots, k$의 형태로 고려했다. 앞서와 같은 상황에서 해당 연도 9, 10월의 더미변수값은 각각 21/55, 34/55로 설정할 수 있다.

명절효과를 일반적인 형태로 정리하면 다항식 x^{α}으로, 명절의 효과는 형태 1과 형태 2로 구분할 수 있다([그림 5-14] 참조). 형태 1은 현금통화, 소비자물가

[그림 5-12] **명절의 파급기관 및 효과**

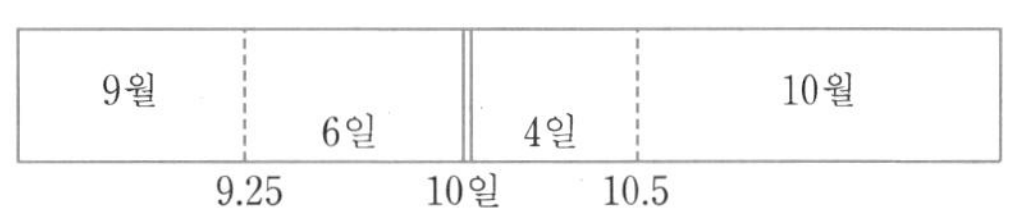

[그림 5-13] **명절의 파급형태**

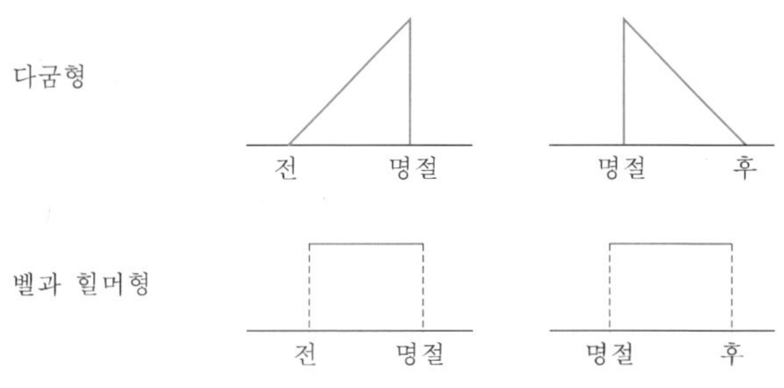

[그림 5-14] **명절의 파급형태의 일반화**

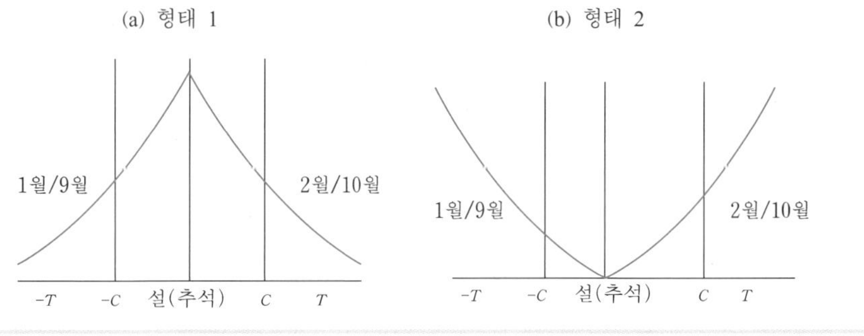

지수 같은 소득통계가 명절로 인해 증가했다 감소하는 특성을 표현한 것이고, 형태 2는 수출, 생산 등과 같이 명절로 인해 양이 줄었다 다시 증가하는 특성을 표현한 것이다.

그러면 명절의 효과는 형태별로 명절의 위치(월)에 따라 다르나 적분하여 앞서 보다 정밀하게 효과를 측정할 수 있다. 명절효과의 길이를 τ라 할 때 형태별로 명절 전 효과와 명절 후 효과는 [표 5-6]과 같다.

표 5-6 명절이 1월/9월에 있는 경우 파급효과

		1월/9월	2월/10월
형태 1	명절 전	$H(\tau,t)=\dfrac{\int_{-\tau}^{-c}(x+\tau)^{\alpha}dx}{\int_{-\tau}^{0}(x+\tau)^{\alpha}dx}$	$H(\tau,t+1)=1-H(\tau,t)$
	명절 후	$H(\tau,t)=0$	$H(\tau,t+1)=1$
형태 2	명절 전	$H(\tau,t)=\dfrac{\int_{-\tau}^{-c}(-x)^{\alpha}dx}{\int_{-\tau}^{0}(-x)^{\alpha}dx}$	$H(\tau,t+1)=1-H(\tau,t)$
	명절 후	$H(\tau,t)=0$	$H(\tau,t+1)=1$

표 5-7 명절이 2월/10월에 있는 경우 파급효과

		1월/9월	2월/10월
형태 1	명절 전	$H(\tau,t)=1$	$H(\tau,t+1)=0$
	명절 후	$H(\tau,t)=\dfrac{\int_{0}^{c}(\tau-x)^{\alpha}dx}{\int_{0}^{\tau}(\tau-x)^{\alpha}dx}$	$H(\tau,t+1)=1-H(\tau,t)$
형태 2	명절 전	$H(\tau,t)=1$	$H(\tau,t+1)=0$
	명절 후	$H(\tau,t)=\dfrac{\int_{0}^{c}(x)^{\alpha}dx}{\int_{0}^{\tau}(x)^{\alpha}dx}$	$H(\tau,t+1)=1-H(\tau,t)$

스톡(stock) 통계인 통화통계의 말잔을 이용하는 경우 앞서의 방법을 그대로 적용할 수 없다. 즉, 설 또는 추석이 월말 또는 분기말과 영업일수의 차이에 따라 더미의 형태가 정해질 수 있다. 예를 들어 1998년의 경우 설이 1월 28일인데 공휴일을 제외하면 월말은 설과 2영업일의 차이가 있는데 파급형태 및 기간을 다굼형 및 10일로 가정하는 경우 설후더미는 1월은 9/10, 2월은 0으로 설전더미는 1, 2월 모두 0으로 지정될 수 있다.

3.2. RegARIMA모형을 이용해서 어떻게 영업일수 및 요일 변동을 조정할 것인가?

매월 또는 분기별 요일구성 및 공휴일의 구성에 따라 영업일수가 달라지며, 그로 인해 생산, 판매 등 경제활동에 불규칙적 영향을 미친다[16]. 이는 선거 등의 휴일이 일정하지 않고 공휴일이 기존의 토요일 또는 일요일과 겹치는 등의 영향으로 나타난다. 앞서의 명절효과와 마찬가지로 X-11-ARIMA방법을 적용하여 산출된 불규칙변동을 이용하여 요일변동을 추출할 수 있다. 스톡 통계의 경우 해당 월 또는 분기의 요일구성보다는 월말의 요일에 따라 더미변수를 지정해야 한다.[17]

한편 X-12-ARIMA방법에서는 요일변동과 공휴일·선거일을 더미변수로 추가하여 RegARIMA모형으로 이 효과를 추정할 수 있으므로, 영업일수의 전반적 영향을 함께 파악할 수 있다. 첸과 파인들리(1996)는 X-11-ARIMA방법과 RegARIMA모형에 의한 요일변동효과를 비교한 결과 적절한 RegARIMA모형이 X-11-ARIMA방법에 의한 요일변동보다 우월한 것으로 나타났다.

16) 예를 들어 백화점의 판매실적은 주말에 높다가 월요일에는 낮게 나타나는 요일변동을 포함하고 있으며, 각 백화점에서는 이를 고려하여 판매계획을 정하고 있다

17) X-12-ARIMA방법에는 스톡 통계의 요일변동에 대한 더미가 사전에 설정되어 있다.

4. X-12-ARIMA 결과표를 어떻게 분석할 것인가?

이 절에서는 X-12-ARIMA의 수행결과를 어떻게 분석할지 정리해 보겠다. X-12-ARIMA는 미국 센서스국에서 프로그램(www.census.gov/srd/www/x12a)을 받아서 직접 수행할 수 있지만 Demetra, SAS, EViews, GAUSS, R 등에서도 수행할 수 있다. 실질GDP를 1982년 1/4분기부터 2010년 4/4분기까지의 기간에 대해 계절조정을 실시했다. 명절효과, 요일구성효과, 공휴일효과 등이 존재하는지를 파악하고자 했고 향후 1년을 ARIMA모형으로 예측하여 계절변동성분의 안정성을 도모했다. 계절조정 후 결과의 안정성을 슬라이딩-스팬과 Q통계량으로 확인했다. 여기서 이용한 X-12-ARIMA의 SPC 프로그램은 다음과 같다. 이 프로그램은 BOK-X-12-ARIMA 프로그램을 이용하여 생성했다.

[그림 5-15] 프로그램은 다양한 표를 제공한다. 이 표를 정리하면서 계절조정의 의미를 정리해 보자.

[그림 5-15] X-12-ARIMA 프로그램

```
series{ file="c:\bokx12\data\gdp.txt"
        period=4 start=1982.1}
transform{function=log}
regression{variables=(td) user=(chua chub wd) usertype=(holiday holiday td)
        start=1970.1 file="c:\bokx12\x12a\ghl.dat" centeruser = seasonal }
automdl{file="c:\bokx12\x12a\Basic.mdl" method=best identify=all}
forecast{maxlead= 12 save=(fct)}
outlier{types=all}
x11{mode=mult seasonalma=msr appendfcst=yes save=(chl d10 d11 d12 d13
    d16)}
slidingspans{fixmdl=yes}
```

4.1. RegARIMA모형은 어떻게 선택할 것인가?

RegARIMA모형 5개의 후보모형에 대해 예측오차, 과다차분 등을 고려해서 모형을 선택했다. [그림 5-14]는 RegARIMA모형으로 선택된 모형이다. ① 과 ② 부분으로 구분되는데 ① 은 요일구성(Trading Day), 공휴일수(wd), 특이항(AO), 구조변화(LS) 등이 명시된 회귀식(Reg) 부분의 추정결과이고, ② 는 ARIMA 모형의 추정결과를 나타낸다.

①의 t-value를 자세히 보면 ㉠ 공휴일수(wd)는 음의 값으로 유의하게 나타났고, 특이항은 1982년 4/4분기, 1998년 1/4분기에, 구조변화는 1998년 1/4분기,

[그림 5-16] RegARIMA모형으로 선택된 모형

Regression Model

Variable	Parameter Estimate	Standard Error	t-value		
Trading Day					①
Mon	-0.0028	0.00189	-1.49		
Tue	0.0054	0.00190	2.84		
Wed	-0.0007	0.00210	-0.32	㉣	
Thu	-0.0020	0.00188	-1.08		
Fri	-0.0010	0.00204	-0.48		
Sat	0.0015	0.00188	0.81		
*Sun(derived)	-0.0004	0.00184	-0.24		
User-defined					
wd	-0.0016	0.00068	-2.34	㉠	
Automatically Identified Outliers					
AO 1982.4	0.0463	0.00985	4.70		
AO 1988.1	0.0393	0.00828	4.74		
LS 1998.1	-0.0910	0.01248	-7.29		
LS 2008.4	-0.0494	0.01219	-4.05		

*For full trading-day and stable seasonal effects, the derived parameter estimate is obtained indirectly as minus the sum of the directly estimated parameters that define the effect. ㉡

Chi-squared Tests for Groups of Regressors

Regression Effect	df	Chi-Square	P-Value	
Trading Day	6	13.49	0.04	㉢

ARIMA Model : (2 1 0) (0 1 1) ②
Nonseasonal differences : 1
Seasonal differences : 1

Parameter	Estimate	Standard Errors
Nonseasonal AR		
Lag 1	0.0918	0.09464
Lag 2	-0.0646	0.09523
Seasonal MA		
Lag 4	0.5005	0.08041
Variance	0.17549E-03	

2008년 4/4분기에 나타났다. ㉢의 요일구성은 전반적으로 유의하게 나타났는데 이를 요일별로 보면 화요일 효과(㉣)가 유의하게 나타났다.

이러한 회귀식과 더불어 ARIMA모형을 추정하는데 이때 여러 후보모형과 비교해서 특정 ARIMA모형을 정하게 된다. 그 기준은 표본기간 내 평균 예측오차의 크기, 오차항의 임의성, 과차분(overdifferencing)여부를 고려하여 결정된다.

[그림 5-17]은 작성된 모형을 이용한 예측결과이다. 이 예측을 이용하여 X-11에서의 이동평균 과정의 안정성을 확보할 수 있다. 한편 RegARIMA모형의 회귀식에서 지정된 변수를 조정한 사전조정계열을 생성할 수 있다. [그림 5-18]은 사전조정된 계열과 원계열인데 이를 보면 사전조정계열이 구조변화를 포함한 특

[그림 5-17] **원계열의 예측(예측구간 포함)**

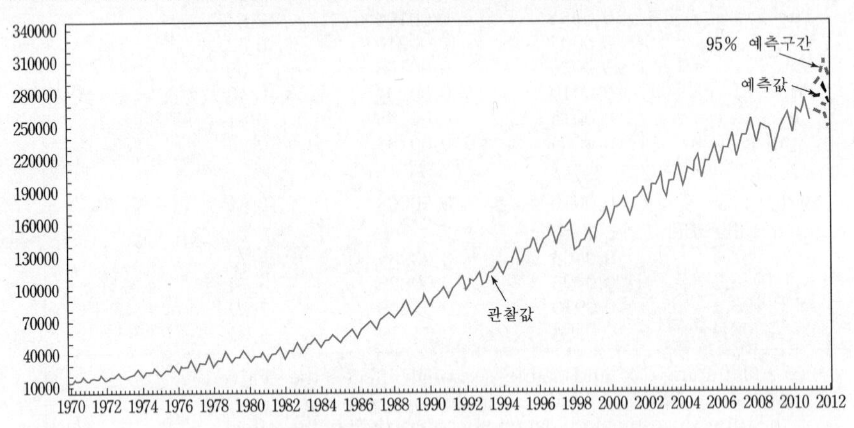

[그림 5-18] **사전조정계열과 원계열의 추이**

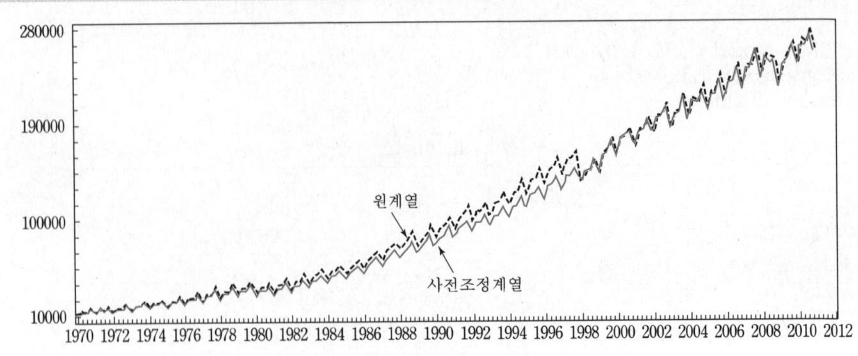

이항이 적절히 조정되어 있다. 사전조정계열은 이동평균과정에 계절변동을 안정적으로 구하는 데 유용한 것으로 나타났다.

사전조정계열에 X-11방법을 적용하여 계절변동을 추출하고 이를 원계열에서 명절변동, 요일구성변동과 함께 제거하여 계절조정계열을 산출할 수 있다. 이 결과는 [그림 5-19]와 같다. 원계열에 대하여 분기별로 정리하면 [그림 5-20]과 같다. 이를 보면 분기별로 평균이 유의하게 다름을 알 수 있다. 사전조정계열을 구하기 위한 공휴일변동, 구조조정 특이항, 요일구성변동과 계절변동은 [그림 5-21]과 같다. [그림 5-22]는 원계열, 계절조정계열, 추세순환변동계열, 불규칙변동계열을 그린 것이다.

[그림 5-19] **계절변동조정계열, 원계열의 추이**

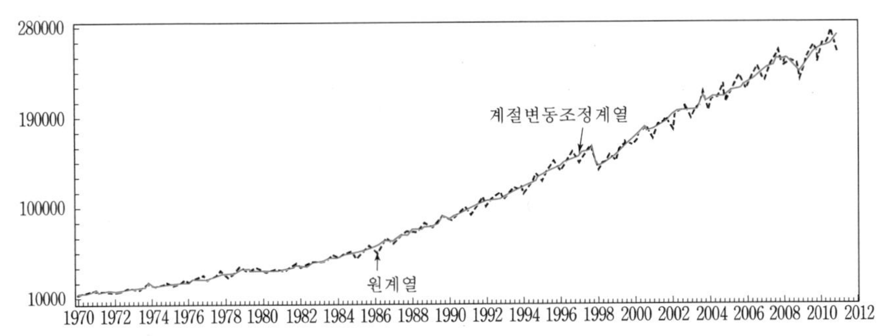

[그림 5-20] **분기별 계절변동의 추이**

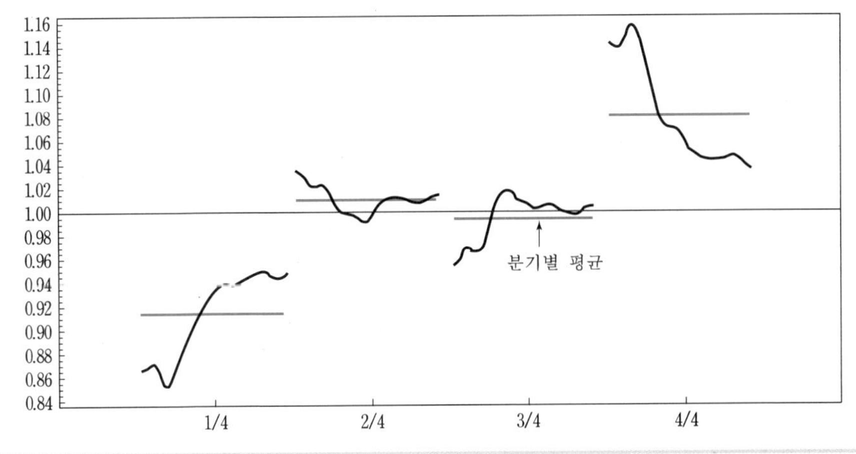

[그림 5-21] **계절변동, 공휴일변동, 요일구성변동과 구조조정 특이항의 추이**

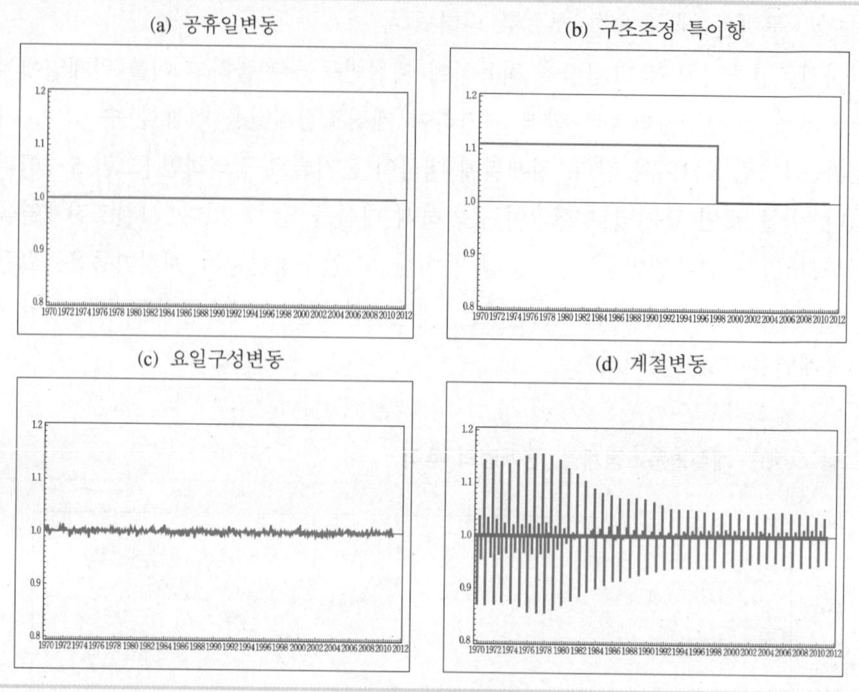

[그림 5-22] **원계열, 계절조정계열, 추세순환변동계열, 불규칙변동계열의 추이**

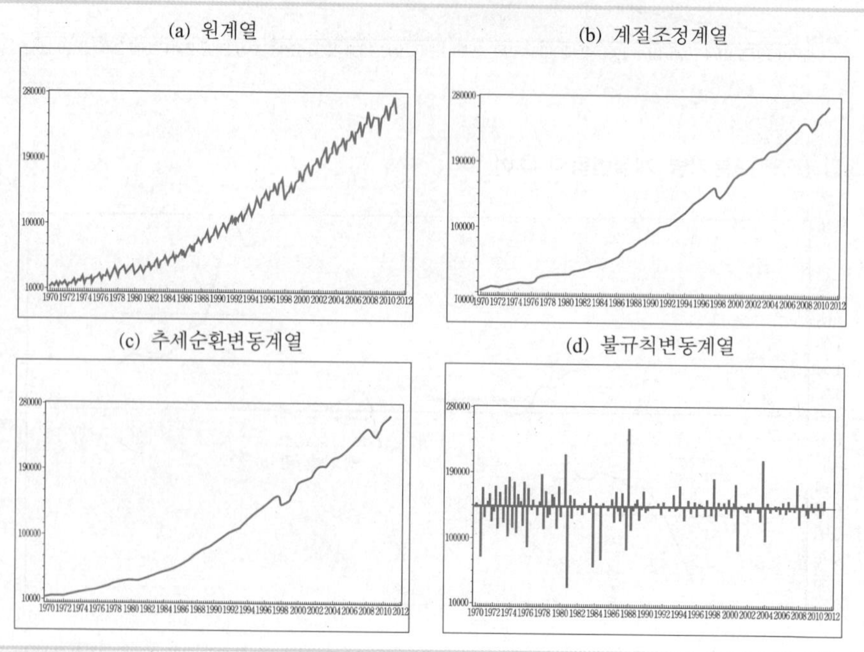

[그림 5-23] **F표의 정리**

```
F2.H :  The final I/C Ratio from Table D12 :            0.12
        The final I/S Ratio from Table D10 :            1.85

F2.I :                                               Statistic  Prob.
                                                                level
  F-test for stable seasonality from Table B 1.       :  504.157   0.00%   ㉠
  F-test for stable seasonality from Table D 8.       :    0.000   0.00%   ㉡
  Kruskal-Wallis Chi Squared test
            for stable seasonality from Table D 8.    :    0.000   0.00%   ㉢
  F-test for moving seasonality from Table D 8.       :    0.000   0.00%   ㉣
```

[그림 5-23]은 F2에 대한 내용이다. 이를 통해 안정적 계절변동이 존재하는지를 파악(D8표)하거나 D12표에서 I/C, I/S를 파악할 수 있다. F2.I의 ㉠, ㉡, ㉢을 보면 안정적 계절성이 있는 것으로 나타났다. ㉣을 보면 이동계절성도 유의함을 알 수 있다. 안정적 계절성과 이동 계절성 검정 결과를 바탕으로 한 M7을 바탕으로 안정적 계절성을 식별한다.

[그림 5-24]는 계절조정의 품질을 점검하는 통계량 내역이다. 이를 보면 전반

[그림 5-24] **M통계량과 Q통계량**

```
F3. Monitoring and Quality Assessment Statistics
      All the measures below are in the range from 0 to 3 with an
      acceptance region from 0 to 1.

  1. The relative contribution of the irregular over one          M1  = 0.022
     quarter span (from Table F 2.B).
  2. The relative contribution of the irregular component          M2  = 0.006
     to the stationary portion of the variance (from Table F2.F).
  3. The amount of quarter to quarter change in the irregular      M3  = 0.000
     component as compared to the amount of quarter to quarter
     change in the trend-cycle (from Table F2.H).
  4. The amount of autocorrelation in the irregular as             M4  = 0.086
     described by the average duration of run (Table F2.D).
  5. The number of quarters it takes the change in the trend-      M5  = 0.200
     cycle to surpass the amount of change in the irregular
     (from Table F2.E).
  6. The amount of year to year change in the irregular as         M6  = 0.858
     compared to the amount of year to year change in the
     seasonal (from Table F2.H).
  7. The amount of moving seasonality present relative to          M7  = 0.000
     the amount of stable seasonality (from Table F2.I).
  8. The size of the fluctuations in the seasonal component        M8  = 0.309
     throughout the whole series.
  9. The average linear movement in the seasonal component         M9  = 0.181
     throughout the whole series.
 10. Same as 8, calculated for recent years only.                  M10 = 0.209
 11. Same as 9, calculated for recent years only.                  M11 = 0.150

     *** ACCEPTED *** at the level  0.09
     *** Q (without M2) =  0.10  ACCEPTED.
```

[그림 5-25] **원계열 및 계절조정계열 차분의 스펙트럼**

(a) 원계열의 차분

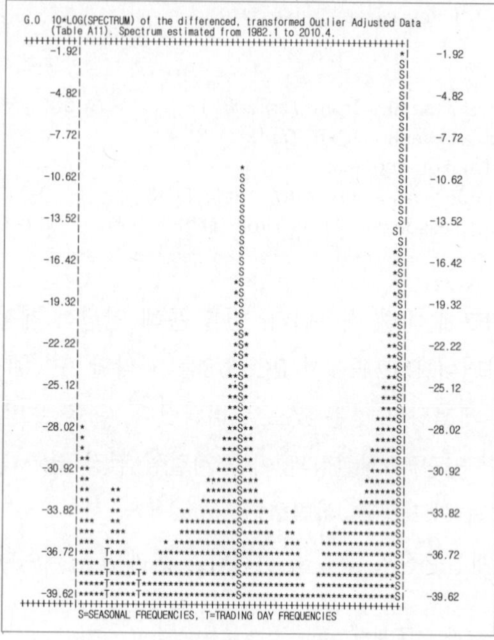

(b) 계절조정계열 차분

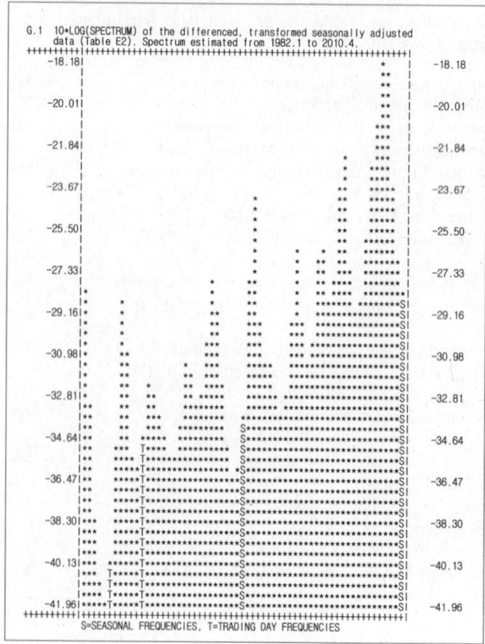

적으로 1보다 작으며 Q통계량의 값도 1보다 작아서 실질GDP의 계절조정이 적절하게 되었다고 판단된다. [그림 5-25]는 원계열 차분의 스펙트럼과 계절조정계열 차분의 스펙트럼이다. 여기서 S와 T는 각각 계절변동 주파수와 요일구성변동에 해당하는 주파수이다. 이를 보면 원계열에 존재하는 계절변동이 계절조정계열에 존재하지 않아 계절조정이 적절히 되었음을 알 수 있다.

[그림 5-26]은 슬라이딩-스팬 분석 결과이다. 이를 보면 계절조정 결과는 구간을 달리해도 크게 차이가 나지 않음을 알 수 있다.

[그림 5-26] **슬라이딩-스팬 분석 결과**

S2. Percentage of quarters flagged as unstable.

Seasonal Factors	0 out of 32 (0.0%)
Quarter-to-Quarter Changes in SA Series	0 out of 31 (0.0%)

Recommended limits for percentages :

Seasonal Factors	15% is too high 25% is much too high
Quarter-to-Quarter Changes in SA Series	35% is too high 40% is much too high

Threshold values used for Maximum Percent Differences to flag quarters as unstable

Seasonal Factors	Threshold = 3.0%
Quarter-to-Quarter Changes in SA Series	Threshold = 3.0%

1. 계절조정이란 경제통계 내에 존재하는 1년 주기의 계절변동 및 달력변동을 통계적으로 추출해 원래의 통계로부터 제거하는 절차를 의미한다.

2. 경제통계의 중요한 기조적 변화에 대한 정확한 인식을 바탕으로 적절한 정책대응을 적시에 펼치려면 원계열을 그대로 이용하기보다는 계절변동을 제거한 계절조정계열이 필요하다.

3. 계절조정법으로는 이동평균형 조정법이 주로 이용되고 있다. 이동평균조정법은 1년분의 경제통계를 이동평균하면 1년 주기의 계절변동이 제거되는 점을 고려하여 각 시점별로 1년간의 이동평균을 하여 계절조정계열을 산출하는 방법이다. 대표적인 방법으로는 X-11, X-11-ARIMA, X-12-ARIMA방법이 있다.

4. 통계청 및 한국은행에서는 설, 추석, 공휴일 등 우리나라 통계 현실을 감안한 사전조정 부문을 적용한 X-12-ARIMA를 이용하여 계절조정계열을 작성하고 있다.

제 6 장

경제통계에서 추세 및 순환 변동계열을 어떻게 추출할 것인가?

개 요

경제통계를 이용하여 경기분석을 할 경우 원계열에서 경제의 기조적 흐름을 나타내는 추세 및 순환 변동계열을 별도로 추출하여 활용할 필요가 있다. 그러나 동 계열들은 직접 측정할 수 없었기 때문에 이론적 또는 비이론적인 방법으로 추정되고 있다. 이 장에서는 작성비용이 적게 들고 이론에 독립적인 비이론적 방법을 중심으로 추세추출방법과 순환변동추출방법을 소개하고 경기국면을 판단하는 방법에 대해 살펴보고자 한다.

1. 추세변동과 순환변동을 어떻게 추출할 것인가?

국내총생산, 소비, 투자 등 국민소득통계는 대체로 추세를 중심으로 순환변동(성장순환, growth cycle)하며 움직이고 있다. 이러한 경제통계의 움직임을 체계적으로 파악하려면 원계열에서 경제의 기조적 흐름을 나타내는 추세변동과 순환변동을 추출하여 분석해야 한다. 순환변동계열은 공표된 계절조정계열로부터 추세변동계열을 제거함으로써 얻을 수 있다는 점[1)]에서 순환변동계열 추출작업은 추세변동계열 추출작업과 같다.

추세변동계열은 직접 측정되는 것이 아니라 이론적 또는 비이론적인 방법으로 추정되고 있으며, 추출방법에 따라 추세변동계열이 다르게 추정된다. 추세변동 추출의 대표적인 이론적 방법으로는 생산함수접근법이 있다. 예를 들면 잠재GDP는 대표적인 추세변동계열인데 생산함수접근법을 중심으로 추정되어 왔다. 즉, 생산함수를 노동과 자본, 생산성의 함수로 정의·추정하고 여기에 생산요소의 균형값을 대입함으로써 잠재GDP를 구했다(김치호·문소상 1999, 장동구 1997, 김병화·김윤철 1992). 이 방법은 생산요소별 기여도 및 변동요인을 파악할 수 있다는 장점 때문에 잠재GDP의 추정에 널리 이용되고 있다. 그러나 잠재GDP를 정교히 추정하려면 자본 스톡 및 해당 요소의 균형값을 정교히 추정해야 하며 생산함수 형태를 선택해야 하는데 구성변수 및 함수형태 선택에 따라 추정결과가 변하는 문제가 있다. 신규자료가 추가됨에 따라 잠재GDP 추정에 필요한 자료를 수집하고 가공하는 데에 시간이 걸리기 때문에 속보성이 결여된다는 단점도 있다.

따라서 간단한 경제분석을 하는 경우 HP(Hodrick-Prescott) 필터와 같은 비이론적 방법을 이용하여 추세변동계열을 구하고 있다. 이러한 비이론적 방법은 이론적 방법에 비해 추세변동계열을 작성하는 비용이 적게 들며 이론에 독립적이라는 장점이 있다. 그러나 비이론적 방법은 방법에 따라 추세변동계열의 추정결

1) 실제로는 불규칙변동도 제거해야 한다. 불규칙변동 제거방법으로는 흔히 MCD(Months for Cyclical Dominance)를 바탕으로 한 1~3분기 단기 이동평균방법을 이용한다. 이 책에서는 GDP 및 GNI에 대해 일률적으로 3분기 이동평균을 했다.

과가 다르게 나타나기 때문에 적절한 추세추출방법을 찾아야 한다.

비이론적 추세추출방법은 크게 전통적 방법, 평활법, 모형에 의한 방법으로 구분할 수 있다. 전통적 방법으로는 회귀분석법, 국면평균법이 있으며, 평활법으로는 HP 필터, 커널(Kernel) 평활법 등이 있다. 모형에 의한 방법으로는 베버리지·넬슨(Beveridge·Nelson)법, 디컴포즈(Decompose)법, TREMOS-SEATS 등이 있다. 전통적 방법과 평활법은 시간의 함수로 추세를 추정한다는 점에서 확정적 추세변동 추출법인 반면에 모형추출법은 확률적 추세를 감안한 추출법이다. 한편 주파수영역에서 추세변동을 구하는 방법으로는 구간통과(Band-pass) 필터, 소파동(wavelet)방법 등이 있다. 주파수영역도 시간영역으로 전환하면 이동평균으로 전환된다는 점에서 일종의 평활법이라고 할 수 있다.

순환변동계열은 시간영역 및 주파수영역에서 작성할 수 있다. 먼저 시간영역에서의 순환변동계열 산출과정을 살펴보면 계절조정계열에 추세추출방법을 적용하여 추세변동계열을 추출하고 이를 계절조정계열에서 제거하여 순환·불규칙변동을 구한 후 3분기 중심화 이동평균하여 순환변동계열을 산출한다. 주파수영역의 순환변동계열 산출방법을 정리해 보면 경제통계를 퓨리에 변환을 한 후 경기순환에 해당하는 주파수변동을 추출한다. 그런 다음 역퓨리에 변환을 하여 순환변동계열을 산출한다(Baxter and King, 1995).

2. 추세변동은 전통적으로 어떻게 추출하는가?

전통적인 추세추출방법은 경제통계를 시간의 함수로 생각하고 회귀분석방법으로 이를 추정하는 것이다.

2.1. 회귀분석법으로 어떻게 추세변동을 추출할 것인가?

회귀분석법은 경제통계가 시간의 함수인 확정적 추세 $f(t)$와 오차 ϵ_t로 생성했다고 가정하고 시간의 함수로 추세변동계열을 추정하는 방법이다.

$$y_t = f(t) + \epsilon_t$$

추세변동 $f(t)$로 다음의 시간의 선형함수를 생각할 수 있다.

$$f(t) = \alpha + \beta t$$

추세변동 $f(t)$로 비선형함수도 고려할 수 있는데 대표적인 비선형함수로 다음의 다항식을 고려할 수 있다.

$$f(t) = \alpha + \beta t + \gamma t^2 + \delta t^3 + \cdots$$

오차는 백색잡음이거나 ARMA 과정을 따른다고 가정한다. 만약 오차가 1차의 자기상관이 있다면 다음과 같이 모형화할 수 있다. 여기서 $|\phi| < 1$이다.

$$y_t = f(t) + \phi y_{t-1} + \epsilon_t$$

이때 시간이 지나면서 경제통계에서 추세변동 외의 변동 ϵ_t는 항상 추세수준으로 회귀하게 된다.

[그림 6-1]은 로그변환된 계절조정 실질GDP에 대해 1~4차 다항식을 추세변동으로 가정해서 추정하면 다음과 같다. 여기서 파란색 선은 로그변환된 계절조정GDP에서 다항 추세를 제거한 계열로 순환·불규칙변동계열이다. 이를 보면 3차 다항 추세 이후의 순환·불규칙변동계열은 안정적인 것으로 보인다. 따라서 이 경우 3차 다항 추세가 적절해 보인다.

그런데 우리나라 계절조정 실질GDP를 보면 1980년, 1997년, 2008년에 일어났던 대내외적 경제위기로 인해 3번의 마이너스 성장이 있었음을 알 수 있다. 이와 같은 변화를 포함한 분할된 추세모형을 다음과 같이 생각할 수 있다. 더미

[그림 6-1] **회귀분석법에 의한 GDP 추세변동계열**

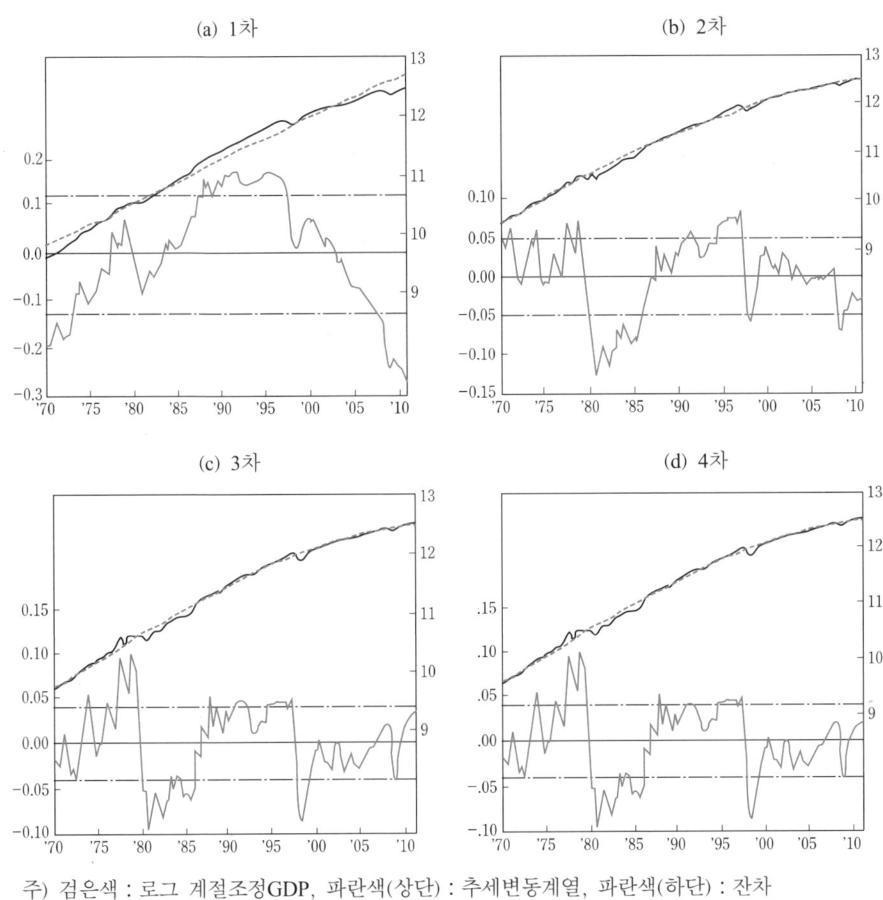

주) 검은색 : 로그 계절조정GDP, 파란색(상단) : 추세변동계열, 파란색(하단) : 잔차

변수는 추세모형에 계단식 변화를 주기 때문에 로지스틱 함수를 이용하여 구조변화를 평활화하는 방법도 고려되고 있다.

$$y_t = f(t) + \sum_{i=1}^{m}(\alpha_i d_i + \delta_i d_i t) + \epsilon_t$$

[그림 6-2]는 다음의 모형에 의한 추세변동을 구한 것으로, 3번의 마이너스 성장이 구조변화형 더미변수로 포함되어 있다. 더미변수(dum)는 위기 발생 이후를 1로 두고 나머지는 0으로 둔 변수이며, dum 뒤는 시작연도와 분기를 나타낸

[그림 6-2] **구조변화를 고려한 회귀분석법에 의한 GDP 추세변동계열**

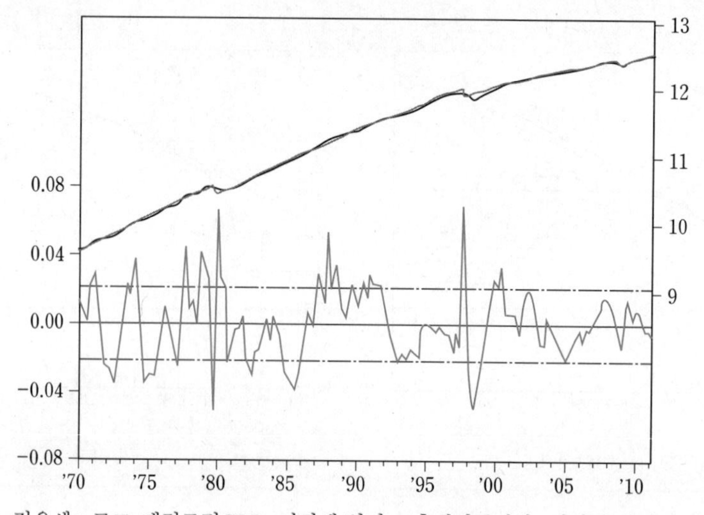

주) 검은색 : 로그 계절조정GDP, 파란색(상단) : 추세변동계열, 파란색(하단) : 잔차

다. 예를 들어 dum801은 1980년 1분기를 기준으로 한 구조변화더미를 의미한다. 그리고 괄호 안은 유의확률이다.

$$\log(\text{GDP\_SA}) = \underset{(0.00)}{9.60} + \underset{(0.00)}{0.025t} - \underset{(0.00)}{2.64 \cdot 10^{-7}t^3} - \underset{(0.09)}{0.198\text{dum}801} - \underset{(0.06)}{0.103\text{dum}974}$$

$$- \underset{(0.00)}{1.174\text{dum}084} + \underset{(0.00)}{0.0013\text{dum}801 \cdot t} + \underset{(0.00)}{0.007\text{dum}084 \cdot t}$$

$$R^2 = 0.999$$

이 방법은 추세변동계열을 손쉽게 추출할 수 있다는 장점이 있다. 그러나 경제통계가 확률적 추세를 갖고 있거나 국지적 변동이 큰 경우 동 방법에 따른 추세변동계열을 이용하여 순환변동계열을 구하면 가성적 순환이 나타날 가능성이 크다. 또한 적용방법에 따라 추세변동이 크게 변하는 제약도 있다.

2.2. 국면평균법

국면평균(phase average trend, PAT)법은 NBER(National Bureau of Economic Research)에서 개발한 방법으로 우리나라 통계청에서 이용되는 추세추출법이다(김신호 1999, 한국은행 1989, NBER 1978). 순환변동계열의 정·저점을 기준으로 국면을 나누고 각 국면별로 국면평균을 구하여 추세변동계열을 구하는 방법이다. 이 방법은 ① 잠정 추세변동계열 결정, ② 잠정 전환점 결정, ③ 국면평균에 의한 최종 추세변동계열 결정, ④ 최종 전환점 결정의 4개의 과정으로 이루어졌다.

① 잠정 추세변동계열 결정 : 계절조정계열에 대하여 약 50개월(우리나라 경기순환의 평균주기) 이동평균한 것을 잠정 추세변동계열로 지정하고 이를 계절조정계열로부터 제거하여 잠정 순환변동계열을 산출한다.

② 잠정 전환점 결정 : 앞서 구한 잠정 순환변동계열에 대하여 특이항을 조정한 후 12개월 이동평균, 스펜서(Spencer) 이동평균, MCD Span 이동평균을 단계적으로 적용하여 순환변동계열의 잠정 전환점(정·저점)을 산출한다. 순환변동계열의 앞, 뒤 연속 5개월보다 큰(작은)값은 가지는 점을 정(저)점으로 하되, 정(저)점이 연속되어 나타나는 경우 더 큰(작은)값을 가지는 점을 정(저)점으로 결정한다. 다만 순환기간, 상승(하강)국면이 너무 짧으면 전환점으로 지정하지 않는다.

③ 국면평균에 의한 최종 추세변동계열 결정 : ②에서 지정된 전환점을 기준으로 계절조정계열을 국면별로 평균한 뒤 이를 12개월 이동평균하여 최종 추세변동계열을 구한다.

④ 최종 전환점 결정 : 계절조정계열로부터 최종 추세변동계열을 제거한 최종 순환변동계열을 구한 후 ②의 전환점 결정방법을 이용하여 순환변동계열의 최종 전환점을 결정한다.

이 방법은 경기국면별로 추세변동계열을 계산하므로 전체 기간을 한 국면으로 한 회귀분석법보다 현실성 높은 추세변동계열을 제공하며 프로그램 작성도 간편하다.[2)] 그러나 이 방법은 추세변동계열이 전환점 추출방식에 따라 크게 달라질

[그림 6-3] 국면평균법에 의한 경기동행종합지수 추세변동계열

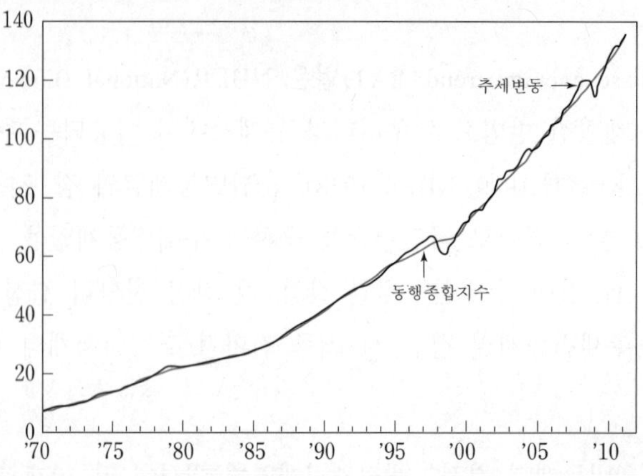

수 있다는 한계가 있으며 최근 국면의 추세변동계열을 산출할 때 이전의 3개 확장(또는 수축)국면을 이용하여 단순외삽법에 의해 자료를 연장하기 때문에 외환위기와 같은 급격한 경제변동이 있을 경우 추세변동계열을 잘못 계산할 가능성이 크다. [그림 6-3]은 각각 국면평균법에 의해 산출된 추세변동계열이다.

3. 추세변동을 평활법으로 어떻게 추출할 것인가?

추세변동을 추출하는 방법 중 하나는 이동평균을 이용하는 것이다. 장기 이동평균을 이용한다면 단기적 변동을 줄이고 장기적 변동을 구할 수 있다. 이러한 이동평균은 일정한 기간에서 다음의 식을 최소화하는 선형추세를 구하는 방법과 다름이 아니다. 이로부터 이동평균은 국지적 순환회귀방법(rolling local regression)이라고 생각할 수 있다.

2) 국면평균법을 위한 프로그램으로는 NBER이 작성한 Growth-Cycle program이 있다.

$$\sum_{t=-n}^{n}(y_t-\alpha-\beta t)^2$$

평활법으로는 스플라인(spline) 평활법, 커널 평활법, 국지선형회귀법 등이 있다.

3.1. 스플라인 평활법 : HP 필터란 무엇인가?

HP(Hodrick-Prescott) 필터는 경제통계를 추세와 순환변동으로 구성되어 있다고 가정하고 스플라인 평활법에 의해 추세를 추출하는 방법이다(Hodrick and Prescott 1997, 조하현 1991).

경제통계(y_t)를 평활한 움직임을 보이는 추세(성장)변동(g_t)과 순환변동(c_t)의 합($y_t=g_t+c_t$)으로 분해할 수 있다. 이때 추세변동의 변동성을 확대하지 않으면서 순환변동을 최소화하는 최적화과정으로부터 추세변동계열을 산출한다. 순환변동성분의 자승합과 추세변동성분의 자승합을 일정한 모수(평활화계수)를 이용하여 합한 후 이를 최소화하여 추세변동계열 g_t를 구한다.

$$\mathrm{Min}_{\{g_t\}_{t=-1}^{T}}\left\{\sum_{t=1}^{T}(y_t-g_t)^2+\lambda\sum_{t=1}^{T}[(g_t-g_{t-1})-(g_{t-1}-g_{t-2})]^2\right\}$$

위의 최적해로부터 유도되는 HP 필터는 다음과 같이 표현된다(Cogley, 1997). 여기서 B은 시차연산자(lag-operator)이다.

$$y_t=\frac{\lambda(1-B)^2(1-B^{-1})^2}{[1+\lambda(1-B)^2(1-B^{-1})^2]}x_t$$

평활화계수 λ는 성장 부문의 변동성을 제약시키는 계수로서 추세변동계열의 평활화 정도를 통제한다. λ가 너무 크면 과대 평활화, 작으면 과소 평활화된 추세변동계열이 산출된다. 예를 들어 $\lambda=0$이면 추세변동계열(g_t)은 경제통계(y_t) 자체가 되며, $\lambda=\infty$이면 추세변동계열(g_t)은 선형추세와 가까워진다. 호드릭과 프레스콧(Hodrick and Prescott, 1997)은 순환변동의 분산이 추세변동의 분산의

[그림 6-4] HP 필터의 이득도표

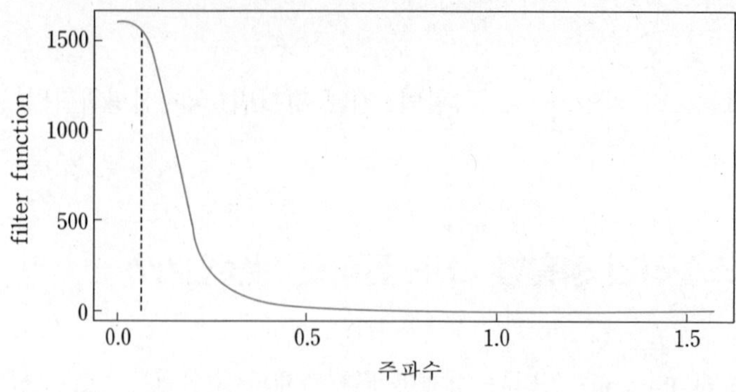

1/8이라 가정하여 분기통계의 경우 $\lambda = 1600$, 월통계의 경우 $\lambda = 14400$으로 지정하는 것이 바람직하다고 제안했다.[3] 라반과 울리히(Ravan and Uhlig, 2002)는 주파수변동을 이용하여 평활화계수를 산출하는 방법을 고려했다.

HP 필터의 이득함수를 보면 장기변동은 보존하고 단기변동을 제거하는 특징이 있다.

$$H(\omega) = \frac{1}{\lambda^{-1} + 4(1 - \cos\omega)^2}$$

[그림 6-4]는 HP 필터의 이득도표인데 이를 보면 고주파변동을 제거하여 추세를 보존하는 필터임을 알 수 있다.

HP 필터는 회귀분석법 및 차분법에 비해 정도 높은 추세변동계열 및 순환변동계열을 제공하고 있어서 경기변동 관련 논문 및 보고서에서 빈번하게 이용되고 있다. 그러나 이 필터는 평활법의 일반적인 문제인 적절한 평활화계수 선택 및 적절한 양끝 연장 등의 문제가 있다. [그림 6-5]는 HP 필터($\lambda = 1600$)에 의해 산출된 로그변환된 계절조정GDP의 추세변동계열(상단 파란색)이며 순환·불규칙변동계열(하단 파란색)이다.

3) 순환성분, 성장성분의 2차 차분이 각각 정규분포(N(0, σ_1^2), N(0, σ_2^2))를 따르는 경우 적정한 λ값은 σ_1^2/σ_2^2이 된다.

[그림 6-5] **HP 필터에 따른 로그변환된 GDP 추세변동계열**

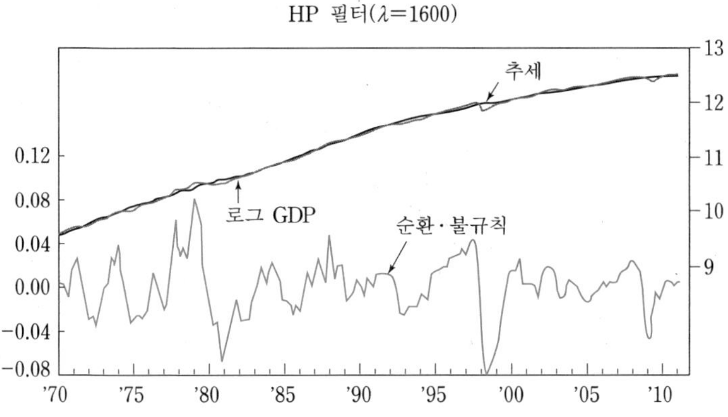

3.2. 커널 평활법이란 무엇인가?

커널 평활법은 경제통계를 추세변동과 기타 변동으로 구분하고 중심화 가중이동평균을 적용하여 기타 변동을 제거하는 방법이다(Eubank, 1988). 경제통계는 다음과 같이 국지적 변동을 포함한 비선형추세($f(t)$)와 기타 변동으로 구성되어 있다고 가정한다.

$$y_t = f(t) + \epsilon_t, \quad t = 1, 2, \cdots, T$$

국지적 변동을 포함한 비선형추세를 구하는 커널 평활법의 대표적 추정량은 나다라야-왓슨(Nadaraya-Watson) 추정량이며 그 형태는 다음과 같다.

$$KT_h(t) = \frac{\sum_{i=1}^{T} K_h(i-t)y_i}{\sum_{i=1}^{T} K_h(i-t)}$$

여기에서 K_h는 가중평균폭(bandwidth) h의 가중평균형태(Kernel)를 의미한다. 가중형태로는 Gaussian, Uniform, Epanechnikov 형태가 있으며, 가중평균폭(h)

[그림 6-6] 커널 평활법에 따른 로그변환된 GDP 추세변동계열

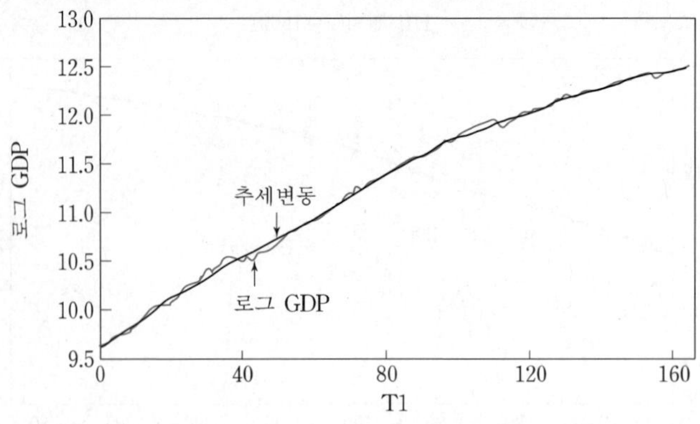

은 중심화 이동평균 시 이동평균 항수를 지정하는 평활화계수이다. 이 방법도 HP 필터와 마찬가지로 평활화계수의 선택, 양끝 자료의 처리에 따라 결과가 달라지는 문제가 있다. [그림 6-6]은 Epanechnikov 형태에 따른 커널 평활법에 의해 산출된 추세변동계열을 보여 주고 있다.

3.3. 주파수영역에서 추세변동은 어떻게 추출할 것인가?

주파수영역에서 추세를 추출하는 방법은 경제통계를 주파수 '0' 부근의 추세변동과 기타 변동으로 구성되어 있다고 가정하고 기타 변동을 주파수영역에서 제거하는 방법이며, 저주파통과(low-pass) 필터는 이를 시간영역으로 전환하면 이동평균으로 표현되므로 일종의 평활법이라고 할 수 있다.

이 방법은 아래의 3개 단계로 구성되어 있다. 먼저, 경제통계에 대해 퓨리에 변환을 적용하여 퓨리에 계수를 구한 후 추세변동주기보다 짧은 주파수의 퓨리에 계수를 제거한다. 즉, 우리나라 최장 경기변동주기(67개월)를 기준으로 그보다 작은 주기의 퓨리에 계수를 제거한다. 마지막으로 앞서에서 남겨진 퓨리에 계수를 이용하여 역퓨리에 변환으로 계열을 복원하여 추세변동계열을 산출한다.

이 방법도 앞서의 평활법과 마찬가지로 양끝 연장 및 평활화계수 선택에 따른 문제가 있다. 또한 경제통계의 주기적 변동이 시간에 따라 변하는 경우나 외환위

[그림 6-7] **저주파 보존 필터에 따른 로그변환된 계절조정GDP 추세변동계열**

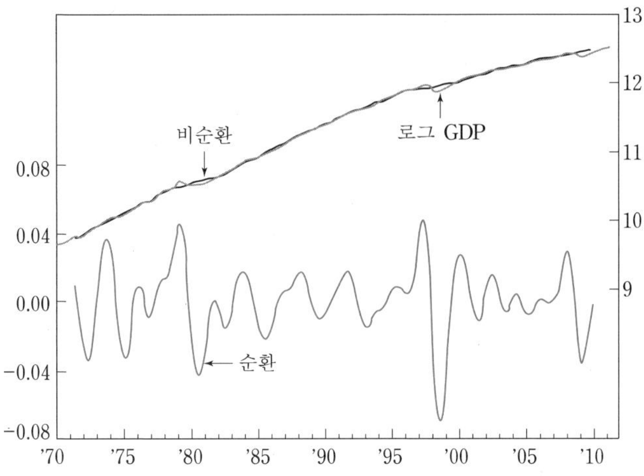

기와 같은 시간영역상의 변동이 있는 경우 이 방법으로 추세변동계열을 제대로 추출하는 데에는 한계가 있다. [그림 6-7]은 각각 구간통과 필터에 의해 산출된 추세변동계열이다.

3.4. 평활법으로 추세변동을 추출할 때 발생하는 문제는 무엇인가?

평활법으로 유용한 추세변동계열을 얻으려면 경제통계의 양끝 연장과 적절한 평활화계수 지정에 대한 방안이 체계적으로 마련되어야 한다. 그러면 HP 필터를 중심으로 경제통계의 양끝 연장과 평활화계수 지정에 따른 추세변동계열 변동 정도를 검토해 보자.

[그림 6-8]을 보면 1997년 말 외환위기에 따른 1998년 중의 GDP 급락으로 측정시점에 따라 추세변동계열이 크게 변동하고 있음을 알 수 있다. 이러한 측정오차로 인해 정책당국 등이 경기순환의 특성 및 원인을 올바로 규명하기 어렵게 되어 적절한 시점에 경제정책을 실시하지 못할 가능성이 있다(Orphanides and van Nordan 1999, 김기화 1990).

평활법을 이용할 경우 중심화 이동평균을 위해서는 미래에 대한 예측이 필요

[그림 6-8] **측정시점에 따른 GDP 추세변동계열**

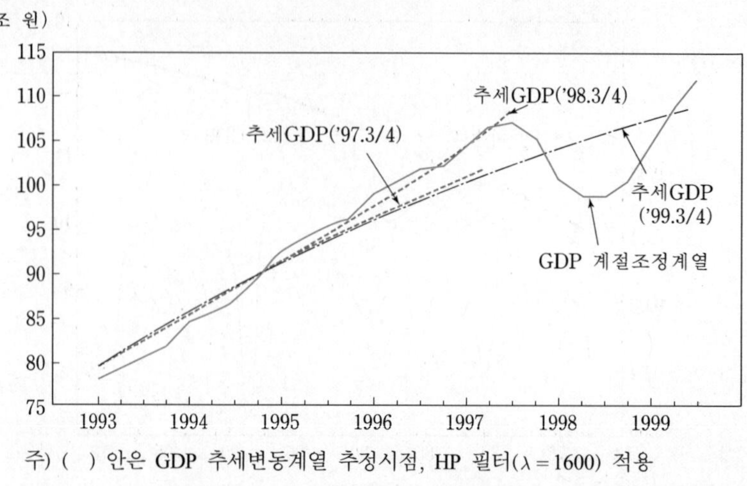

주) ( ) 안은 GDP 추세변동계열 추정시점, HP 필터($\lambda = 1600$) 적용

하다. 미래에 대한 예측치를 포함했을 경우와 포함하지 않았을 경우 추세변동계열이 다르게 나타나는 점(그림 6-9 참조)을 고려할 때 미래에 대한 정도 높은 예측치를 마련하여 추세변동계열을 작성할 필요가 있다. 미래를 예측하지 않았을 경우 1999년 3/4분기경부터 GDP가 추세변동계열을 상회하고 있어 인플레이션 압력이 현저한 것으로 판단되나 향후 지속적으로 6% 정도의 성장을 한다고 가정하고 HP 필터를 이용하여 추세변동계열을 구하면 1999년 3/4분기 추세변동계열이 실질GDP보다 커서 생산갭률이 '–' 상태가 된다.

객관적인 양끝 연장방법으로는 ARIMA모형 등 시계열모형을 이용하는 것이 타당하다고 할 수 있다. 그러나 시계열모형이 장기예측에는 오차누적으로 부적합한 것으로 판단되므로 최근 1년간의 예측치는 한국은행, 한국개발연구원(KDI)의 예측결과 또는 시계열모형을 이용하되 그 이후 기간의 예측은 이론적 방법으로 추정된 잠재GDP 증가율을 이용하여 연장하는 것이 보다 현실적 방안이 될 수 있다. 한편 순환변동계열은 예측치 포함 여부에 따라 대체로 비슷하나 최근 7~8년의 순환변동계열은 예측 여부에 따라 어느 정도 차이가 나는 것으로 나타났다.

평활화계수의 선택($\lambda = 1600, 6400$)에 따라 추세변동계열이 크게 달라지며 순환변동계열은 평활화계수 선택에 따라 전기간에 걸쳐 변동한다. 따라서 평활화계수를 객관적으로 지정하는 방안을 마련해야 한다. 물론 호드릭과 프레스콧(1997)은 분기자료의 경우 $\lambda = 1600$이 적당한 평활화계수로 지정되고 있으나 이 값이 모든 우리나라 경제통계에 적절한지 의문이므로 이를 정하는 방법을 체계적으로 검토해야 한다.

[그림 6-9] **미래예측 여부에 따른 GDP 추세변동계열**

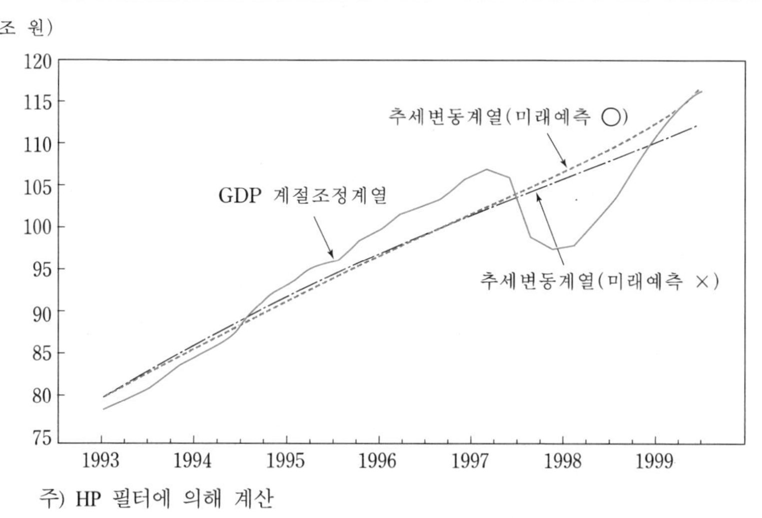

주) HP 필터에 의해 계산

[그림 6-10] **평활화계수 선택에 따른 GDP 추세변동계열**

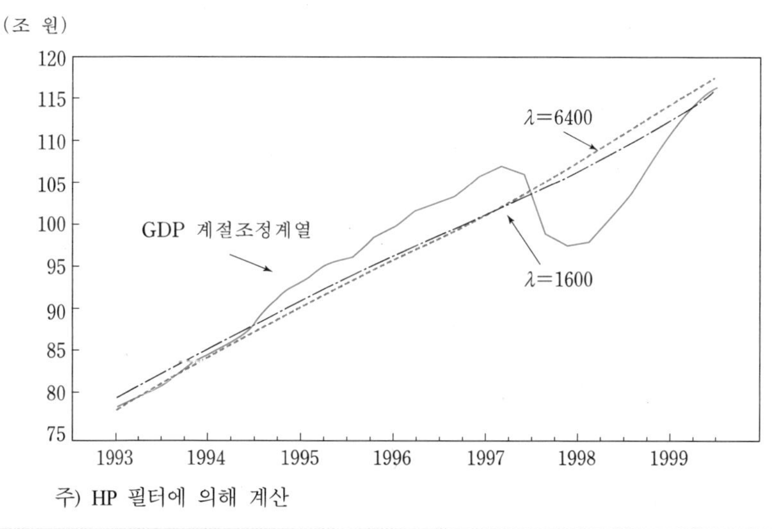

주) HP 필터에 의해 계산

4. 추세변동계열을 어떻게 모형으로 구할 것인가?

4.1. 베버리지·넬슨의 방법이란 무엇인가?

이 방법은 불안정한 경제통계를 추세변동(항상적 변동)과 확률적 변동(일시적 변동)으로 분해할 수 있다는 가정하에 ARIMA모형을 바탕으로 추세변동계열을 구하는 방법이다(Beveridge and Nelson, 1981). 추세변동계열은 현재값에 예측치와 장기평균값 차이의 누적분을 합산한 것으로 정의한다. 베버리지·넬슨의 추세변동계열 추출방법은 다음과 같은 3단계로 구성되어 있다.

첫째, 계절조정계열을 ARIMA모형을 추정한 후 이를 MA(∞)로 표현한다.

$$y_t - y_{t-1} = \mu_y + \epsilon_t + \beta_1 \epsilon_{t-1} + \beta_2 \epsilon_{t-2} + \cdots$$

둘째, t기에서 $t+s$기의 기대치($E_t(y_{t+s})$)를 아래와 같이 구한다.

$$E_t(y_{t+s}) = \mu_y s + y_t + (\sum_{i=1}^{s} \beta_i)\epsilon_t + (\sum_{i=2}^{s+1} \beta_i)\epsilon_{t-1} + \cdots$$

셋째, 여기 '$y_t + (\sum_{i=1}^{\infty} \beta_i)\epsilon_t + (\sum_{i=2}^{\infty} \beta_i)\epsilon_{t-1} + \cdots = y_t + \sum_{i=1}^{\infty} E_t(\Delta y_{t+j} - \mu_y)$'를 추세변동계열(항상적 변동)로 정의하고 계절조정계열에서 추세변동계열을 제거하여 순환변동계열(일시적 변동)로 정의한다.

베버리지·넬슨법에 의한 추세변동계열은 계절조정계열과 비슷하여 과대적합되는 경향이 있으며, 초기 ARIMA모형의 선택과 현재값에 따라 추세변동계열이 변동되는 단점이 있다.

4.2. 은닉인자모형이란 무엇인가?

은닉인자모형(unobserved component model)에 따른 추세변동추출법은 경제통계를 구성인자로 구분하여 상태공간(state space)형으로 표현하고 칼만(kalman) 필터의 방법으로 추세변동계열을 계산하는 방법이다. 왓슨(1986)은 계절조정계열을 추세 및 순환변동으로 구분하고 추세변동은 상수항을 가지는 임의보행모형을 따르고 순환변동은 지속성을 고려하여 AR(2)모형을 따른다고 가정한 후 추세변동계열을 산출한다.

$$
\begin{aligned}
y_t &= \mu_t + c_t \\
\mu_t &= \delta + \mu_{t-1} + \eta_t \\
c_t &= \rho_1 c_{t-1} + \rho_2 c_{t-2} + \epsilon_t
\end{aligned}
$$

거시와 기타가와(Gersch and Kitagawa, 1998)는 경제통계를 추세변동(T_t), 정상AR변동(V_t), 계절변동(S_t), 요일변동(D_t), 백색잡음(ϵ_t)으로 구성($y_t = T_t + V_t + S_t + D_t + \epsilon_t$)되었다고 가정하고 각각을 모형화하여 추세변동계열을 작성하는 방안을 마련했다(Decompose방법). 이때 최적모형은 AIC(Akaike's Information Criterion)를 바탕으로 정한다.

$$
\begin{aligned}
&(1-B)^m T_t = v_{1t},\ v_{1t} \sim N(0, \tau_1^2) \\
&V_t = \sum_{i=1}^{n} a_i V_{t-i} + v_{2t},\ v_{2t} \sim N(0, \tau_2^2) \\
&(1-B^q)S_t = 0,\ \sum_{i=0}^{q-1} B^i S_t = v_{3t},\ v_{3t} \sim N(0,\ \tau_3^2) \\
&D_t = \sum_{i=1}^{6} \beta_{it} D_{it}
\end{aligned}
$$

한편 고메즈와 마다발(Gomez and Maravall, 1996)도 ARIMA모형을 바탕으로 한 모형형 추세추출법인 TREMOS-SEATS를 제안했다.[4] 이러한 모형에 의한 추세변동추출법은 구성요인을 확률적으로 설명한다는 점에서 이론적 정합성이 높다고 할 수 있으나 모형형태에 따라 추세변동계열이 다르게 나타나며 추정해

4) 이 방법은 스페인 등에서 계절변동조정법으로 이용되고 있다.

야 할 모수가 많아지는 경우 모형추정이 어려워진다.

5. 순환변동계열을 어떻게 추출할 것인가?

순환변동은 통상 경기변동에 해당하는 주기의 변동을 의미한다. 순환변동은 경제통계의 전년동기대비 증감률 또는 계절조정계열의 전기대비 증감률을 통해 간편하게 살펴볼 수 있다. 순환변동계열은 또한 시간영역 및 주파수영역에서 각각 구할 수 있다.

5.1. 순환변동계열을 시간영역에서 어떻게 추출할 것인가?

순환변동계열은 시간영역에서 구할 수 있는데 이 방법은 경제통계의 구성변동을 이동평균에 의해 순차적으로 제거하는 것이다. 순환변동계열은 변동이 상대적으로 명확한 계절변동, 불규칙변동, 추세변동 순으로 제거하여 순환변동을 구하는데 차례로 살펴보자.

경제통계의 계절변동은 X-12-ARIMA 등 계절조정방법을 통해 제거하는데 통상 통계작성기관이 계절조정계열을 작성하므로 이를 이용하면 된다. 라디어리와 퀸네빌(Ladiary and Quenneville, 2001)은 X-12-ARIMA에서 계절변동추출 시 이용되는 필터인 X-11의 이득함수를 구했고 이는 [그림 6-11]에 나타나 있는데 이를 보면 계절주파수에 값이 0이 되는 필터임을 알 수 있다. 불규칙변동은 3개월 또는 3분기 이동평균으로 간단히 제거하거나 불규칙변동의 변화율이 순환변동의 변화율을 밑도는 기간(개월, 분기수)으로 이동평균하여 불규칙변동을 제거할 수 있다. 마지막으로 추세변동은 PAT법, HP 필터 등 추세변동추출법을 이용한다. 경기동행지수 순환변동치는 PAT법으로 작성하고 있다.[5)]

[그림 6-11] 경기동행지수 순환변동치와 선행지수 전년동월비 추이

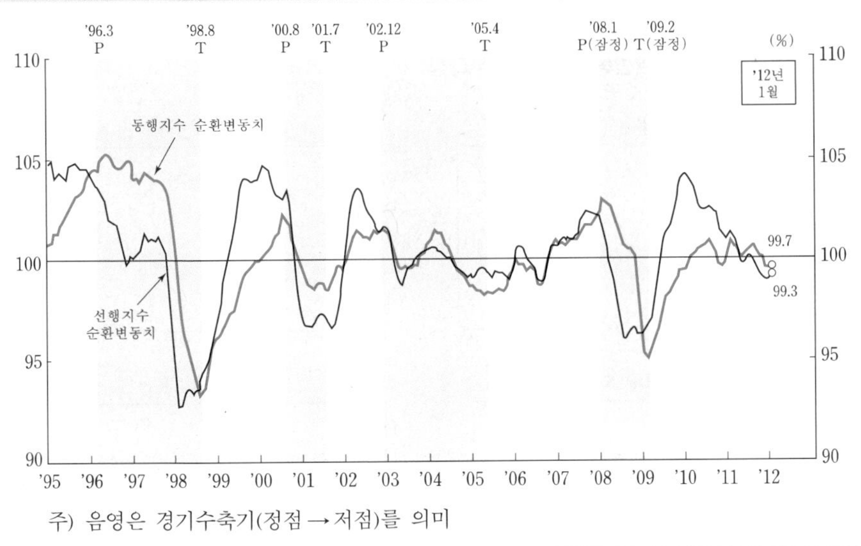

주) 음영은 경기수축기(정점 → 저점)를 의미

[그림 6-11]은 경기동행지수 순환변동치와 선행지수 순환변동치 추이를 나타낸 것이다. 이 두 개의 순환변동치는 시간영역의 순환변동추출법에 의해 구했으며, 국내 국가통계 중 유일하게 공표되는 순환변동치 통계이다.

개별 통계에 대해 순환변동치를 구해 보자. 그 작성과정은 [그림 6-12]에 정리되어 있다. 여기서는 실질GDP를 이용하여 순환변동계열(순환변동치)을 작성해 보자. 먼저 실질GDP(GDP)로부터 계절변동을 제거한 계절조정GDP(GDP_SA)를 구한다. 계절조정계열은 통상 공식 통계작성기관이 공표하므로 이를 그대로 이용하면 된다. 그런 다음으로 추세변동을 구하기 위해 계절조정GDP를 로그변환한다. 로그변환된 계절조정GDP(LGDP_SA)에서 HP 필터를 이용하여 추세변동을 구한다(LGDP_TR). 그런 다음 로그변환된 계절조정GDP에 대해 3분기 중심화 이동평균(LGDP_SAM)을 하여 계절조정계열에 존재하는 불규칙변동을 제거한다. 마지막으로 로그변환된 계절조정GDP의 3분기 중심화 이동평균에서 추세변동을 제거하고 지수함수를 이용하여 원래 GDP의 순환변동계열(GDP_CY)로

5) 동행종합지수에 대해서는 이동평균법에 의해 순환변동치를 직접 추출하고 있으며 추세는 국면평균(phase average trend : PAT)법에 의해 제거하고 있다. 이 방법은 NBER에서 개발한 방법으로 순환변동계열의 정·저점을 기준으로 국면을 나누고 각 국면별로 국면평균을 구하여 추세변동계열을 구하는 방법이다.

전환한다.

[그림 6-12] GDP 순환변동계열의 작성과정

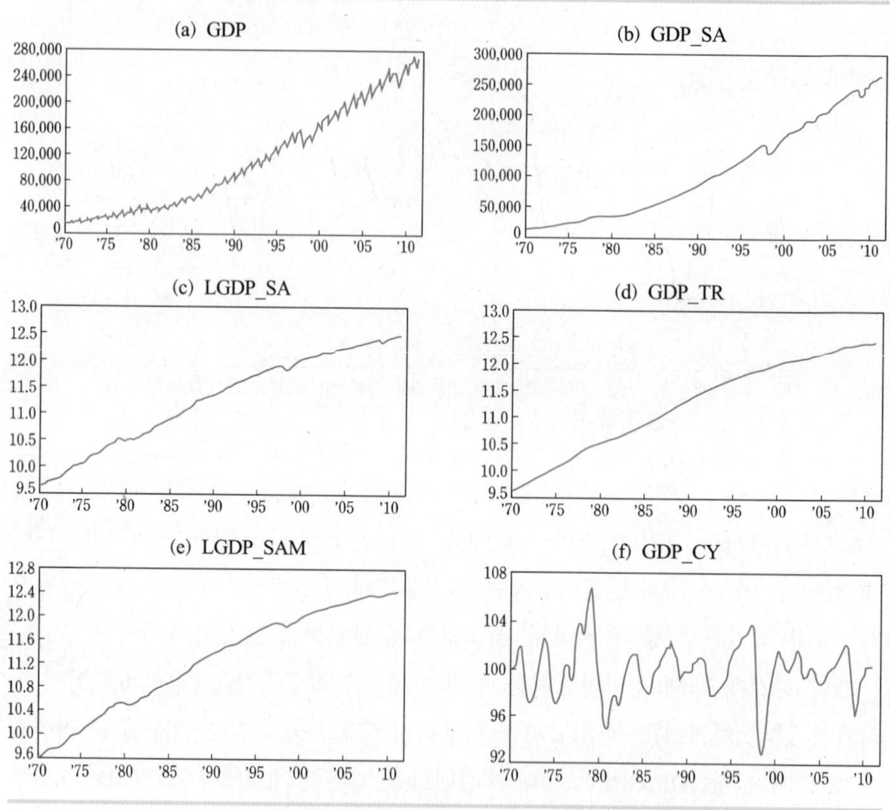

[그림 6-13] λ에 따른 GDP 순환변동계열의 변화

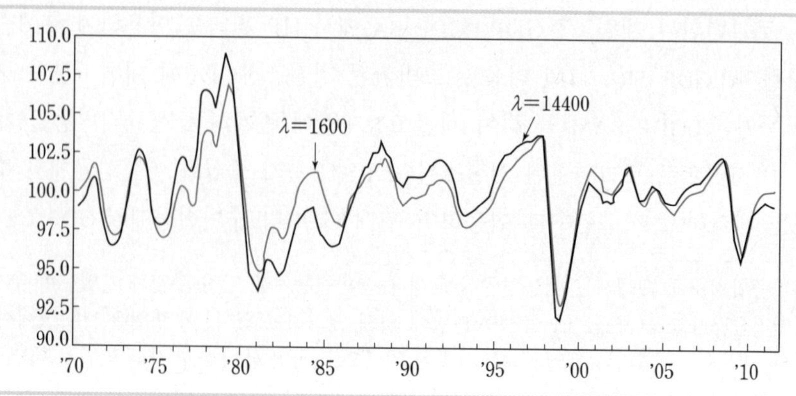

[그림 6-13]은 실질GDP의 순환변동계열이 HP 필터의 λ의 값에 다르게 나타나는 점을 보여 준다. λ의 값을 14400으로 바꾸면 순환변동계열(GDP_CY14)이 달라진다. 따라서 순환변동계열의 작성에서 추세변동 추출이 중요함을 알 수 있다.

5.2. 순환변동계열을 모형으로 어떻게 추출할 것인가?

경제통계가 AR(2)를 다음과 같이 따를 경우를 생각해 보자.

$$x_t = \phi_1 x_{t-1} + \phi_2 x_{t-2} + \epsilon_t$$
$$(1-\phi_1 B - \phi_2 B^2)x_t = (1-a_1 B)(1-a_2 B)\epsilon_t$$

이 경우 특성함수의 근 a_1과 a_2는 다음과 같이 구할 수 있다.

$$a_1,\ a_2 = \frac{\phi_1 \pm \sqrt{\phi_1 + 4\phi_2}}{2}$$

$\phi_1^2 + 4\phi_2 < 0$일 때 근들은 $d\exp(\pm 2\pi f i)$ 형태의 허근을 가지며 이 자기상관계수는 다음의 형태를 가지며 순환하게 된다.

$$\rho_k = \frac{sgn(\phi_1)^k d^k \sin(2\pi f k + F)}{\sin F}$$

여기서 $d = \sqrt{-\phi_2}$ 이다. f와 F는 각각 주파수와 위상을 나타내는데 다음과 같다.

$$f = \frac{\cos^{-1}(|\phi_1|/2d)}{2\pi}, \quad F = \tan^{-1}\left(\frac{1+d^2}{1-d^2} tan 2\pi f\right)$$

따라서 이 모형으로 구한 순환변동은 주기가 $\frac{1}{f}$인 순환변동이다. AR(p)모형은 AR(2)모형을 이용하여 다음과 같이 확장할 수 있으며 여기서 AR(2)는 허근을 가진다고 가정하고 순환변동을 구한다.

$$(1-\phi_1 B-\phi_2 B^2)\Pi_{j=3}^{p}(1-g_j B^j)x_t=\epsilon_t$$

5.3. 순환변동계열을 주파수영역에서 어떻게 구할 것인가?

구간통과 필터는 경제통계가 경기순환변동과 기타 변동으로 구성되어 있다고 가정하고 기타 변동을 주파수영역에서 제거하여 순환변동계열을 직접 추출하는 방법이다.

경제통계 x_t는 경기순환과 관련된 변동 y_t와 그외의 변동 z_t로 구성되어 있다고 가정한다. 여기서 경기순환과 관련된 변동은 주기 p_l과 p_u 사이의 변동을 의미한다.

$$x_t=y_t+z_t$$

경제통계 x_t에서 순환변동계열 y_t를 이동평균을 적용하여 추출할 경우 이상적 구간통과 필터는 다음과 같이 정의된다.

$$y_t=\sum_{j=-\infty}^{\infty} w_j x_{t+j}=\sum_{j=-\infty}^{\infty} w_j B^j x_t = W(B)x_t$$
$$w_j=\frac{\sin(j\frac{2\pi}{p_l})-\sin(j\frac{2\pi}{p_u})}{\pi j},\ w_0=2(\frac{1}{p_l}-\frac{1}{p_u})$$

이 경우 필터 W는 다음과 같다.

$$W(e^{-i\omega})=\begin{cases}1, & \omega\in(\frac{2\pi}{p_u},\frac{2\pi}{p_l})\\ 0, & \text{그밖에}\end{cases}$$

이러한 이상적인 필터를 계산하려면 경제통계의 관측치수가 ∞가 되어야 하는데 실제로는 경제통계의 관측치 수가 유한하기 때문에 근사적으로 이상적인 필터를 추정하게 된다. 대표적 구간통과 필터로는 박스터와 킹(Baxter and King, 1999) 필터와 크리스티노와 피츠제럴드(Christiano and Fitzgerald, 2003) 필터(CF 필터)가 있다.

다음과 같이 길이가 유한인 필터를 생각해 보자. 이 필터는 대칭적이지 않고 시간불변적이지 않다고 가정하자.

$$\hat{y_t} = \sum_{j=-M}^{N} \hat{w_j} x_{t+j}$$

여기서 $\hat{w_j}$는 y_t와 $\hat{y_t}$ 사이의 평균제곱오차를 최소화하여 구하는데 다음의 식을 만족하는 w_j를 구하는 결과와 같다.

$$\min_{w_j} E(W_t(B)x_t - \widehat{W}_t(B)x_t)^2 =$$
$$\min_{w_j} \frac{1}{2\pi} \int_{-\pi}^{\pi} |W_t(e^{i\omega})x_t - \widehat{W}_t(e^{i\omega})x_t|^2 S_x(\omega) d\omega$$

여기서 $S_x(\omega)$는 x_t의 스펙트럼이다.

박스터와 킹(1999)은 다음과 같은 대칭적 필터를 고려했다. 이 필터는 대칭적이면서 시간불변적인 필터이며 x_t가 백색잡음일 때를 감안하여 작성된 것이다.

$$\hat{y_t} = \sum_{j=-K}^{K} w_j x_{t+j}$$

$$w_j = \begin{cases} \frac{1}{j\pi}(\sin(jp_u) - \sin(jp_l)) + c_u - c_l, & j \neq 0 \\ \frac{1}{\pi}(jp_u - jp_l) + c_u - c_l, & j = 0 \end{cases}$$

$$c_u = \frac{1 - \sum_{j=-K}^{K} \sin(jp_u)/j\pi}{2K+1}, \quad c_l = \frac{1 - \sum_{j=-K}^{K} \sin(jp_l)/j\pi}{2K+1}$$

박스터와 킹(1999) 필터(BP 필터)를 적용하여 순환변동치를 작성하는 방법을 정리해 보자. 먼저 경제통계에 대해 퓨리에 변환을 이용하여 퓨리에 계수로 전환하고 순환변동에 해당하는 주기인 1.5~8년 이외의 주파수에 해당하는 퓨리에 계수값을 0으로 둔다. 마지막으로 남겨진 주파수를 이용하여 역퓨리에 변환으로 계열을 복원하여 순환변동치를 작성한다. BP 필터는 대칭적이어서 필터 적용 후 시차구조의 변화가 없어서 시간불변적이지만 이동평균 과정에서 최근 순환변동계열을 구하려면 최근 자료를 예측해야 하는 문제가 있다. CF 필터는 BP 필터를 일반화한 것이다.

$$\hat{y_t} = \sum_{j=-M}^{N} \hat{w}_{t,j} x_{t+j}$$

[그림 6-14]는 필터의 길이에 따른 BP 필터의 이득도표이다. 이를 보면 필터 길이가 커지면 이상적 필터에 접근하지만 양끝의 자료가 부족하여 최근 경제상황을 분석하는 데 제약요인으로 작용한다. [그림 6-15]는 BP 필터를 이용해서

[그림 6-14] BP 필터의 이득도표

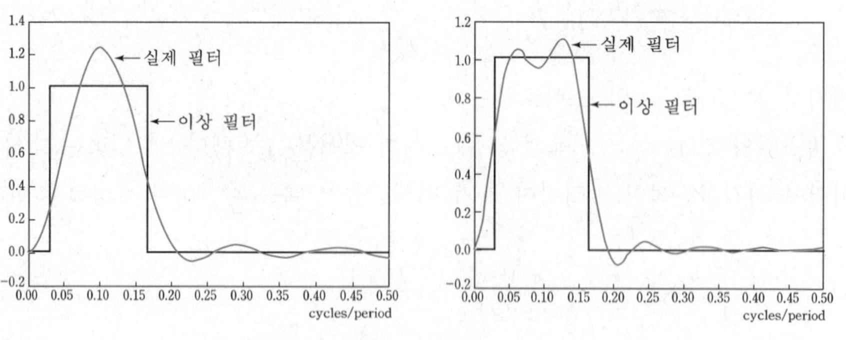

[그림 6-15] BP 필터에 따른 GDP 순환변동계열

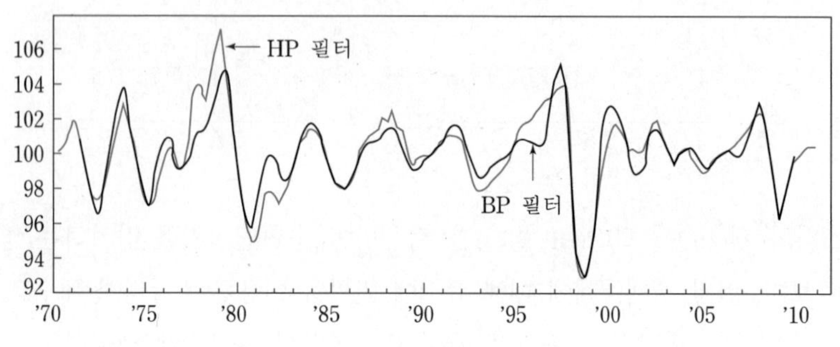

[그림 6-16] CF 필터에 따른 GDP 순환변동계열

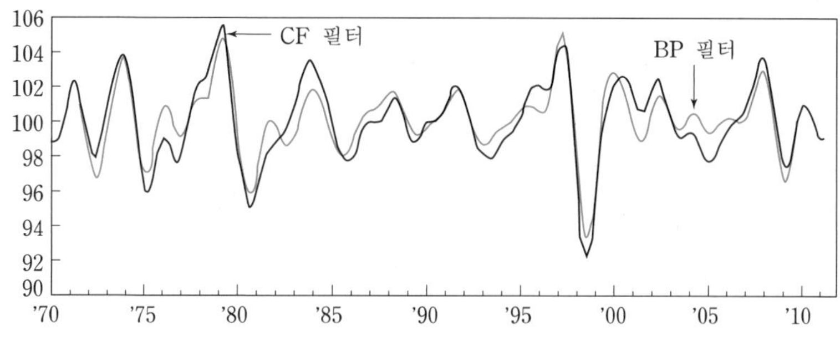

구한 GDP 순환변동계열(GDP_CY_BP)인데 이를 보면 HP 필터를 바탕으로 한 GDP 순환변동계열(GDP_CY)과 차이가 있으나 대체적으로 비슷하게 움직임을 알 수 있다. 다만 BP 필터는 양끝 자료부족으로 최근 시점에 대해 순환변동계열을 구할 수 없다.

[그림 6-16]은 CF 필터를 이용하여 구한 순환변동계열(GDP_CY_CF)과 BP (GDP_CY_BP) 필터를 이용한 순환변동계열의 추이이다. CF 필터는 비대칭 필터이므로 BP 필터와 다른 형태를 보이나 BP 필터와 달리 양끝에서 순환변동계열을 얻게 됨을 알 수 있다.

5.4. 경기전환점을 어떻게 지정할 것인가?

순환변동의 정점과 저점을 알면 현재 경기가 좋아지는지 나빠지는지를 알 수 있기 때문에 순환변동치를 바탕으로 경기의 정점과 저점을 지정하는 것이 중요하다. 현재 정·저점 지정방법으로는 NBER의 브레이-보챈(Bray-Bochan) 방법이 주로 이용되고 있다. 그러나 동 방법은 국면평균(PAT)법에 의한 추세추출과 관련하여 정·저점이 지정되기 때문에 동 방법을 이용하여 다른 추세추출법에 의해 산출된 순환변동계열에 대한 정·저점을 지정하기는 어렵다. 따라서 순환변동계열에 대한 일반적인 정·저점 지정방법을 새로이 마련할 필요가 있다.

이긍희(2000)는 NBER의 브레이-보챈 방법을 부분적으로 수정하여 정·저점 지정방법을 다음과 같이 마련했다. 경제통계의 순환변동계열값이 전후 4개 분기

의 값보다 큰(적은) 값을 갖는 시점을 경제통계의 정(저)점으로 지정한다. 단, 순환변동계열의 상승(하강)국면 지속기간이 2분기 이상이며, 인접 정(저)점 간에는 하나의 저(정)점이 존재한다. 또한 경제통계가 승(가)법형을 따를 경우 정점은 100(0)보다 커야 하며 저점은 100(0)보다 작아야 한다. 그러나 순환변동계열의 양끝 2분기에 대해서는 판단을 유보한다.

6. 순환변동치를 어떻게 분석할 것인가?

경제통계 한 개의 순환변동치가 있다면 정점과 저점이 어디인지 파악하여 경제통계의 현재 순환변동이 상승인지 하강인지를 파악할 수 있다. 또한 경기순환주기를 기준으로 경기 상승시점과 하강시점을 추측한다.

다음으로 순환변동 기준으로 분석하고자 하는 경제통계보다 빠르게 움직이는 경제통계, 즉 선행통계를 찾아서 이를 바탕으로 분석경제통계를 살펴볼 수 있다.

[그림 6-17] 선행지수 전년동월비와 동행지수 순환변동치 추이

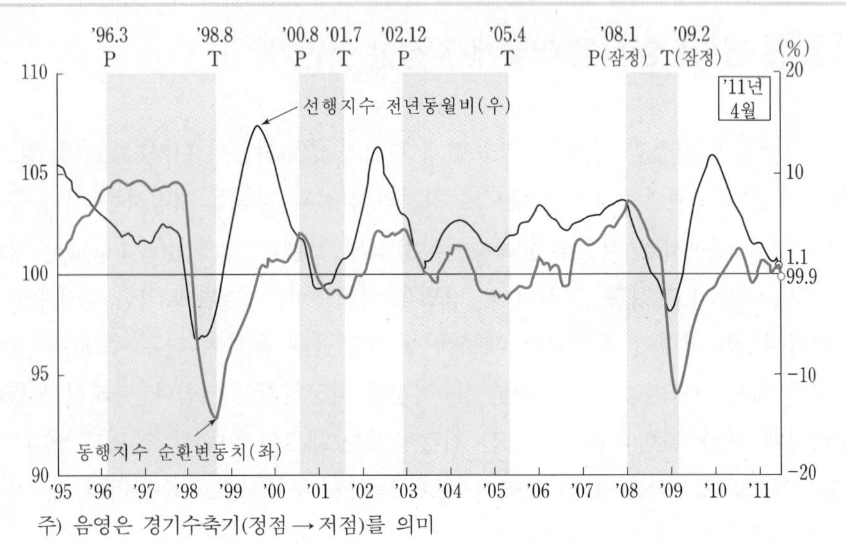

주) 음영은 경기수축기(정점 → 저점)를 의미

선행통계는 통상 경제활동상으로도 선행한다. 건설활동을 생각해 보면 건설수주와 건축허가면적이 건설기성액보다 선행하고, 산업생산에 앞서 기계수주나 자본재수입이 이루어지므로 기계수주나 자본재수입이 산업생산보다 선행한다. 그러나 선행통계가 실제로 통계학적으로 선행하는지는 따로 살펴보아야 한다. 통계학적으로 선행통계는 분석대상통계와 일정한 시차를 두고 밀접하게 움직이면서 그 정점과 저점이 분석대상통계의 정점과 저점보다 빠르게 움직이는 통계라고 할 수 있다.

대표적인 선행통계로는 선행종합지수가 있다. 선행종합지수의 순환변동치는 동행지수 순환변동치와 시차를 두고 밀접하게 움직이고 있다. 따라서 선행지수 전년동월비를 이용하여 현재의 경제 상황을 단기적으로 예측할 수 있다.

6.1. 두 개의 경제통계 간에는 어떤 시차구조가 있는가?

경제통계는 비슷한 추이를 보이며 움직이는 경향이 있다. 그러나 이러한 경제통계변동이 일정시차를 나타내는 경우가 많다. 예를 들어 통화량이 증가하면 일정한 시차를 두고 물가가 상승한다. 또한 금리를 인하하면 그 효과가 바로 나타나지 않고 일정한 시차를 두고 물가에 영향을 주게 된다. 이러한 이유에서 두

[그림 6-18] **원/달러 환율의 전년동월대비 증감률과 소비자물가지수 전년동월대비 증감률 추이**

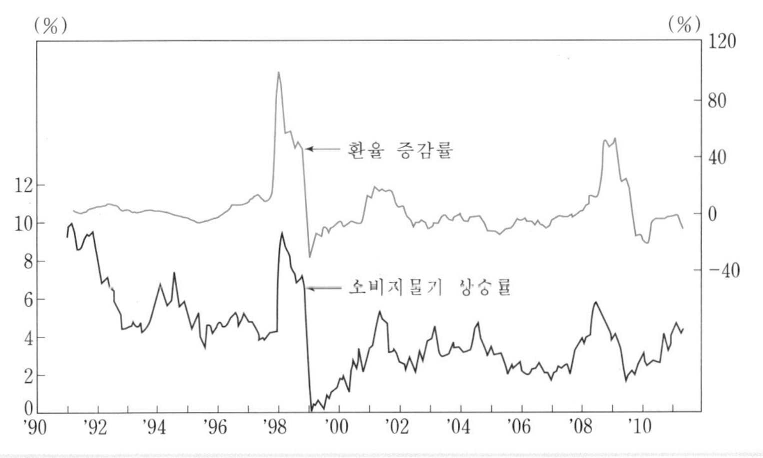

경제통계 간의 시차구조를 밝히는 것이 중요하다.

시차구조를 살펴보는 가장 간단한 방법은 두 경제통계의 시계열도표를 그려보는 것이다. 이를 통해 두 경제통계가 어떤 패턴으로 움직이는지를 알 수 있다. [그림 6-18]은 원/달러 환율의 전년동월대비 증감률과 소비자물가지수 전년동월대비 증감률을 같이 그린 그래프이다. 이를 보면 1997년 외환위기와 2008년 글로벌 금융위기에 두 통계 모두 크게 변동하면서 같이 움직이는 것으로 나타나고 있다. 1997년 외환위기의 경우 원/달러 환율이 소비자물가지수에 선행하는 것으로 보인다.

6.1.1. 교차상관계수를 이용하여 어떻게 시차구조 분석을 할 것인가?

두 경제통계의 관계를 표본상관계수로 파악했다. 만약 두 경제통계가 서로 시차를 두고 움직인다면 표본교차상관계수로 두 경제통계 간의 시차구조를 파악할 수 있다. 교차상관계수는 시차변수를 이용하여 상관계수를 다음과 같이 구하는 것이다.

$$r(k) = \frac{\Sigma(x_t - \overline{x})(y_{t+k} - \overline{y})}{\sqrt{\Sigma(x_t - \overline{x})^2 \Sigma(y_t - \overline{y})^2}}$$

여기서 $r(k)$가 최대가 되는 k의 부호에 따라 두 경제통계 선·후행 관계가 파악된다. $k<0$이면 Y가 X에 선행하는 것을 의미하며 $k=0$이면 Y가 X에 동행하는 것이다. $k>0$이면 Y가 X에 후행하는 것이다.

만약 X_t를 GDP, 산업생산지수 등 경기와 동행하는 경제통계라면 어떤 경제통계 Y가 경기에 선행하는지, 동행하는지, 후행하는지를 파악할 수 있다. 또한 $r(k)>0$이면 Y가 경기순응적이며 $r(k)<0$이면 Y가 경기역행적임을 의미한다.

예 6-1 교차상관계수를 이용한 자산가격의 인플레이션 선행성 분석 (김종욱, 2002)

시차상관계수를 통해 주택가격 및 토지가격이 인플레이션과 어떠한 관계를 나타내는지 그리고 초과수요압력지표인 GDP갭률과 유의적인 관계를 나타내는

지를 함께 살펴보았다. [표 6-1]에서 보듯이 부동산가격은 GDP갭률에 대해 같은 분기에서 가장 높은 상관관계를 보였으며 인플레이션에 대해서는 4분기 내외의 시차를 두고 가장 밀접한 정(正)의 상관관계를 나타냈다.

표 6-1 주택가격 및 토지가격 상승률과 주요 경제지표 간의 상관계수

(대상기간 : 1987.1/4~2001.4/4)

	0	1	2	3	4	5	6	7	8	9	10	11	12
GAP, HOUSE	0.38	0.34	0.25	0.13	0.02	−0.04	−0.11	−0.14	−0.14	−0.14	−0.13	−0.13	−0.14
INF, HOUSE	0.39	0.56	0.67	0.72	0.71	0.65	0.60	0.56	0.52	0.48	0.48	0.37	0.32
GAP, LAND	0.30	0.24	0.17	0.08	0.00	−0.05	−0.09	−0.10	−0.10	−0.09	−0.08	−0.09	−0.11
INF, LAND	0.45	0.56	0.65	0.72	0.74	0.74	0.72	0.70	0.68	0.63	0.60	0.54	0.48

주) t기의 인플레이션(INF) 및 GDP갭률(GAP)과 $t-1$기의 주택가격(HOUSE) 및 토지가격(LAND) 상승률 간 상관계수. INF, HOUSE 및 LAND는 전년동기대비 상승률

출처 : 국민은행 「도시주택가격 동향조사」, 건설교통부 『지가동향』

원/달러 환율 증감률과 소비자물가지수 증감률 간의 교차상관도표를 보면 최대 교차상관계수를 기준으로 정리해 보면 원/달러 환율 증감률이 소비자물가지

[그림 6-19] 원/달러 환율 증감률과 소비자물가지수 증감률 간의 교차상관도표

Sample: 1990M01 2011M12
Includod observations : 244
Correlations are asymptotically consistent approximations

ER_KR_P, CPI_P(−i)	ER_KR_P, CPI_P(+i)	i	lag	lead
		0	0.5128	0.5128
		1	0.4703	0.5150
		2	0.4258	0.4708
		3	0.3953	0.4024
		4	0.3690	0.3342
		5	0.3328	0.2659
		6	0.2884	0.1983
		7	0.2352	0.1351
		8	0.1828	0.0785
		9	0.1327	0.0279
		10	0.0784	−0.0315
		11	0.0322	−0.1015
		12	0.0064	−0.1657
		13	−0.0029	−0.1996
		14	−0.0138	−0.2055
		15	−0.0311	−0.2039
		16	−0.0471	−0.2007
		17	−0.0551	0.1952
		18	−0.0587	−0.1904
		19	−0.0610	−0.1813
		20	−0.0718	−0.1690
		21	−0.0862	−0.1566
		22	−0.0926	−0.1372
		23	−0.0928	−0.1238
		24	−0.0922	−0.1193

수 증감률보다 1개월 정도 동행하는 것으로 나타났다(그림 6-19 참조).

교차 스펙트럼으로도 두 변수 간의 시차구조를 파악할 수 있다. 교차상관계수가 시간영역에서의 두 변수 간의 시차구조를 측정하는 것이라면 교차 스펙트럼은 주파수영역에서 위상변화를 통해 두 변수 간의 시차구조를 측정하는 것이다.

6.1.2. 순환변동치를 어떻게 구하는가?

경제통계의 시차구조가 대부분 안정적이지 못할 경우 교차상관계수 또는 그레인저(Granger) 인과관계로 두 경제통계의 시차구조를 정확하게 알 수 없다. 우선 순환변동치의 정점 및 저점을 찾고 이를 비교하여 두 경제통계의 시차구조를 파악한다. 각각 상승률과 순환변동치를 그래프로 그려서 시차구조를 살펴볼 수 있다. 또한 순환변동치(또는 간이 순환변동치)의 정·저점을 각각 구하고, 이들을 비교해서 시차구조를 파악할 수 있다.

예 6-2 다양한 자산가격의 인플레이션 선행성 분석(김종욱, 2002)

인플레이션과 토지가격 또는 주택가격 상승률 간 시차구조를 [그림 6-20], [그림 6-21], [표 6-2]를 통해 살펴보면 토지가격 또는 주택가격 상승률이 인플레이션에 일정기간 선행하는 것으로 나타났다.

[그림 6-20] 인플레이션과 토지가격 상승률 추이

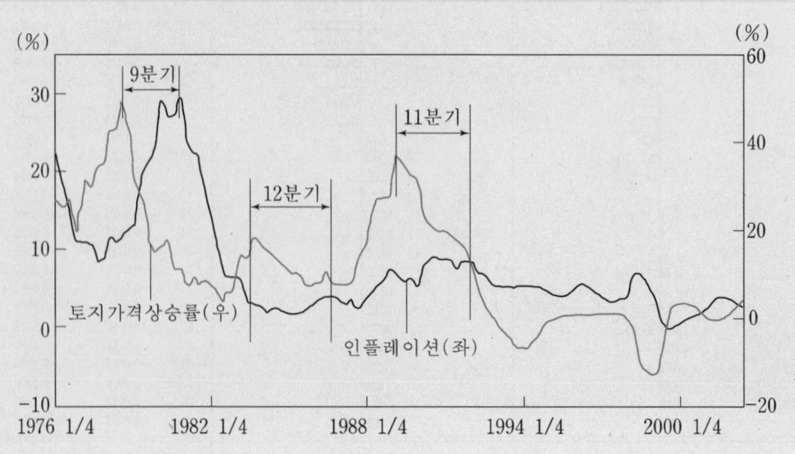

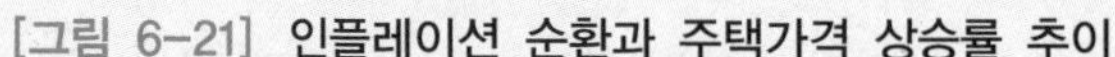

[그림 6-21] 인플레이션 순환과 주택가격 상승률 추이

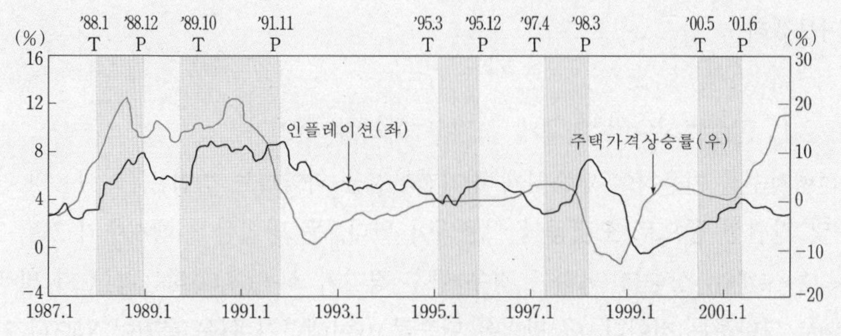

표 6-2 인플레이션과 주택가격 상승률 간의 정·저점 비교

인플레이션			주택가격			
순환기	저점	정점	저점	선행기간	정점	선행기간
제1순환	1988. 1월	1988.12월	1987. 8월	5개월	–	–
제2순환	1989.10월	1991.11월	–	–	1991. 4월	7개월
제3순환	1995. 3월	1995.12월	1993.10월	17개월	1994.12월	12개월
제4순환	1997. 4월	1998. 3월	1996. 1월	15개월	1997.10월	5개월
제5순환	2000. 5월	2001.6월	1998.11월	18개월	1999.11월	19개월

6.2. 경기전환점을 어떻게 예측할 것인가?

경제활동의 순환변동치 정점과 저점인 경기전환점을 판단·예측하는 경우를 생각해 보자. 경기전환점 판단과 예측은 경기선행지수의 전년동월대비 증감률 또는 전월비 증감률을 이용하여 진행하고 있다. 두 지표 모두 추세치가 제거된 순환변동치와 비슷한 특성이 있으며 과거 경기 기준순환일과 일정한 시차를 가지고 있다. 그러나 전월비 증감률은 변동기복이 다소 있어 거짓신호가 발생할 가능성이 있으므로 선행지수의 전년동월대비 증감률을 이용하여 경기를 판단하고 있다. 통상 동 지표가 현재까지와 반대방향으로 5개월 이상 연속하여 움직이면 그 시점을 경기전환점이 발생한 것으로 보고 동 시점에 평균선행시차를 더해서 경기전환점 발생시점을 추정하고 있다(통계청, 2000). 선행지수를 이용한 예측방법으로는 2연속 및 3연속 법칙, 연속신호법칙, 네프치(Neftci), 프로빗(Probit) 모형 등의 예측방법이 적극 활용되고 있다. 이절에서는 이 방법들에 대해 간단히 살펴보겠다.

6.2.1. 단순법칙으로 어떻게 경기를 파악할 것인가?

선행지수를 이용하여 단순하게 경기전환점을 파악하는 방법은 그 사용의 편리성 및 간편성 등으로 오랫동안 이용되어 왔다. 동 방법은 선행지수가 2번, 3번 연속(2～3개월) 상승(하락)하는 경우 향후 경기가 회복(후퇴)하는 신호가 발생한 것으로 판단하는 것이다. 이 방법은 단순하고 이해하기 쉬운 측면이 있으나 일시적 경기 상승(후퇴)과 경기전환점인 호황(불황)을 구분하기 어려움에 따라 거짓신호가 많고 선행기간이 불규칙하다는 단점이 있다. 우리나라와 같이 성장순환을 하는 경우 선행지수가 지속적으로 증가하는 경향이 있어서 이 방법을 수정 없이 그대로 적용하기 어렵다.

클라인과 니에미라(Klein and Niemira, 1994)는 연속하여 하락하는 개월수를 늘리지 않는 가운데 경기전환점 신호가 발생할 수 있도록 선행지수 단순준칙을 수정했다. 즉, 선행지수의 소규모의 연속적인 감소(증가)는 불황(호황)의 시작일 수도 있지만 거짓신호일 수도 있기 때문에 임계수준을 고려한 2, 3연속법칙을 제시했다.

6.2.2. 연속신호추출법으로 어떻게 경기를 파악할 것인가?

자노위치와 무어(Zarnowitz and Moore, 1982)는 선행지수의 정점이 동행지수의 정점에 비해 먼저 발생하는 등 선행지수 및 동행지수 간 움직임의 차이를 바탕으로 상승속도별로 지표에 대해 상한 및 하한 임계치를 이용하여 여섯 가지 신호를 정의하고 각 신호의 출현형태에 따라 경기확장과 하강을 파악했다. 경기가 정점에 근접하게 되면 선행지수 증가율이 먼저 떨어지기 시작하여 상한 임계치(H) 이하로 낮아지고(P_1) 경기하강이 진행되면 선행지수 증가율이 하한 임계치(L) 이하로 더욱 둔화되는 가운데 동행지수 증가율도 상한 임계치(H) 이하로 하락(P_2)하며 경기하강이 본격화되면 선행지수와 동행지수 증가율이 모두 하한 임계치(L)를 하회(P_3)하게 된다. 한편 경기가 저점에 근접하게 되면 선행지수 증가율이 먼저 상승하여 하한 임계치(L)를 넘어서고(T_1) 경기확장이 진행되면 선행

표 6-3 신호별 경기전환점 판정기준

	제1신호	제2신호	제3신호
경기 하강기	선행지수 증가율 < H 동행지수 증가율 > L →경기정점 근접(P_1)	선행지수 증가율 < L 동행지수 증가율 < H →경기하강 시작(P_2)	선행지수 증가율 < L 동행지수 증가율 < L →경기하강 본격화(P_3)
경기 확장기	선행지수 증가율 > L 동행지수 증가율 < L →경기저점 근접(T_1)	선행지수 증가율 > H 동행지수 증가율 > L →경기확장 시작(T_2)	선행지수 증가율 > H 동행지수 증가율 > H →경기확장 본격화(T_3)

주) H는 상한 임계치, L은 하한 임계치를 의미하며, 선행·동행지수 증가율은 다음 방식에 따라 계산

$$\left[\left\{\frac{x_t}{\sum_{i=1}^{12} x_{t-i-5}/12}\right\}-1\right]\times 100$$

지수 증가율이 상한 임계치(H)보다 높아지는 가운데 동행지수 증가율도 하한 임계치(L) 이상으로 상승(T_2)하며 경기확장이 본격화되면 선행지수와 동행지수 증가율이 모두 상한 임계치(H)를 상회(T_3)하게 된다. 이를 종합하면 경기국면별로 여섯 가지 신호(P_1, P_2, P_3, T_1, T_2, T_3)가 연속적으로 발생하게 된다(한국은행 1996).

6.2.3. 네프치모형으로 어떻게 경기를 파악할 것인가?

네프치(1982)는 매 시점별로 확장국면과 수축국면에 대한 이론적 확률분포를 구한 후 이를 바탕으로 각 시점에서 경기전환이 발생할 확률(posterior robability)을 연속적으로 분석·계산하는 경기전환점 예측방법을 제시했다. 동 방법의 확률분포는 신규자료가 추가되면서 그 분포추정이 정확해지는 장점이 있다. 통상 추정된 확률이 일정한 임계치(예를 들어 95%)를 넘어서면 경기전환점이 임박했다고 판단한다.

네프치모형은 선행지수 단순법칙보다 선행지수에 담긴 과거 정보를 보다 잘 활용함으로써 경기전환점 예측에 유용한 정보를 제공하고 있다. 따라서 네프치 모형은 단순한 2, 3연속법칙에 비해 경기전환점을 조기에 파악할 수 있다. 또한 선행지수에 담긴 역사적 정보(확률분포)를 이용하기 때문에 경기전환점에 대한 거짓신호를 줄일 수 있다. 경기전환점을 예측하기 위한 네프치 확률을 연속적으

[그림 6-22] **경기선행종합지수의 정점확률 추이**

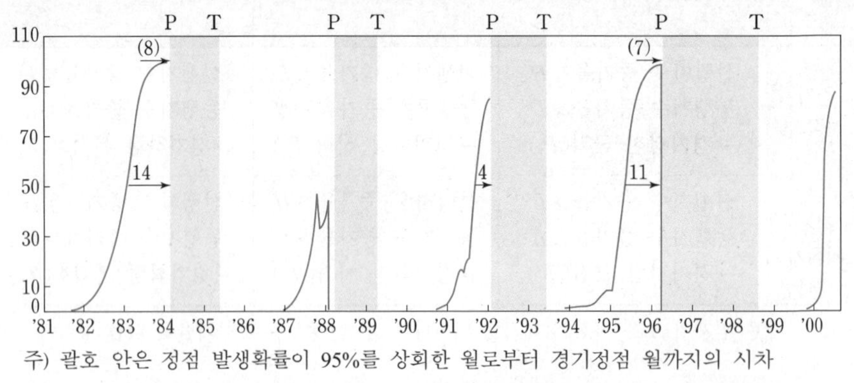

주) 괄호 안은 정점 발생확률이 95%를 상회한 월로부터 경기정점 월까지의 시차

로 계산할 수 있는 방정식의 형태로 표현할 수 있다. 여기에서 연속 계산이 된다는 것은 시점 t에서의 경기전환점 발생확률이 발생한 경기전환점에 대한 정보와 시점 $t-l$의 정보의 함수로 표현할 수 있음을 의미한다. 불황이 임박할 확률은 다음과 같이 계산할 수 있다.

$$P_t = \frac{[P_{t-l} + \pi^r(1-P_{t-l})]F^r}{[P_{t-l} + \pi^r(1-P_{t-l})]F^r + (1-P_{t-l})(1-\pi^r)F^e}$$

여기에서 P_t는 시점 t에서 불황이 발생할(경기정점) 확률을, P_{t-l}은 시점 $t-l$에서 불황이 발생할 확률을, π^r은 $t-l$ 시점에서 확장국면이라는 가정하에서 시점 t에 불황국면으로 진입할 평균적인 전이확률을 나타낸다. F^e, F^r은 최근의 경기선행지수가 각각 확장국면과 수축국면에 있을 확률을 나타낸다. 한편 시점 t에서 경기저점이 발생할 확률은 π^r 대신 π^e(경제가 시점 $t-l$에서 수축국면인 상태라는 가정하에서 시점 t에 호황으로 돌아설 평균적인 전이확률)를 이용하고 방정식에서 F^e, F^r의 자리를 서로 바꾸어서 계산할 수 있다. 통계청 선행지수를 이용하여 네프치모형으로 경기전환점 발생확률을 계산하면 [그림 6-22]와 같다(성병희 · 이긍희, 2000).

6.2.4. 프로빗모형

프로빗(Probit)모형은 선행지수에 담긴 정보를 이용하여 장래에 어떤 사건이 발생할 확률을 추정하는 비선형모형인데 경기불(호)황의 발생을 예측하기 위해 이용되어 왔다(Estrella et. al. 1998, Stock and Watson 1991). 경기의 정(저)점에서 저(정)점까지의 기간을 불(호)황으로 정의하고 동 기간에 대하여 '1'로, 나머지 기간에 대하여 '0'으로 지정한 후 동 변수를 종속변수로, 선행지수 등을 설명변수로 하여 프로빗모형을 작성하고 있다. k개월 앞서 불(호)황이 올 확률을 예측하려면 설명변수로 k개월 이상의 시차변수를 이용해야 한다.

프로빗모형에서는 종속변수는 0, 1 또는 예, 아니오와 같은 이산형 반응변수를 확률변수로 표현한 후 그 변수를 종속변수로 하여 다음과 같이 모형을 작성할 수 있다.

$$P_i = E(y_i = 1 | x_i) = F(\alpha + \beta x_i) = F(z_i)$$

여기에서 설명변수(X)가 종속변수(Y)에 미치는 영향력의 형태를 누적정규분포 F를 이용하여 표현한다. 만약 z_i가 일정수준 이상이면 사건이 발생하고($y_i = 1$), 일정수준보다 작으면 사건이 발생하지 않는다($y_i = 0$). 모형의 추정은 $z_i = F^{-1}(P_i) = \alpha + \beta x_i$의 형태로 진행되는데 모형의 계수는 통상 최우추정법으로 추정된다.

예 6-3 Probit모형을 이용한 경기전환점 예측(성병희 · 이긍희, 2001)

성병희 · 이긍희(2001)는 불황국면을 파악하기 위해 프로빗모형을 6개월 전에 작성했다. 불황국면은 상대적으로 짧아서 모형화하기 어려운 점을 감안하여 호황국면의 확률을 프로빗모형으로 추정한 후 추정된 확률을 1에서 차감하여 불황국면의 확률을 다시 계산했다. 프로빗모형의 설명변수로는 6개월 전 선행종합지수(새로이 작성한 지수)와 동 지수에서 포괄하지 못한 대외환경변수로 9개월 전 엔/달러 환율, 6개월 전 위엔/달러 환율을 이용했다. 선택된 설명변수에 대해서는 변동성을 줄이기 위해 로그변환 및 3개월 중심화 이동평균을 한 후 차분했다. 이동평균 과정에서 말단처리를 위해 1개월을 ARIMA모형 등으로 예측했으며 시차는 로그우도함수를 최대화하는 시차로 지정했다. 모형 추정결과는 다음과 같다. 여기에서 F는 누적정규분포이다. 괄호 안은 t값이며 추정기간은

1980년부터 2000년 6월까지이다.

$$P(\text{호황}|CLI_{t-6},\ YEN_{t-9},\ YUAN_{t-6}) =$$

$$F(0.15 + \underset{(4.43)}{49.64}CLI_{t-6} - \underset{(2.91)}{33.63}YEN_{t-9} - \underset{(2.86)}{20.39}YUAN_t - 6)$$

$$P(\text{불황}|CLI_{t-6},\ YEN_{t-9},\ YUAN_{t-6}) =$$

$$1 - P(\text{호황}|CLI_{t-6},\ YEN_{t-9},\ YUAN_{t-6})$$

로그우도값 : − 132.14 *CLI, YEN, YUAN* 은 각각 로그평활화된 선행지수, 엔/달러, 위엔/달러의 차분을 이용했음

동 모형에 의해 추정된 불황확률이 0에 가까우면 경제가 가까운 미래에 불황에 접어들 가능성이 낮고 확률이 1에 가까우면 불황일 가능성이 높은 것으로 해석할 수 있으므로 동 모형은 경제가 확장국면에서 수축국면으로 전환하는 전환점을 예측하는 데 쉽게 사용할 수 있다. 통상 추정된 확률이 50%를 넘어서면 확장국면이 지속되는 것보다 불황에 한 발짝 더 가까이 위치해 있을 가능성이 있음을 의미한다. 프로빗모형을 새로운 선행지수 등에 적용하여 추정한 확률추이를 살펴보면 [그림 6-23]과 같다. 추정결과 외환위기 시점을 제외한 대부분의 불황기간에서 대체로 0.5보다 크게 나타나 불황이 비교적 잘 포착된 것으로 나타났다.

[그림 6-23] 프로빗모형에 의한 확률예측

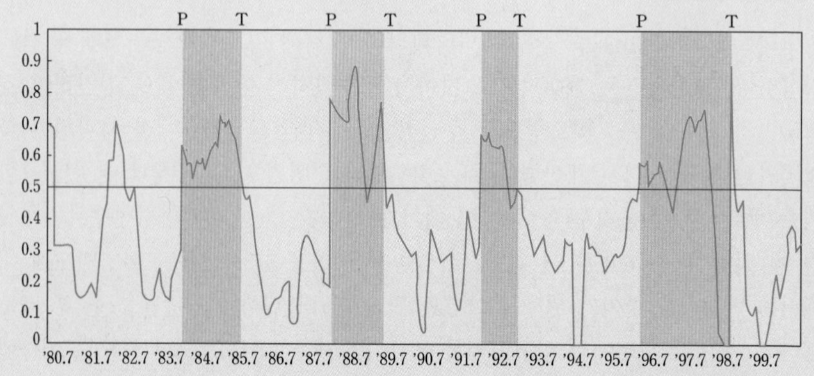

프로빗모형의 다른 형태로는 로짓(logit)모형이 있다. 로짓모형에서는 누적확률분포로 로지스틱 분포가 이용된다. 동 분포는 누적정규분포보다 꼬리가 두꺼운 모양을 갖고 있으나 로짓모형 추정결과는 프로빗모형의 결과와 큰 차이를 보이지는 않는다.

6.2.5. 마코프전환모형으로 어떻게 경기를 파악하는가?

해밀턴(Hamilton, 1989)은 경기변동을 상승국면 및 하강국면이 비선형적으로 전환하는 과정이라고 인식하고 이러한 국면전환을 내생적으로 포착할 수 있는 마코프전환모형(Markov switching model)을 개발했다. 1990년대 들어서 해밀턴이 제시한 마코프전환모형과 상태공간모형을 결합한 다양한 형태의 상태공간 마코프전환모형(state space models with Markov switching)이 경기변동을 분석하는데 이용되어 왔다.

경기국면 전환을 고려한 모형에서 Δy_t의 평균 μ가 0 및 1의 정수값을 갖는 이산확률변수(discrete random variable)의 함수라고 가정하면 다음 모형과 같이 표현된다. 여기서 μ_{St} 및 σ^2_{St}은 0의 국면일 경우($S_t=0$) μ_0 및 σ^2_0의 값을, 1의 국면일 경우($S_t=1$) μ_1 및 σ^2_1의 값을 갖는다. 이산확률변수 $S_t(t=1,2,\cdots,T)$의 값, 즉 t기의 국면이 무엇인지를 사전에 알 수 없으므로 이산확률변수 S_t가 2-상태 1차 마코프전환 과정이라고 가정하면 다음과 같은 마코프전환모형을 고려할 수 있다.

$$(\Delta y_t - \mu_{S_t}) = \phi(\Delta y_{t-1} - \mu_{S_{t-1}}) + \epsilon_t,\quad \epsilon_t \sim i.i.d.\ N(0, \sigma^2_{St})$$

$$\Pr\{S_t = j \mid S_{t-1} = i\} = p_{ij},\ i, j = 0,\ 1,\ \sum_{j=0}^{1} p_{ij} = 1$$

$$\mu_{S_t} = \mu_0(1 - S_t) + \mu_1 S_t,\ \sigma^2_{s_t} = \sigma^2_0(1 - S_t) + \sigma^2_1 S_t$$

$$S_t = 0, 1 \quad (\text{국면이 } 0 \text{ 또는 } 1)$$

이 모형에서 모수 ϕ, μ_0, μ_1, σ^2_0, σ^2_1, p, q는 로그우도함수를 극대화하여 추정된다. 추정된 모형을 바탕으로 Δy_t가 국면 0 및 1에 속할 확률과 평활화확률 $\Pr\{S_t = i\}$를 계산할 수 있다. 만약 평활화확률값이 임계치를 초과하여 그 상태가 지속될 경우 임계치를 넘어선 최초 시점에서 국면의 전환이 이루어진 것으로 판단한다.

1. 추세변동계열은 직접 측정되는 것이 아니라 이론적 또는 비이론적 방법으로 추정되고 있다.

2. 비이론적 추세추출법은 크게 전통적 방법, 평활법, 모형에 의한 방법으로 구분할 수 있다. 전통적 방법으로는 회귀분석법, 국면평균법이 있으며 평활법으로는 HP 필터, 커널 평활법 등이 있다. 모형에 의한 방법으로는 베버리지·넬슨법, 디컴포즈(Decompose)법, TREMOS-SEATS 등이 있다.

3. 순환변동은 경제통계의 전년동월대비 증감률 또는 계절조정계열의 전기비를 통해 간편하게 살펴볼 수 있으며 시간영역 및 주파수영역의 추출법을 통해 구할 수 있다.

4. 추세변동계열과 순환변동계열은 관측할 수 없기 때문에 그 타당성은 순환변동계열을 경기 기준순환일과 비교하거나 신규 통계 입수로 인한 추세 및 순환 변동계열의 개정오차를 계산함으로써 간접적으로 파악할 수 있다.

5. 경기전환점은 2연속 및 3연속 법칙, 연속신호법칙, 네프치모형, 프로빗모형 등을 이용하여 예측된다.

제 7 장

경제현상을 모형으로 어떻게 설명할 것인가?

개 요

경제학에서는 가계·기업 등의 경제주체가 나타내는 행동 또는 국민소득·소비·환율 등 경제변수의 움직임을 분석할 때 현실경제를 단순화시킨 모형을 이용한다. 경제학에서 이용하는 모형은 대부분 수학의 방정식이나 그래프 형태로 표현된다. 경제통계분석이란 경제통계를 이용하여 경제모형을 구체화하거나 기존의 경제모형이 현실과 적합한지를 검증하는 것이다. 이 장에서는 경제통계의 모형화를 위한 기초원리를 살펴보고 회귀분석모형과 연립방정식 모형의 작성과 활용에 대해 살펴본다.

1. 경제통계를 이용해서 어떻게 경제현상을 모형으로 표현하는가?

대부분의 학문 분야에서는 복잡하게 얽혀 있는 현실에서 본질적인 현상을 분석하기 위해 현실을 단순화시킨 모형을 사용한다. 경제학에서도 가계·기업 등의 경제주체가 나타내는 행동 또는 국민소득·소비·환율 등 경제변수의 움직임을 파악하고 설명하기 위해 현실경제를 단순화시킨 모형을 개발하고, 이를 이용하여 경제이론을 분석한다. 경제학의 모형은 대부분 수학의 방정식이나 그래프 형태로 표현된다. 가계에서의 소득과 소비의 관계를 나타내는 소비함수, 기업의 생산에서 요소투입량과 산출량 사이의 관계를 나타내는 생산함수, 한 나라 전체의 경제주체들이 나타내는 경제활동을 단순하게 표현한 경제순환모형 등이 경제모형의 간단한 예이다. 경제모형을 현실경제에 적용하기 위해서 경제통계를 이용하여 경제모형을 구체화하거나 기존의 경제모형이 현실과 적합한지를 검증하는 경제통계분석을 실시한다. 하나의 경제통계를 분석할 때 경제통계자료의 특징 및 변동요인을 파악하고 미래의 예측치를 도출할 수 있는 모형을 작성한다. 두 개 이상의 경제통계를 분석할 때는 이들 사이의 상관관계 또는 인과관계를 분석하기 위한 모형을 작성한다.

1.1. 경제이론을 만들 때 경제통계는 어떤 역할을 하는가?

만유인력의 법칙은 뉴턴이 사과나무에서 사과가 떨어지는 것을 유심히 관찰한 것에서 비롯되었다고 한다. 이러한 만유인력의 법칙은 사과뿐만 아니라 다른 사물이 땅으로 떨어지는 현상에 대해서도 성립한다. 뉴턴의 만유인력은 현실에서 실제 관측되는 현상을 잘 설명한다.

관측된 현상과 이론 사이의 이러한 관계는 경제통계와 경제이론에도 그대로 적용된다. 거시경제분석에서 중요한 이론인 필립스 곡선은 실업률과 물가상승률을 관측하면서 이들 사이에 상충관계가 있음을 알게 되었다. 필립스 곡선의 상충관계는 단기적으로만 성립할 뿐 장기에는 자연실업률을 중심으로 실업률이 결정된다는 이론 역시 실업과 인플레이션의 변화를 시간의 흐름에 따라 지속적으로 관측한 결과로부터 도출되었다.

이와 같이 경제학은 경제현상에 대한 관측에서 출발하지만 경제학은 통계의 사용에서 다른 학문 분야와 차이가 있다. 즉, 경제학에서 이용되는 경제통계는 실험을 통해 얻기 어렵다는 것이다. 물리학에서는 중력이론을 분석하기 위해 실험실에서 다양한 물건이 떨어지는 현상을 관측하여 자료를 구할 수 있다. 그러나 경제학 연구를 위해 한 나라의 실업률이나 인플레이션율을 경제학자들의 의도에 따라 조절할 수는 없으며, 한 경제에서 만들어지는 현상과 자료를 이용해서 경제이론을 개발할 수밖에 없다. 즉, 경제학 연구는 자연과학처럼 실험실에서 자료를 만들어 낼 수 없기 때문에 역사적 경험을 통해 얻어지는 통계에 의존할 수밖에 없다.

참고 7-1 필립스 곡선과 자연실업률 가설

애컬로프(G. Akerlof) 교수는 2001년 노벨 경제학상 수상 연설에서 "거시경제적 관계 중에서 가장 중요한 것은 필립스 곡선일 것이다."라고 말했다. 인플레이션과 실업의 단기관계를 나타내는 필립스 곡선의 기원은 1958년 영국의 경제학자 필립스(A.W. Phillips)가 발표한 논문이다. 그는 논문 「1861~1957년 영국의 실업률과 명목임금 변화율의 관계」에서 실업률과 인플레이션율 사이에 마이너스(−) 상관관계가 있음을 보였다. 즉, 실업률이 낮은 해에는 인플레이션이 높고, 실업률이 높은 해에는 인플레이션이 낮다는 사실을 보여 주는 통계에 대한 분석결과를 제시했다. 필립스는 인플레이션율과 실업률이라는 두 거시경제변수 사이에 그때까지 경제학자들이 생각하지 못한 관계가 존재함을 밝힌 것이다.

이러한 결과에 이어 미국에서도 새뮤얼슨(P. Samuelson)과 솔로(R. Solow)에 의해 실업률과 인플레이션율 사이에 마이너스(−) 상관관계가 존재한다는 사실을 입증하는 논문이 발표되었다. 이를 토대로 실업률이 낮을 때는 총수요가 높아 경제 전체의 임금과 물가에 상승압력이 가해진다는 이론이 제시되었다. 이들은 실업률과 인플레이션율 사이의 마이너스(−) 상관관계를 필립스 곡선이라 불렀다. 1960년대 후반 새뮤얼슨과 솔로가 거시경제정책에 관한 논의에 필립스 곡선을 도입한 직후 많은 경제학자들이 이 이론에 대해 연구하기 시작했다.

프리드먼(M. Friedman)과 펠프스(E. Phelps)는 실업률과 인플레이션율 사이의 장기적 상충관계를 부정하는 논문을 발표했다. 정부가 필립스 곡선을 이용하여 인플레이션의 상승을 감수하고 실업률을 낮추기 위한 정책을 시행하면 실업률은 일시적으로만 낮아질 뿐 장기적으로는 자연실업률로 돌아간다는 자연실업률 가설을 제안했다. 프리드먼과 펠프스가 자연실업률 가설을 제시한 1968년 당시의 과거 통계를 보면 우하향하는 필립스 곡선이 형성된다. 즉, 1961~1968년 기간 중에는 인플레이션이 높아짐에 따라 실업률이 하락하는 관계가 나타났다(그림 7-1 참조).

그러나 1960년대 후반부터 미국 정부가 총수요 확대정책을 시행하면서 프리드먼과 펠프스의 예측은 현실로 나타났다. 베트남전이 과열되면서 정부지출이 증가했으며, 통화증가율도 1960년대 초에 7% 수준에서 1970~1972년에는 13%로 확대되었다. 이에 따라 1960년대 초에 1~2% 정도였던 인플레이션율이 1960년대 말과 1970년대 초에는 5~6%로 높아졌다. 그러나 프리드먼과 펠프

[그림 7-1] 1960년대의 필립스 곡선

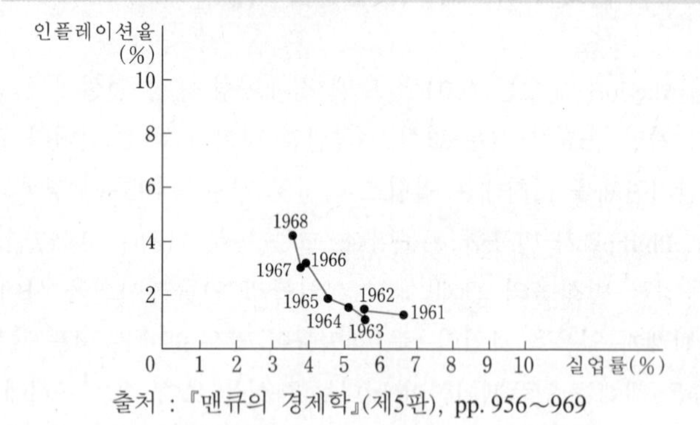

출처 : 『맨큐의 경제학』(제5판), pp. 956~969

[그림 7-2] 필립스 곡선의 소멸

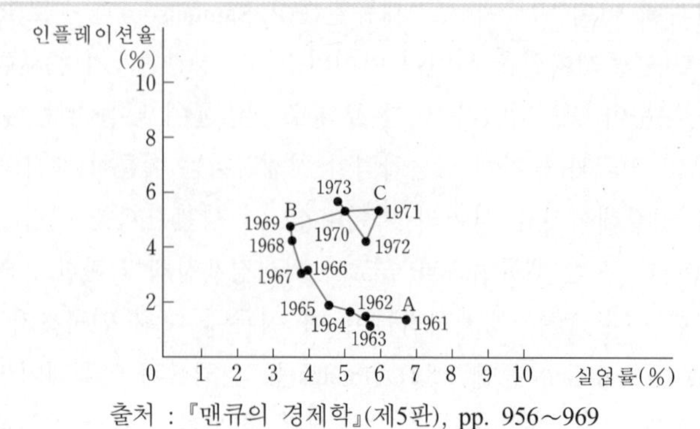

출처 : 『맨큐의 경제학』(제5판), pp. 956~969

스의 주장대로 실업률이 낮아지지는 않았다. 실제로 1961~1973년 기간 중 미국의 인플레이션율과 실업률 추이를 나타낸 [그림 7-2]를 보면 두 변수 사이의 단순한 마이너스(−) 관계가 더 이상 성립하지 않음을 알 수 있다. 정책담당자들은 1973년에야 장기적으로 인플레이션율과 실업률 사이에 상충관계가 없다는 자연실업률 가설이 옳았다는 사실을 깨달았다.

1.2. 경제통계분석에서 모형은 어떤 역할을 하는가?

현대자동차나 포스코에 공장견학을 가보면, 안내 담당자가 안내실 입구에 전시되어 있는 모형을 이용하여 각 생산공정의 역할과 이들 사이의 관계에 대해 설명한다. 이 모형은 실제 생산공정과는 다르며, 전체 생산과정을 단순화시켜 표현한 것이다. 이 단순성은 생산과정을 전체적으로 이해하는 데 도움이 된다. 이와 같이 모형은 물리학·공학·사회학·통계학 등 현실을 분석하는 대부분의 학문 분야에서 활용되고 있다. 즉, 매우 복잡하게 얽혀 있는 현실에서 가장 중요하고 본질적인 현상을 분석하여 불필요한 요인을 제외한 모형을 사용하게 된다.

경제학에서도 소비함수, 생산함수, 경제순환모형 등 경제의 기본적인 작동원리를 설명하기 위하여 모형을 사용한다. 경제학의 모형은 대부분 수학의 방정식이나 그래프 형태를 띤다. 모형으로 일련의 경제변수 사이에 나타나는 상관관계 또는 인과관계를 추상화하여 간단하게 표현할 수 있기 때문이다. 예를 들어 수요이론의 경우, 가격이 변할 때 수요량이 어떻게 변화하는지를 분석하기 위해 다음과 같은 함수식을 사용한다.

$$y_t = f(x_t)$$

여기서 y_t 는 결과가 되는 종속변수, x_t 는 원인이 되는 설명변수를 나타내며, f는 함수를 의미한다.

수요함수의 경우, 가격과 수요량 이외의 다른 변수들은 고정되어 있다는 가정하에 모형이 구축된다. 다른 변수가 불변이라면 가격의 변화가 수요량의 변화를 초래한다는 인과관계를 확인할 수 있다. 따라서 함수식에서 가격은 원인이 되는 설명변수 x_t 가 되며, 수요량은 결과가 되는 종속변수 y_t 가 된다.

수요함수를 작성하려면 두 변수 사이의 관계에 대한 체계적인 분석이 선행되어야 한다. 특히 한 변수가 다른 변수에 미치는 영향을 측정하기 위해 다른 모든 변수를 일정하게 고정시킨다는 것이 현실적으로 매우 어렵다는 점을 고려해야 한다. 다른 변수들이 고정되어 있지 않다면, 모형에 포함되지 않은 제3의 변수에 의해 초래된 변화를 가격변화의 효과로 잘못 판단할 우려가 있다. 예를 들어 경제 전체의 물가상승에 따라 가격상승과 동시에 소득증가가 나타나는 경우, 수요량의 변화는 가격효과뿐만 아니라 소득효과를 동시에 반영하게 된다. 이러한 누락변수(omitted variable)의 존재 이외에 통계의 작성과정에서 발생하는 측정오차(measurement error) 등을 고려하여, 모형의 불확실성을 나타내는 변수로 오차 ϵ_t 를 포함하는 다음의 모형을 이용한다.

$$y_t = f(x_t) + \epsilon_t$$

오차가 없는 모형은 두 변수 사이의 확정적(deterministic) 관계를 나타내는 수리모형으로 경제모형(economic model)이라 부르며, 오차가 포함된 모형은 두 변수 사이의 확률적(stochastic) 관계를 나타내며 계량경제모형(econometric model)이라고 한다. 즉, 경제모형은 경제이론을 바탕으로 다른 변수가 불변이라는 전제하에 복잡한 경제현상을 단순한 수리적 함수로 표현한 것이며, 계량모형은 누락변수, 측정오차 등을 고려하여 경제모형에 오차항이 추가된 형태를 띠고 있다. 실제 경제통계를 이용한 분석에서는 계량경제모형이 사용된다.

수요함수는 통상적으로 다음과 같은 선형함수의 형태로 분석된다.

$$y_t = \alpha + \beta x_t$$

여기서 α, β는 설명변수와 종속변수 사이의 관계를 나타내는 것으로 모수 또는 계수라고 한다. 수요함수의 경우, 원인이 되는 설명변수 x_t 는 가격이고, 결과가 되는 종속변수 y_t는 수요량이다. 이러한 형태의 모형은 다른 경제현상을 모형화할 때도 널리 적용된다. 예를 들어 한 가계의 소비수준은 그 가계의 소득에 따라 결정되며, 한 국가의 전체 소비량은 그 국가의 총생산능력(GDP)에 의존하는 현상을 분석한다고 하자. 이 경우 소득(또는 GDP)을 설명변수로 하고, 소비를 종속변수로 하는 모형을 구축할 수 있다.[1] 또 다른 예로 인플레이션이 정부의 통화증발에 의해 일어난다고 하여, 설명변수로 통화증가율을 사용하고, 종속변수로 인플레이션율을 설정한 모형을 고려할 수 있다.

[그림 7-3]은 1970년부터 2010년까지 한국의 분기별 자료를 이용해서 국내총소득(GDP)과 민간소비지출(CP)의 관계를 그래프로 나타낸 것이다. 이 경우 경제발전과 함께 우리나라의 소득수준이 상승함에 따라 소비지출도 일정한 비율로 증가하는 패턴을 보이고 있어, 두 변수 사이의 관계는 선형함수로 표현될 수 있는 것으로 나타났다. 그러나 실제 관측치들은 직선 위에 위치하지 않고 이 선을 중심으로 흩어져 있는 형태를 띤다. 이는 소비의 변화가 소득수준에 의해서만 결정되지 않기 때문이다. 즉, 소비수준이 당시의 소득 이외에 실업률, 미래경기의 예측 등 다양한 요인에 의해 영향을 받기 때문에, 동일한 설명변수의 값에 대해 서로 다른 종속변수의 값이 관측될 수 있다.

이와 같이 누락변수, 측정오차, 모형설정오류 등에 의해 두 변수 사이에 완전한 선형관계가 존재하지 않는 경우 경제모형에 불확실성을 나타내는 변수로 오차항을 포함하는 다음의 계량경제모형을 사용한다.

[그림 7-3] **소비함수 : 국내총소득과 민간소비지출의 관계**

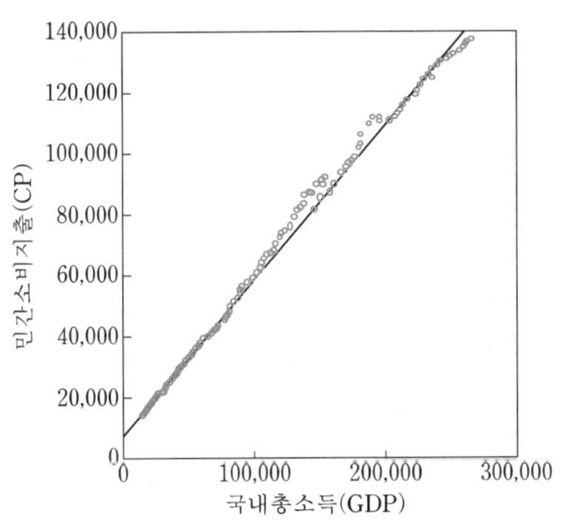

1) 실질국내총소득은 실질GDI로 측정되나 GDP와 큰 차이가 없어 대용변수로 GDP를 이용했다.

$$y_t = \alpha + \beta x_t + \epsilon_t$$

계량경제모형은 소비의 변화를 소득에 의해 영향을 받는 부분과 소득 이외의 요인에 의해 영향을 받는 부분으로 구분하여 표현된다. 이 경우 $\alpha + \beta x_t$는 종속변수(소비)의 변화 중에서 설명변수(소득)가 설명하는 체계적인 부분을 나타내며, 오차항(ϵ_t)은 설명변수로 설명할 수 없는 종속변수의 비체계적인 변동을 나타낸다. 소비함수에서 β는 소득의 변화에 따른 소비의 평균적 변화분을 나타내는 것으로 '한계소비성향'이라 한다.

한편 소비함수에 포함된 각 변수에 자연대수를 취하여 선형모형으로 나타낼 수 있는데 다음과 같은 더블로그(double-log)모형으로 표현된다.

$$\log y_t = \gamma + \delta \log x_t + \epsilon_t$$

이 경우 δ는 "소비의 소득 탄력성"이라 부른다. 이 모형은 탄력성이 소득 변화와 관계없이 일정하다는 가정을 기초하기 때문에 고정탄력성모형이라 부른다.

계량경제모형은 한 변수의 움직임을 다른 변수의 변화로 설명하려는 모형이라는 의미에서 회귀모형(regression model)이라고도 한다. 우리가 경제통계를 이용하여 경제이론 또는 경제모형의 현실적합성을 검증한다는 것은 회귀분석(regression analysis) 기법을 적용해 계수 α, β에 대한 통계적 추론을 시행하는 것을 의미한다. 소비함수에서는 한계소비성향을 나타내는 계수 β에 대한 추정 및 가설검정을 통해 소득과 소비 사이의 관계를 분석할 수 있다. [그림 7-3]에 제시된 경제통계가 주어지면, 이로부터 소득의 변화에 따른 소비의 평균적 변화분(그림 7-3에서 직선의 기울기)을 추정할 수 있다.

계량경제모형을 구축하는 또 다른 중요한 목적은 경제변수의 예측치를 구하는 것이다. 미래 특정 시점에서의 설명변수값을 알 때, 이에 대응하는 종속변수의 값을 예측하기 위해 경제통계모형이 많이 사용된다. 이때 현재까지 자료로부터 추정된 두 변수 사이의 관계가 미래에도 계속 성립한다는 가정하에 예측치를 도출한다. 이러한 예측기법은 경제변수의 미래값에 대한 추정뿐만 아니라 경제정책 분석이나 기업의 경영전략 수립에도 사용될 수 있다. 예를 들어 통화증가율이 인플레이션율에 미치는 효과를 분석한 결과를 이용하면, 인플레이션율을 일정한 목표수준 이하로 유지하기 위해 통화당국의 정책변수인 통화증가율을 어떤 수준으로 설정할 것인지를 결정할 수 있다. 기업에서는, 광고량의 변화가 매출액에 미치는 영향을 분석한 모형을 추정하여 이윤극대화를 위해 필요한 광고비를 결정하는 데 사용할 수 있다.

이제까지는 소비지출을 종속변수, 소득을 설명변수로 하는 단순회귀모형을 고려했다. 그러나 실제 경제현상을 살펴보면 소비지출이 소득 이외에 부동산이나 주가 같은 자산가격과 금리 등에도 영향을 받는다. 이 경우 앞서의 소비모형에서 설명변수로 소득 이외에 부동산가격, 주가, 금리를 설명변수로 추가한 모형을 설정할 필요가 있다. 이와 같이 여러 개의 설명변수를 포함하는 일반적인 회귀모형을 다중회귀모형이라 한다. 설명변수가 k 개인 일반적인 회귀모형은 다음과 같이 표현된다.

$$y_t = \beta_0 + \beta_1 x_{1t} + \beta_2 x_{2t} + \cdots + \beta_k x_{kt} + \epsilon_t$$

이러한 계량경제모형에 대해서도 회귀분석기법을 적용해 계수들에 대한 통계적 추론을 시행하여 경제이론 또는 경제모형의 현실적합성을 검증하고, 추정결과를 이용하여 미래의 설명변수값에 대응하는 종속변수의 예측치를 도출할 수 있다.

1.3. 계량경제모형은 어떻게 구분되는가?

경제통계분석에 이용되는 모형은 구축방법에 따라 경제이론과 무관하게 경제통계 자체의 특징과 변동요인을 파악하고 이를 토대로 경제현상을 분석하기 위한 시계열모형과 기존의 경제이론이 현실에 적합한지를 검증하기 위한 계량경제모형으로 구분된다. 계량경제모형은 분석대상변수의 수에 따라 하나의 경제변수를 다른 변수로 설명하는 단일방정식 모형(single-equation model)과 두 개 이상의 경제변수에 대한 모형을 동시에 구축하는 다변량방정식 모형(multiple-equations model)으로 구분할 수 있다.

1.3.1. 시계열모형이란 무엇인가?

개별 경제통계에 대해서는 그 자료의 특징 및 변동요인을 파악하고 미래의 예측치를 도출하기 위한 모형이 사용된다. 경제통계들은 일정한 패턴을 가지고 움직이는 경향이 있는데, 이런 패턴은 과거 경제통계의 움직임과 연결되는 일정한 구조를 따른다는 것으로 가정하여 모형화할 수 있다. 이 경우 일련의 통계가 확률법칙에 따라 생성되는 구조를 수학적 함수로 나타낸 확률과정을 이용하여 시계열모형을 설정한다. 예를 들어 제4장에서 소개한 바와 같이 경제통계를 그 자신의 시차변수 또는 과거 오차항의 함수로 설정하여 분석하는 ARIMA모형이 이에 해당한다.

1.3.2. 단일방정식 모형이란 무엇인가?

두 개의 경제통계를 분석할 때에는 개별 통계의 특징뿐만 아니라 이들 사이에서 나타나는 상관관계 또는 인과관계를 살펴봐야 한다. 이 경우에는 먼저 두 경제변수 사이의 관계를 설명할 수 있는 경제이론을 함수식으로 표현한 모형을 설정해야 한다.

예를 들어 소비함수는 소득과 소비 사이의 관계를 모형화한 것으로, 이 경우 소득과 소비 이외의 다른 변수는 불변이라는 가정하에 소득의 변화에 따라 소비지출이 영향을 받는다. 이 경우 다음과 같이 소득을 설명변수로, 소비를 종속변수로 하는 경제모형에 오차항이 추가된 계량경제모형을 사용한다.

$$C_t = \alpha + \beta Y_t + \epsilon_t$$

여기서 C_t는 소비지출, Y_t는 소득을 나타내며, ϵ_t는 오차항을 의미한다. 위의 모형을 경제통계를 이용하여 계수 α, β에 대하여 통계적으로 추측하게 된다. 설명변수로 소득 이외에 부동산가격, 주가, 금리를 추가한 소비모형을 구축할 수 있다.

1.3.3. 연립방정식 모형이란 무엇인가?

이제까지 설명한 시계열모형이나 단일방정식 모형은 하나의 경제변수를 분석하기 위해 하나의 방정식에 그 변수의 과거값 또는 다른 변수를 설명변수로 하여 모형화하는 방법이다. 그러나 실제의 경제 작동구조(working of economy)를 보면 한 변수가 다른 변수에 의해 일방적으로 영향을 받는 관계가 아니라, 경제변수 사이에 서로 영향을 주고받는 상호작용 현상이 많이 나타난다. 이 경우 관련된 변수를 대상으로 그룹을 만들어 모형화할 필요가 있다.

예를 들어 소비이론에 따르면 한 개인이나 가계의 소비지출은 그 개인이나 가계의 소득수준에 따라 결정된다. 이런 현상을 분석하기 위해 소득을 설명변수로, 소비를 종속변수로 하는 계량경제모형이 설정된다. 그러나 국민경제 전체를 보면 소비와 투자 등 내수가 증가함에 따라 경기가 활성화되고 경제 전체의 산출량과 소득이 증가한다. 즉, 국민소득은 소비의 변화에 따라 영향을 받는다. 이 경우 소득이 종속변수가 되고 소비가 설명변수 역할을 하는 모형을 동시에 고려해야 한다. 이와 같이 여러 변수의 상호작용을 모형으로 표현한 것을 연립방정식(simultaneous equations) 모형이라고 한다.

다음의 간단한 연립방정식 모형을 살펴보자.

$$\text{국민소득}: Y_t = C_t + I_t$$
$$\text{소비함수}: C_t = \alpha + \beta Y_t + u_t$$

여기서 Y_t, C_t, I_t는 각각 국민소득, 소비지출, 투자지출을 나타내는데, 투자지출은 외부에서 결정되는 외생변수(exogenous variable)로 가정하여 이에 대한 모형을 따로 설정하지 않았다. 이 연립방정식 모형에서 오차항 없이 수식으로 표현되는 국민소득 방정식을 항등식이라 하며, 오차를 포함한 계량경제모형 형태의 소비함수는 행태방정식이라 한다. 위의 연립방정식 모형을 풀어보면 한 시점에서 균형점으로의 C_t, Y_t의 해를 구할 수 있다. 이처럼 연립방정식 체계로부터 해를 구할 수 있는 변수를 내생변수(endogenous variable)라고 한다. 위의 모형은 정부 부문, 해외 부문을 고려하지 않아 현실경제를 지나치게 단순화시킨 것이다. 경제이론을 바탕으로 현실경제를 여러 개의 그룹으로 묶어 분석하여 사용하는 연립방정식 모형을 거시계량모형(macro-econometric model)이라고 한다.

참고 7-2 경제모형의 역사

정책 당국의 보고서나 경제연구소의 정책 관련 연구에서 이용되는 대표적인 모형으로 연립방정식 모형이 있다. 이 연립방정식 모형은 클라인(Klein, 1946)이 케인즈의 경제이론을 바탕으로 모형을 작성한 데에서 시작된다. 1940~1950년대 카울즈(Cowles)위원회에서는 케인즈 이론에 기반을 둔 연립방정식 모형의 식별과 추정 등 이론적 기반을 닦았다. 이때 이용된 모형은 1950~1960년대 경제상황에 대한 예측과 정책분석에 활용되었다.

이 모형은 1970년대에 발생한 석유파동에 따라 나타났던 고실업-고인플레이션을 설명하지 못했다. 이에 따라 기존 연립방정식 모형은 합리적 기대가설 등을 포함한 모형으로 변신하고 그 규모가 커졌다(Brayton et. al., 1997). 또 다른 방향에서는 모형 설정에서 이론적 가정을 하지 않고, 시계열모형으로 경제현상을 있는 그대로 분석하는 방법이 개발되었다.

심스(Sims, 1980)는 다변량 AR모형인 VAR모형을 이용한 경제분석 시스템을 개발했다. VAR모형에서는 내생변수와 외생변수의 구분이 없어서 연립방정식 모형에서의 식별문제가 해결되었고 충격반응과 분산분해를 통해 연립방정식에서 진행했던 정책효과분석이 효과적으로 진행될 수 있었다. 한편으로는 경제통계의 불안정성 문제를 연구하면서 공적분분석과 오차수정모형에 대한 연구가 진행되었다. VAR모형과 결합되면서 경제분석의 주요 틀로 자리를 잡게 되었다.

연립방정식 모형은 각국 중앙은행, 국제기구에서 중요한 경제분석 도구로 이용했고 몇 가지 형태로 보완·발전했다. 첫째, 동태적 확률 일반균형모형이다. 이 모형은 경제주체의 최적화과정을 토대로 한다는 점에서 경제이론에 가장 충실한 모형이다. 둘째, 구조VAR모형이다. 이 모형은 심스의 VAR모형에 변수 사이의 구조적 관계를 포함하여 시계열모형의 한계를 보완하는 모형이다(Blanchard and Quah, 1988).

정책분석을 위해 모형을 이용할 때 하나의 모형에만 의존하기보다는 이러한 여러 모형을 동시에 활용하여 이들의 장단점을 이해할 필요가 있다.

2. 경제통계 사이의 관계를 계량경제모형으로 어떻게 설명할 것인가?

경제통계가 한 개 있다면 경제통계를 분해해서 핵심적 변동인 추세변동과 순환변동의 움직임을 파악할 것이다. 아울러 ARIMA모형 같은 시계열모형을 작성하여 경제통계의 생성원리를 파악하고 그 원리가 미래에도 지속된다는 가정하에 미래를 예측하게 될 것이다.

만약 경제통계가 두 개 이상 있다면 어떤 분석을 하게 될까? 첫째, 경제통계가 어떻게 밀접하게 움직이는가? 밀접하다면 두 경제통계 중 어떤 경제통계가 선행하는가에 대해 살펴본다. 둘째, 경제통계 사이에 어떤 함수적 관계가 있는가? 관계가 있다면 경제통계의 계량분석에서 흔히 하는 것은 두 경제통계 간의 관계를 파악하는 것이다.

2.1. 두 개의 경제통계는 얼마나 밀접하게 움직이는가?

제4장에서 두 개의 경제통계가 선형관계가 있는지는 표본상관계수로 파악한다고 했다. 두 경제통계 간 상관관계는 그래프인 산점도(또는 산포도, scattergram)를 통해 파악할 수 있다. 산점도는 한 변수를 y축, 다른 한 변수를 x축으로 하는 그래프인데 이를 통해 두 경제통계 간의 관계가 선형관계인지 아니면 비선형관계인지 파악할 수 있다.

먼저 두 경제통계의 시계열도표를 그려보자. 이를 통해 두 경제통계가 어떤 패턴으로 움직이는지를 알 수 있다. [그림 7-4]는 원/달러 환율의 전년동월대비 증감률과 소비자물가지수 전년동월대비 증감률의 추이를 그린 그래프이다. 이를 보면 1997년 외환위기와 2008년 글로벌 금융위기에 두 통계 모두 크게 변동하면서 같이 움직이는 것으로 나타났다.

두 경제통계변수를 산점도로 그려보면 [그림 7-5]와 같다. 이를 보면 원/달러 환율 증감률과 소비물가지수 전년동월대비 증감률 사이에 비례하는 모습을 볼 수 있다. 이를 통해 두 변수의 관계를 파악할 수 있다.

[그림 7-4] 원/달러 환율의 전년동월대비 증감률과 소비자물가지수 전년동월대비 증감률 추이

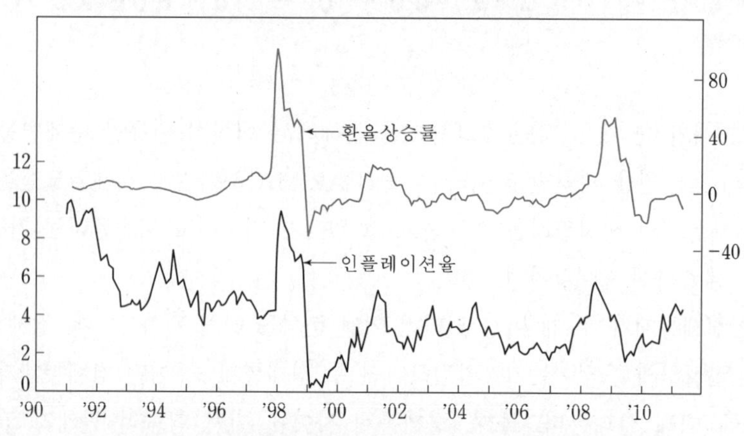

[그림 7-5] 원/달러 환율의 전년동월대비 증감률과 소비자물가지수 전년동월대비 증감률 간 산점도

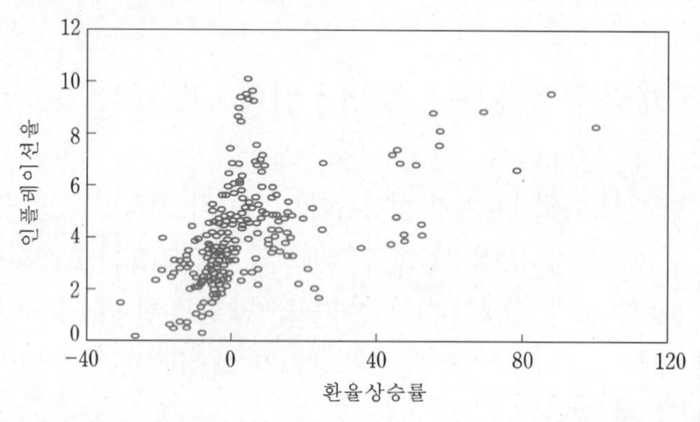

두 경제통계의 상관계수를 구해 보면 0.51로 유의한 값으로 나타나고 있다. 이를 통해 두 경제통계 사이에는 양의 상관관계가 있음을 알 수 있다. 즉, 원/달러 환율이 증가하면 소비자물가가 상승하는 경향이 있음을 알 수 있다. 이러한 상관관계분석은 인과관계를 나타내지는 않으며 선형적 의미만 가지고 있다. 한편 교차상관계수를 이용하여 두 변수 간 시차구조를 파악할 수 있는데 이에 대해서는 제6장에서 서술했다.

따라서 산포도를 바탕으로 점들을 가장 잘 대표하는 직선을 구해 보면 [그림

7-6]과 같이 양의 기울기를 가지는 직선을 도출할 수 있다. 이 직선은 다음 장에서 소개할 회귀모형에 따른 추정선이다.

제6장에서 소개한 커널 추정법에 의해 두 경제통계 간 관계를 그려보면 [그림 7-7]과 같다. 이를 보면 원/달러 환율과 소비자물가 사이에 두 종류의 선형적 관계가 존재함을 알 수 있다. 즉, 1998년 외환위기와 2008년 글로벌 금융위기와 같은 금융위기 시와 평상시의 관계가 조금 다르다는 것을 알 수 있다. 따라서 일방적으로 두 변수 간 관계를 상관계수로 구하는 것보다는 금융위기 기간을 제외하고 상관관계를 살펴보는 것이 바람직해 보인다.

[그림 7-6] **원/달러 환율의 전년동월대비 증감률과 소비자물가지수 전년동월대비 증감률 간 산점도와 회귀직선**

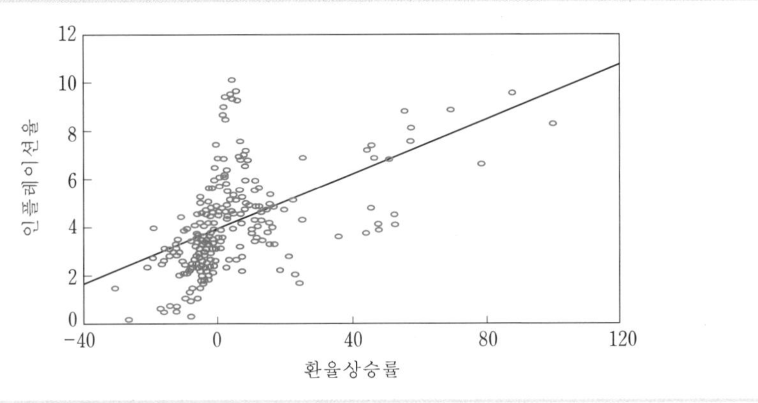

[그림 7-7] **원/달러 환율의 전년동월대비 증감률과 소비자물가지수 전년동월대비 증감률 간 산점도와 비선형 추정선**

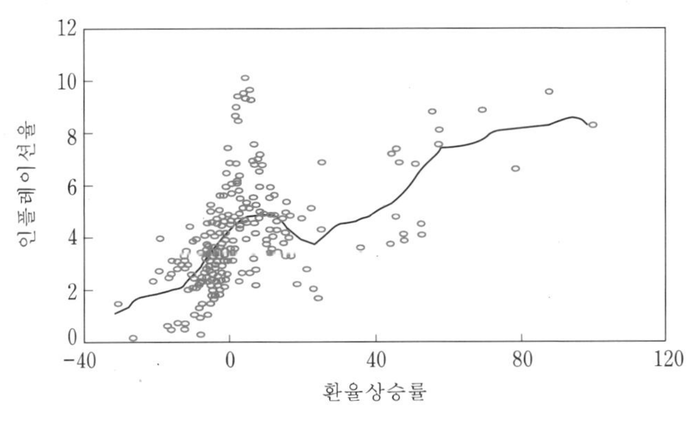

2.2. 계량경제모형을 이용하여 어떻게 분석할 것인가?

1970년부터 2010년까지 한국의 국내총소득(GDP)과 민간소비지출(CP)의 분기별 자료에 대한 경제통계분석의 예를 살펴보자. 먼저 이들 자료를 시계열도표로 표현한 [그림 7-8]을 보면, 우리나라의 경제발전에 따라 소득수준이 빠른 속도로 상승했고 이와 함께 민간소비지출도 비슷한 추세를 나타내며 증가해 왔음을 알 수 있다.

이와 같이 하나의 경제통계를 분석할 경우 시계열도표를 이용하면 그 통계의 값이 변하는 추이 및 전체적인 특징을 쉽게 파악할 수 있다. 그러나 두 개의 경제통계를 분석할 경우, 개별 시계열의 특징뿐만 아니라 이 변수들 사이에 나타나는 상관관계 또는 인과관계를 살펴보아야 한다. 둘 이상의 경제통계에 대한 분석과정은 다음의 세 단계로 구분된다.

첫째, 경제이론에서 제시하고 있는 경제변수 사이의 관계를 나타내는 함수형태를 선정한다. 둘째, 수집된 통계와 선정된 계량경제모형에 적합한 통계적 방법을 적용하여 모형을 추정하고 가설검정을 시행한다. 셋째, 추정결과 해석, 예측치 추정 및 예측력 평가 등 추정된 모형의 활용방안을 모색한다.

[그림 7-8] 국내총소득 및 민간소비지출의 시계열도표

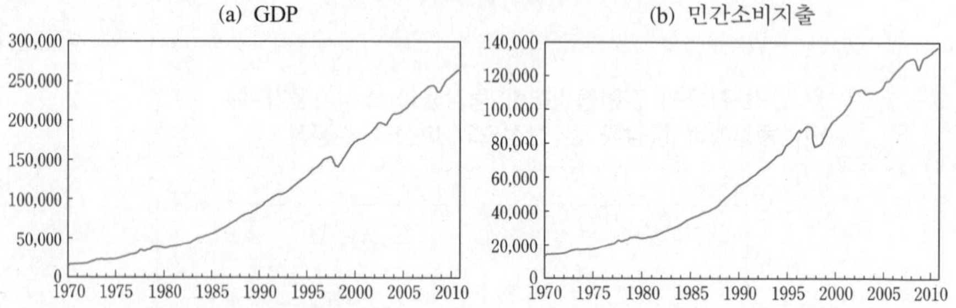

(a) GDP

(b) 민간소비지출

2.2.1. 계량경제모형을 어떻게 설정할 것인가?

대부분의 학문 분야에서는 복잡하게 얽혀 있는 현실의 본질적인 현상을 분석하는 방법으로 현실을 단순화시킨 모형을 사용한다. 두 변수 사이에 나타나는 상관관계 또는 인과관계를 살펴보려면 이를 수학적인 함수관계로 표현한 모형을 설정해야 한다.

소득과 소비 사이의 관계를 모형화한 소비함수에서는 무엇이 원인이고 무엇이 결과인지 분명하게 구분된다. 소비이론의 분석에서 소득과 소비 이외의 다른 변수는 불변이라는 가정하에 모형이 구축되는데, 이 경우 소득의 변화에 따라 소비지출이 영향을 받는다는 인과관계를 확인할 수 있다. 따라서 다음과 같이 소득을 원인이 되는 설명변수로 하고, 소비를 종속변수로 하는 모형을 사용한다.

$$C_t = f(Y_t)$$

여기서 C_t는 소비지출, Y_t는 소득을 나타내며, f는 함수를 의미한다.

소비함수를 비롯한 대부분의 경제모형은 통상적으로 선형함수로 분석된다. 앞의 [그림 7-3]에 제시한 것과 같이 소득수준이 상승함에 따라 소비지출도 일정한 비율로 증가하는 패턴을 보이고 있어, 두 변수 사이의 관계가 선형함수로 잘 표현되는 것으로 나타났다. 실제의 경제통계를 이용한 실증분석에서는 누락변수, 측정오차 등을 고려하여 경제모형에 오차항이 추가된 다음 형태의 계량모형이 사용된다.

$$C_t = \alpha + \beta Y_t + \epsilon_t$$

여기서 설명변수와 종속변수 사이의 관계를 규정하는 α, β를 모수 또는 계수라 하며, 선형모형에서 α는 절편, β는 기울기라고 한다. 이런 모형에서 기울기계수 β는 설명변수의 1단위 변화에 대응하는 종속변수의 평균적 변화량을 나타낸다.

[그림 7-9] **회귀계수의 의미**

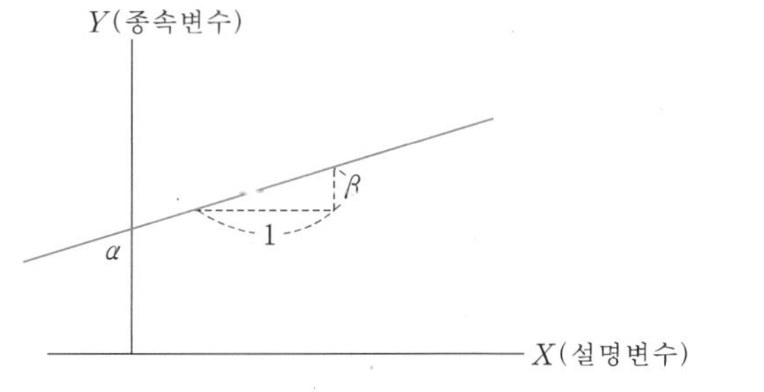

2.2.2. 계량경제모형을 어떻게 구체화할 것인가?

계량경제모형 형태가 설정되고, 그 모형에 포함된 경제변수에 대한 통계가 수집되면, 이를 이용해서 경제이론의 현실적합성을 검증할 수 있다. 소비함수의 경우 특히 한계소비성향을 나타내는 계수 β에 대한 추정 및 가설검정을 통해 소득과 소비 사이의 관계를 분석한다.

회귀모형의 계수를 구하는 방법으로 최소자승(least squares)추정법, 최우(maximum ikelihood)추정법, 적률(method of monents)추정법 등이 개발되어 있다. 여기에서는 그중 추정치의 통계적 특성 및 활용 측면에서 간편하고 활용도가 높은 최소자승법에 대해 소개한다. 두 변수에 대한 관측자료가 주어졌을 때, 최소자승법은 이 자료들을 가장 잘 대표하는 직선이 되도록 회귀계수를 구하는 방법이다. 예를 들어 [그림 7-3]에 제시된 것처럼, n개의 소득과 소비자료를 $(x_1, y_1), \cdots, (x_n, y_n)$이라 할 때, t 시점에서 종속변수의 실제값 y_t와 선형회귀모형에 의해 설명되는 값 $\alpha + \beta x_t$ 사이의 차이가 가장 작아지는 계수추정치를 도출한다. 즉, 잔차제곱합 SSE(Sum of Squared Errors)를 최소화하는 a, b의 값을 구한다.

$$SSE = \sum_{t=1}^{n} e_t^2 = \sum_{t=1}^{n} (y_t - a - b x_t)^2$$

그 결과는 다음과 같다.

$$b = \frac{\sum_{t=1}^{n} (x_i - \bar{x})(y_t - \bar{y})}{\sum_{t=1}^{n} (x_t - \bar{x})^2}$$

$$a = \bar{y} - b\bar{x}$$

여기서 $\bar{y}$와 $\bar{x}$는 각각 종속변수 y와 설명변수 x의 표본평균을 나타낸다. 이와 같이 도출된 추정치를 최소자승추정치라 한다. 여기서 오차항의 평균이 0이고, 분산이 일정하며 서로 독립이고 또한 회귀식에 포함된 설명변수와 무관하다는 조건이 충족되면, 최소자승추정치를 구하는 추정량은 불편성(unbiasedness)과 일치성(consistency)을 가질 뿐만 아니라 해당 모형을 추정하는 데 가장 적합한 최

량선형불편추정량(Best Linear Unbiased Estimator : BLUE)이 된다.[2)]

예 7-1 소비함수의 추정

한국 사람들은 경제발전과 함께 소득수준이 상승함에 따라 소비를 얼마나 증가시켜 왔을까? 앞에서 언급한 것과 같이 소득과 소비지출 사이의 관계는 선형함수로 잘 표현된다. [표 7-1]은 1970년부터 2010년 기간 동안 소득의 변화가 소비에 미치는 효과를 분석하기 위해 최소자승법으로 추정한 결과이다. 여기서 GDP의 계수추정치 0.5는 한계소비성향을 나타내는 계수 β를 추정한 것으로 소득의 변화에 따른 소비의 평균적 변화분을 의미한다. 상수항에 대한 추정치는 소득수준이 0일 때 예상되는 최저생존수준(subsistence level)을 위한 소비지출을 나타낸다.

계량경제모형에서 α, β의 추정치가 구해지면 추정된 계수들이 통계적으로 유의한지, 즉 α, β값이 0인지의 여부를 검토하는 유의성(significance) 검정을 실시한다. 또한 추정된 모형이 얼마나 유용한지를 나타내는 모형적합성(goodness-of-fit) 분석과 오차추정치가 임의적인지를 확인하는 모형진단을 실시한다. 회귀계수의 추정치의 t통계치 또는 이의 유의확률을 이용하여 α, β의 유의성을 점검한다. [표 7-1]의 추정결과에서 상수항과 소득에 대한 추정치의 유의확률이 매우 낮아 회귀계수가 매우 유의한 것으로 나타났다. 따라서 소득은 소비의 움직임을 분석하는 데 유용한 설명변수가 됨을 알 수 있다.

표 7-1 소비함수의 추정 결과

설명변수	추정치	표준오차	t통계치	유의확률
상수항	6536.677	337.7054	19.35615	0.0000
소득(GDP)	0.514960	0.002520	204.3159	0.0000
$R^2 = 0.9961$, $\overline{R}^2 = 0.9961$; $DW = 0.1322$				

종속변수 : 민간소비(CP)
표본기간 : 1970.1~2010.4(관측치 164개)

2) 최소자승추정치가 최적이 될 수 있는 조건을 충족하는 모형을 고전적 회귀모형이라 하며, 이 경우 최소자승추정치가 BLUE가 된다는 결과를 가우스-마코프(Gauss-Markov) 정리라고 한다. 여기에서는 회귀분석의 기본개념만 다룬다. 추정량의 특징, 가설검정 등 일반적인 회귀분석 이론에 대해서는 남준우·이한식(2010) 참조.

모형의 적합성을 나타내는 지표로는 결정계수(R^2)와 수정된 결정계수($\overline{R}^2$)가 사용된다. 결정계수는 종속변수 전체의 움직임을 설명하는 데 회귀모형이 기여하는 비율을 나타낸다. 결정계수는 0과 1 사이의 값으로 도출되는데, R^2의 값이 클수록 회귀모형이 유용함을 의미한다. 그러나 설명변수의 수가 많을 때는 결정계수를 토대로 모형의 적합성을 분석할 수 없다. 회귀모형의 설명변수의 수가 증가하면 그 변수의 유의성과는 관계없이 결정계수의 값이 증가하는 특징을 갖기 때문이다. 따라서 설명변수의 수가 많을 때는 불필요한 설명변수의 증가를 고려하여 모형적합성을 평가하는 수정된 결정계수($\overline{R}^2$)를 적용해야 한다. [표 7-1]에서 소비함수 분석을 위한 모형의 결정계수가 1에 가깝게 추정되어 모형적합성이 우수한 것으로 평가된다.

회귀모형의 적합성을 점검하는 또 다른 방법으로 오차의 추정치가 임의적인지를 확인하는 것이다. 최소자승법을 적용할 때는 회귀모형의 오차항이 서로 독립이며, 동일한 분산을 갖는다는 가정에 기초한다. 그러나 회귀모형의 추정에 사용된 자료가 시계열인 경우 이들 사이에 상관관계가 존재할 가능성이 크다. 이를 점검하기 위한 대표적인 방법으로는 회귀모형의 오차항에 1차의 자기상관이 있는지를 분석하는 더빈-왓슨(Durbin-Watson) 검정이 있다. [표 7-1]에서 구한 더빈-왓슨 통계량을 보면 오차항에 자기상관이 있는 것으로 나타났다. 이는 소득과 소비 같은 장기 경제통계에 대해 최소자승법으로 단순회귀모형을 추정하는 경우 문제가 발생할 수 있음을 암시하고 있다. 이와 같이 불안정 시계열을 포함하는 회귀모형의 추정에 따르는 현상에 대해서는 제8장에서 자세히 다루기로 한다.

예 7-2 이자율의 기간구조

소비함수와 같이 한 변수의 변화가 다른 변수와 상관관계 또는 인과관계를 나타내는 이론적·실증적 예는 경제학에서 많이 발견된다. [그림 7-10]의 (a)는 우리나라의 3년 만기와 5년 만기 국고채금리에 대한 시계열도표로, 두 시계열 모두 2000년대 초에 급격하게 낮아지는 추세를 보이다가 이후 5% 내외에서 안정적인 패턴을 나타내고 있다. 특히 두 채권수익률은 일정한 간격을 유지하며 동일한 추이를 보이고 있다.

이자율의 기간구조(term structure) 이론은 이와 같이 만기가 다른 채권의 수익률 사이의 관계를 분석하는 이론이다. 두 채권수익률 사이의 관계는 [그림 7-10]의 (b)에서의 직선으로 잘 표현된다. [표 7-2]는 2000년부터 2010년 기간 동안 월별자료를 이용하여 최소자승법으로 추정한 결과이다. 여기서 기울기의 계수추정치는 3년 만기 수익률의 변화에 따른 5년 만기 수익률의 평균적인 변화분을 의미한다. 이 경우 5년 만기 수익률은 3년 만기 국고채수익률 변화에 대응하여 거의 동일한 만큼 움직이는 것으로 나타났다. 특히 '$\beta = 1$'의 가설이 기각되지 않아, 상수항이 두 수익률의 차이(spread)를 직접 반영한 것으로 해석할 수 있다. 여기서 상수항은 0.31 정도로 추정되었는데, 이 결과는 만기가 짧은 3년짜리 대신 5년짜리를 보유하는 데 따르는 기간 프리미엄(term premium)이 분석기간 중에 평균적으로 0.31%p 정도의 수준을 보인 것으로 해석된다. 또한 회귀모형의 결정계수가 1에 가깝게 추정되어 모형적합성은 우수한 것으로 평가된다. 한편 더빈-왓슨 통계량을 보면 오차항에 자기상관이 있는 것으로 나타나

[그림 7-10] **국고채금리의 추이 및 관계**

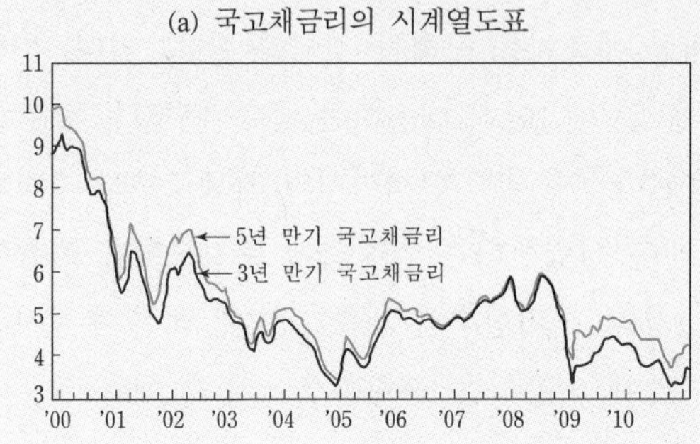

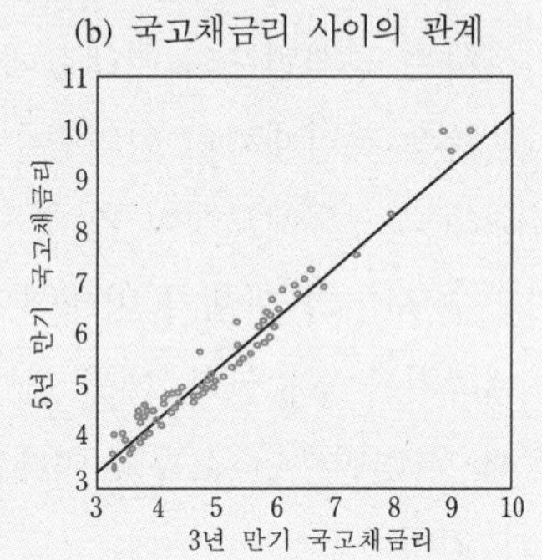

표 7-2 이자율 기간구조모형의 추정결과

설명변수	추정치	표준오차	t통계치	유의확률
상수항	0.309999	0.079158	3.916177	0.0001
3년 수익률(GB3Y)	1.002211	0.015125	66.26234	0.0000

$R^2 = 0.9712$, $\bar{R}^2 = 0.9710$; $DW = 0.1672$

종속변수 : 5년 수익률(GB5Y)
표본기간 : 2000.1~2010.12(관측치 132개)

[예 7-3]과 같이 불안정 시계열을 포함하는 회귀모형의 문제를 고려할 필요가 있음을 암시하고 있다.

2.2.3. 계량경제모형을 어떻게 활용할 것인가?

경제통계분석의 마지막 단계는 추정된 계량경제모형을 해석하고 이용하는 것이다. 이 단계에서 추정된 모형이 이론적 배경과 일치하고 적합한 것으로 판정되는 경우, 이 모형이 의미하는 경제변수 사이의 관계를 정책결정이나 예측에 이용한다. 예를 들어 통화당국은 통화량이나 기준금리의 변동이 다른 경제변수에 미치는 효과를 분석하여 금융정책의 기조를 결정할 수 있으며, 기업은 상품에 대한 광고가 매출액에 미치는 영향을 분석한 모형을 이용하면 기업의 이윤극대화를 위해 필요한 적정수준의 광고비를 결정하는 데 도움이 된다. 이와는 반대로 추정결과가 경제이론과 부합되지 않는 경우에는 이를 기존 이론에 대한 재검토를 요구하는 정보로 활용할 수 있다.

경제모형의 현실적합성 검증 이외에, 경제통계모형을 구축하는 중요한 목적 중 하나는 경제변수의 미래값에 대한 예측치를 구하는 것이라 할 수 있다. 특히 미래 특정 시점에서의 설명변수값을 알 때, 이에 대응하는 종속변수값을 예측하기 위해 경제통계모형이 많이 사용된다. 이 경우 현재까지의 자료로부터 추정된 두 변수 사이의 관계가 미래에도 계속 성립한다는 가정하에 추정모형을 이용하여 예측치를 도출한다. 예를 들어 a, b를 소비함수의 계수 α, β에 대한 추정치라 할 때, 설명변수인 소득의 미래값 Y_f에 대응하는 종속변수 소비의 예측치는 다음과 같다.

$$\widehat{C_f} = a + bY_f$$

이러한 예측기법은 경제변수의 미래값에 대한 추정뿐만 아니라 국가의 경제정책 분석이나 기업의 경영전략 수립에도 사용될 수 있다. 예를 들어 통화증가율이 인플레이션율에 미치는 효과를 분석한 결과를 이용하면, 인플레이션율을 일정한 목표수준 이하로 유지하기 위해 통화당국의 정책변수인 통화증가율을 어떤 수준으로 설정할 것인지를 결정할 수 있다. 기업에서는, 광고량의 변화가 매출액에 미치는 영향을 분석한 모형을 이용하여 이윤극대화를 위한 적정수준의 광고비를 결정할 수 있다.

2.3. 일반적인 회귀모형은 어떻게 작성하는가?

소비함수는 소비의 움직임을 분석하기 위해 하나의 설명변수를 포함하는 단순 회귀모형을 사용했다. 그러나 실제의 경제현상을 살펴보면 두 개 이상의 경제변수가 서로 연결되어 영향을 미치는 경우가 있으며, 경제변수 사이의 이론적 관계가 선형모형으로 표현될 수 없는 경우가 종종 발견된다.

2.3.1. 어떻게 선형함수로 만들 것인가?

소비함수를 비롯한 대부분의 경제모형은 통상적으로 선형함수로 분석된다. 그런데 실제의 경제현상이나 경제이론을 보면, 설명변수와 종속변수 사이의 관계가 선형의 구조로 표현되지 않는 경우가 많다. 예를 들어 경제학의 생산이론에서 많이 사용되는 콥-더글러스(Cobb-Douglas) 생산함수는 다음과 같은 식으로 표현된다.

$$Q = f(K,\ L) = \alpha K^{\beta_1} L^{\beta_2}$$

여기서 Q, K, L은 각각 생산량, 자본사용량, 노동사용량을 나타내는 것으로, 설명변수와 종속변수 사이의 관계가 지수함수의 형태로 표현된다. 이 경우 이론적 함수관계를 나타내는 생산함수에 포함된 각 변수에 로그를 취하면 다음의 모형이 도출된다.

$$\log Q = \log\alpha + \beta_1 \log K + \beta_2 \log L$$

시계열인 경제통계를 이용한 실증분석에서는 누락변수, 측정오차 등을 고려하여 경제모형에 오차항이 추가된 다음 형태의 계량모형이 사용된다. 이를 더블로그(double-log)모형이라 한다.

$$\log Q_t = \beta_0 + \beta_1 \log K_t + \beta_2 \log L_t + \epsilon_t$$

여기서 계수 β_1, β_2는 설명변수의 상대적 변화에 대응하는 종속변수의 상대적 변화를 나타낸다. 즉, 설명변수가 1% 변할 때 이에 대응하여 종속변수가 몇 % 변하는가를 측정하는 탄력성(elasticity)을 의미한다. 이 경우 설명변수와 종속변수 사이의 관계가 선형함수로 나타나지는 않지만 $Q_t^* = \log Q_t$, $K_t^* = \log K_t$, $L_t^* = \log L_t$ 등으로 변환된 자료에 대해서는 다음과 같이 선형구조를 갖는 회귀모형으로 표현된다.

$$Q_t^* = \beta_0 + \beta_1 K_t^* + \beta_2 L_t^* + \epsilon_t$$

위의 모형은 선형모형과 동일한 형태를 갖고 있다. 따라서 통상적인 선형회귀모형에 대한 분석기법을 그대로 적용하여 이에 대한 통계적 추론을 시행할 수 있다. 이는 경제통계모형을 설정할 때, 설명변수와 종속변수 자체에 대해서 선형모형이 성립하는지의 여부는 중요하지 않으며, 변환된 자료에 대해 선형회귀모형을 도출할 수 있으면 최소자승법 등의 추정방법이 그대로 적용될 수 있음을 의미한다.

통상적인 회귀모형에서 종속변수에만 로그를 취한 다음의 로그-선형(log-linear)모형도 변환된 선형모형의 한 예이다.

$$\log y_t = \alpha + \beta x_t + \epsilon_t$$

이 모형에서 기울기 계수 β는 설명변수의 1단위 변화에 따른 종속변수의 상대적인 퍼센트(%) 변화를 나타내고 있다. 이 경우 설명변수로 시간을 나타내는 변수 t가 사용되면, 계수 β는 종속변수의 평균성장률을 나타낸다. 이와 같은 맥락에서 설명변수에 로그를 취하면 다음과 같은 선형-로그모형이 된다.

$$y_t = \alpha + \beta \log x_t + \epsilon_t$$

여기서 기울기 계수 β는 설명변수의 상대적인 변화에 따른 종속변수의 절대적인 변화량을 나타낸다. 이러한 모형은 모두 변환된 자료에 대해 선형모형으로 표현될 수 있기 때문에 통상적인 최소자승법을 적용하여 분석할 수 있다.

2.3.2. 다중회귀모형이란 무엇인가?

한 변수를 두 개 이상의 설명변수와 연결시키는 경우를 다중회귀분석(multiple regression analysis)이라고 하는데 다중회귀모형의 예는 경제학에서 많이 찾아볼 수 있다. 소비함수의 경우 소비지출이 소득 이외에 부동산이나 주가 같은 자산가격과 금리 등에도 영향을 받는 경우를 고려해 볼 수 있다. 이를 다루려면 소득 이외에 부동산가격, 주가, 금리를 설명변수로 추가한 모형을 설정할 필요가 있다. 여러 개의 설명변수를 포함하는 일반적인 모형은 다음의 다중회귀모형으로 표현된다.

$$y_t = \beta_0 + \beta_1 x_{1t} + \beta_2 x_{2t} + \cdots + \beta_k x_{kt} + \epsilon_t$$

다중회귀모형에 대해서도 로그변환된 자료에 대한 모형을 고려할 수 있으며, 그밖에 차분 또는 변화율 자료를 이용한 계량경제모형을 설정할 수 있다. 최소자승법 등으로 회귀계수에 대한 통계적 추론을 실시하고, 그 결과를 이용하여 경제이론 또는 경제모형의 현실적합성을 검증하고, 미래의 설명변수의 값에 대응하는 종속변수의 예측치를 도출할 수 있다.

참고 7-3 경제성장률 회귀모형의 추정

국내총생산은 소득 및 생활 수준의 국제비교와 시간에 따른 경제성장을 분석할 때 한 경제의 성과를 나타내는 대표적인 경제통계이다. 경제성장률은 국민경제 전체의 현재 상황을 판단하거나 향후 경기흐름을 예측할 때 가장 핵심적인 정보를 제공하는 경제통계이다. 그런데 국민소득통계는 분기별로 발표되어 공표주기가 길며 자료수집에도 시간이 걸려 실시간으로 경제상황을 분석하는 데 사용할 수 없다. 따라서 실질GDP가 발표되기 전에 현재 경제상황을 신속하게 판단하기 위해 공표주기가 빠른 월별 통계를 이용하여 경제성장률을 추정하고 있다. 경제성장률 추정을 위해 산업생산지수 변화율(ipip), 도소매판매액지수 변화율(dosop), 비농가취업자수 변화율(blaborp)을 설명변수로 포함한 회귀모형을 추정했는데 그 결과는 [표 7-3]과 같다. 각 계수추정치의 유의확률을 보면 모두

표 7-3 경제성장률 회귀모형의 추정 결과

설명변수	추정치	표준오차	t통계치	유의확률
상수항	1.267515	0.399973	3.168998	0.0020
ipip	0.219632	0.043962	4.995920	0.0000
dosop	0.151738	0.055009	2.758442	0.0069
blaborp	0.765340	0.097206	7.873405	0.0000
$R^2=0.759,\ \bar{R}^2=0.752;\quad DW=0.871$				

종속변수 : 경제성장률(gdpp)
표본기간 : 1981.1~2007.4(관측치 108개)
주) 여기서 변화율은 모두 전년동기대비 증감률을 사용했음

매우 작게 도출되어 유의성이 높은 것으로 나타났다. 또한 모형의 적합성을 나타내는 결정계수(R^2)와 수정된 결정계수($\bar{R}^2$)도 높게 나타나 경제성장률 추정 모형은 유용한 것으로 판단된다.

2.3.3. 계량경제모형에서 시차변수는 어떻게 이용될까?

회귀모형은 설명변수의 변화가 종속변수에 미치는 영향이 동시적·즉각적으로 나타나는 정태적(static) 모형이다. 회귀모형의 추정에 횡단면 자료가 사용되는 경우, 동일 시점 자료가 사용되므로 정태적 모형이 적합하다. 그러나 경제통계를 분석해 보면 설명변수의 변화에 따라 종속변수가 즉각적으로 반응하지 않고, 일정한 시차를 보이는 경우가 많다. 예를 들어 이자율이나 통화량 같은 정책변수가 변화하면 물가가 변하게 된다. 이때 통화증가는 당기뿐만 아니라 그 이후의 물가에도 계속 영향을 미친다. 케인즈(Keynes)의 소비함수에서는 소비가 같은 시기의 소득의 함수로만 표시되는데, 실제로 소득증가의 효과는 다음 기 이후에도 나타날 수 있다.

이와 같이 설명변수에 종속변수가 즉각적으로 반응하지 않고 일정한 시차를 두고 변동하는 경우를 분석하기 위해 설명변수의 시차값을 회귀모형에 이용한다.

간단한 예로 어떤 회사의 주식배당의 경우, t기에 주식배당으로 지급되는 금액(D_t)은 전기의 수익(E_{t-1})에 의존한다는 점을 고려하여 다음과 같은 형태의 회귀모형을 도출할 수 있다.

$$D_t = \alpha + \beta E_{t-1} + \epsilon_t$$

이 경우 바로 전기의 수익뿐만 아니라 그 이전의 내부 유보 및 차입자본 등을 고려하는 것이 보다 현실적인 인과관계모형이다. 이를 일반화시키면 다음과 같이 $t-1$기의 설명변수 이외에 그 이전 기간($t-2, \cdots, t-p$기)의 설명변수를 포함하는 다음과 같은 모형이 된다.

$$y_t = \alpha + \beta_0 x_t + \beta_1 x_{t-1} + \cdots + \beta_p x_{t-p} + \epsilon_t$$

여기서 y_t는 t기에 있어서 종속변수의 값을 나타내고, x_{t-k}는 k기 이전, 즉 $t-k$기의 설명변수의 값을 나타낸다. p는 과거의 설명변수가 t기의 종속변수에 영향을 주는 최대 시차를 나타내며, 계수 β_0, β_1, β_2, $\cdots$, β_p는 각 시점에서 설명변수에 미치는 설명변수의 영향을 측정하는 시차계수(lag coefficients)를 나타낸다.

예 7-3 시차변수를 포함하는 다중회귀모형의 추정

이와 같이 다양한 변수변환과 시차변수를 사용한 계량모형의 예로 다음 형태의 소비결정모형을 들 수 있다. 이 모형은 주가의 변화가 소비에 미치는 영향을 분석하기 위해 분, 조르노와 리처드슨(Boone, Giorno and Richardson, 1998)이 사용한 것이다.

$$\begin{aligned}\Delta_4 \ln cp_t = {} & \beta_0 + \beta_1 \Delta_4 \ln cp_{t-1} + \beta_2 \Delta_4 \ln y_t + \beta_3 rcb_t + \beta_4 \Delta dp_t \\ & + \beta_5 ur_t + \beta_6 \Delta \ln rsp_t + \beta_7 \Delta_4 \ln lp_{t-1} + \epsilon_t\end{aligned}$$

여기서 cp는 실질가계소비, y는 실질GNP, rcb는 실질이자율, dp는 소비자물가상승률, ur은 실업률, rsp는 실질주가, lp는 토지가격 등을 나타내며, Δ와 Δ_4는 각각 차분과 4분기 차분을 의미한다. 이 모형에서 경제이론으로부터 예상되는 계수의 부호는 실질GNP, 실질주가, 토지가격 등 자산효과(wealth effect)를 나타내는 경우는 '+'이고, 실질이자율, 소비자물가상승률 및 실업률은 '−'이다.

1976~1998년의 한국 자료를 대상으로 이 모형을 추정한 최창규·이범호(1999)의 분석결과는 다음과 같다.

$$\Delta_4 \ln cp_t = \underset{(2.53)}{0.0243} + \underset{(8.23)}{0.6342}\,\Delta_4 \ln cp_{t-1} + \underset{(4.88)}{0.280}\,\Delta_4 \ln y_t - \underset{(-2.27)}{0.0014}\, rcb_t$$

$$- \underset{(-3.83)}{0.0035}\,\Delta dp_t - \underset{(-2.57)}{0.0047}\, ur_t + \underset{(1.92)}{0.0329}\,\Delta \ln rsp_t + \underset{(2.12)}{0.0373}\,\Delta_4 \ln lp_{t-1}$$

추정결과를 보면 모든 설명변수의 계수가 예상과 일치하는 부호와 높은 유의수준을 나타냈다. 특히 단기에서 소비의 주가탄력성을 나타내는 계수는 0.0329로 추정되었는데, 이는 주식가격이 1% 상승할 때 가계소비가 당해 분기에 0.0329% 증가함을 의미한다.

3. 연립방정식 모형으로 경제현황을 어떻게 설명할 것인가?

시계열모형이나 단일방정식 모형은 하나의 경제변수를 분석하기 위해 하나의 방정식에 그 변수의 과거값 또는 다른 변수를 설명변수로 한 모형이다. 그러나 경제 전체로 보면 한 변수가 다른 변수에 의해 일방적으로 영향을 받지 않고, 경제변수 사이에 서로 영향을 주고받는 상호작용 현상이 많이 나타난다. 이와 같이 경제변수 사이에 상호작용이 나타나는 경우, 계량모형의 계수에 대한 해석과 추정에서 중요한 의미를 갖는다. 이 경우 연립방정식 모형을 사용해야 한다.

3.1. 연립방정식 모형이란 무엇인가?

연립방정식 모형은 모형의 설정(specification)과 추정(estimation) 과정을 통해

[그림 7-11] **연립방정식 모형의 수립과정**

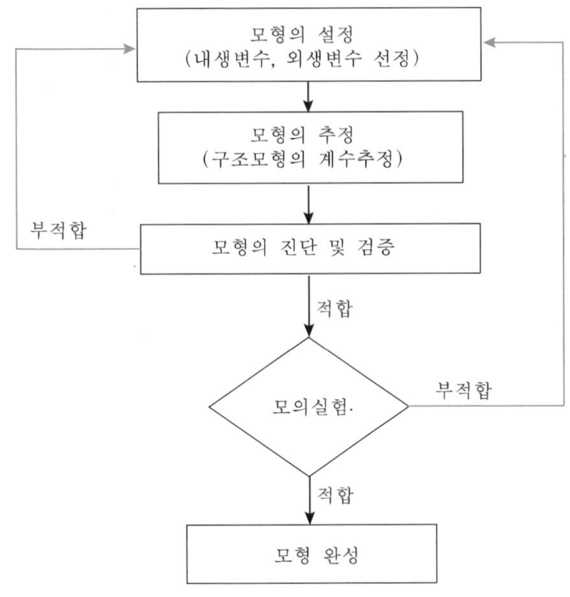

작성되며, 작성된 모형의 적합성은 예측치 추정을 비롯한 모의실험을 통해 점검한다. 경제통계에 대해 ARIMA모형을 수립할 때와 같이 모형의 검증과정에서 선정된 모형이 적합하지 않은 것으로 판단되면 다시 모형을 설정하고 추정해야 한다. 연립방정식 모형의 작성과정은 [그림 7-11]에 정리되어 있다.

3.1.1. 연립방정식 모형은 어떻게 설정되는가?

연립방정식 모형을 작성하려면 경제이론에 입각하여 경제변수 사이의 관계를 여러 개의 방정식을 모형으로 표현하는 모형의 설정이 필요하다. 소비이론에 기초하여 소득을 설명변수로 하고 소비를 종속변수로 하는 행태방정식과 국민총소득이 소비와 투자로 구성된 항등식으로 구성된 연립방정식 모형을 생각해 보자.

국민소득 : $Y_t = C_t + I_t$

소비함수 : $C_t = \alpha + \beta Y_t + u_t$

3.1.2. 연립방정식 모형을 어떻게 구체화할 것인가?

연립방정식 모형은 모형에 포함된 경제통계를 이용하여 구체화된다. 앞의 예에서는 회귀분석방법을 적용해 계수 α, β에 대한 추정치를 구하고 이 연립방정식의 적합성을 검증한다. 연립방정식의 계수를 구하는 방법으로는 계량모형의 추정과 마찬가지로 최소자승추정법이 주로 이용된다.

연립방정식 모형은 소비식에 대해서는 통상적인 최소자승법을 그대로 적용할 수 없다. 왜냐하면 설명변수 Y_t와 오차항 u_t 사이에 상관관계가 나타나서 통상적인 최소자승법을 적용하면 불편성과 일치성을 갖는 추정치를 구할 수 없기 때문이다. 일치성을 갖는 추정치를 구하려면 다음과 같이 오차항과 상관관계를 나타내지 않는 외생변수인 투자에 대한 모형으로 전환하여 추정해야 한다.

$$C_t = \frac{\alpha}{1-\beta} + \frac{\beta}{1-\beta} I_t + \frac{1}{1-\beta} u_t = \pi_{10} + \pi_{11} I_t + v_{1t}$$

$$Y_t = \frac{\alpha}{1-\beta} + \frac{1}{1-\beta} I_t + \frac{1}{1-\beta} u_t = \pi_{20} + \pi_{21} I_t + v_{2t}$$

이와 같이 구조방정식이 각 내생변수를 외생변수의 함수형태로 나타낸 모형을 축약형 방정식(reduced-form equations)이라 한다. 이 모형에서 설명변수인 투자(I_t)는 외생변수로 오차항과 상관관계를 갖지 않으므로, 최소자승법을 적용하면 불편성을 갖는 추정치를 구할 수 있다. 구조방정식의 계수 β와 축약형 방정식의 계수 사이에 다음의 관계가 있음을 알 수 있다.

$$\beta = \frac{\pi_{11}}{\pi_{21}}$$

따라서 축약형 방정식의 계수에 대한 추정치 $\hat{\pi}_{11}$와 $\hat{\pi}_{21}$를 이용하여, 다음의 식으로부터 구조방정식의 계수에 대한 추정치를 도출할 수 있다.

$$\hat{\beta} = \frac{\hat{\pi}_{11}}{\hat{\pi}_{21}}$$

이와 같이 구조방정식의 계수를 추정하는 방법을 간접최소자승법(Indirect Least Squares method : ILS)이라 한다. 이는 내생성(endogeneity) 문제가 있는 설명변수 Y_t 를 대신해서 I_t 를 사용한다는 의미에서 도구변수(Instrumental Variable : IV)추정법이라고도 한다.

예 7-4 연립방정식의 추정

이 경우 투자변수가 외생적이라는 가정이 비현실적일 뿐만 아니라 정부 부문과 해외 부문을 제외한 소득결정모형으로 한국의 거시경제를 분석하는 데는 한계가 있다. 그러나 여기에서는 연립방정식의 추정에 대한 예로 [표 7-4]에 연립방정식 구조를 고려하여 투자를 도구변수로 사용한 추정결과를 제시했다. 각 계수의 추정치 및 모형의 적합성 등을 보면 전체적으로 [표 7-1]의 최소자승추정치와 비슷한 값을 나타내고 있다.

표 7-4 연립방정식의 소비함수에 대한 추정 결과

설명변수	추정치	표준오차	t통계치	유의확률
상수항	5923.968	348.6334	16.99197	0.0000
소득(GDP)	0.520563	0.002623	198.4258	0.0000
$R^2=0.9961$, $\overline{R}^2=0.9960$; $DW=0.1283$				

종속변수 : 민간소비지출(CP)
추정방법 : 도구변수추정법
도구변수 : 투자(I)
표본기간 : 1970.1～2010.4(관측치 164개)

3.1.3. 연립방정식 모형을 어떻게 이용할 것인가?

연립방정식 모형을 이용한 경제통계분석의 마지막 단계는 추정된 모형이 타당한지 확인하고 이를 활용하여 모형의 유용성을 점검하는 것이다. 연립방정식 모형은 정책효과 분석 및 장기예측에 많이 활용된다. 연립방정식 모형에서는 특히 추정된 모형을 기초로 분석대상 기간에 대해 각 내생변수의 수학적 해를 구하고 이를 실제값과 비교하는 모의실험이 이용된다. 연립방정식 모형으로부터 도출된 모의실험 추정치가 실제값과 비슷하게 움직이면 그 모형이 현실경제를 잘 설명하는 것으로 보고 이를 이용하여 경기진단, 경제정책결정에 적용하거나 예측치 추정에 사용한다. 연립방정식 모형을 이용한 예측은 모형에 포함된 외생변수에 대한 전망을 시행한 후 이러한 외생변수 예측치에 대응하는 내생변수를 시간에 따라 모의실험하여 진행된다. 연립방정식 모형은 경제이론을 바탕으로 작성되었기 때문에 시계열모형에 비해 장기예측에 보다 유용하다.

3.2. 연립방정식 모형과 관련된 논의사항이란 무엇인가?

국민경제 전체의 흐름을 체계적으로 이해하려면 제반 경제변수의 움직임을 유기적으로 파악할 수 있는 분석이 필요하다. [그림 7-12]는 한국경제의 다양한 경제활동이 여러 개의 경제변수로 상호 복잡하게 얽혀 있음을 도식화한 것이다. 이 절에서는 연립방정식 모형에서 고려할 사항이 무엇인지 정리했다.

[그림 7-12] **한국경제의 거시계량모형 구축을 위한 플로차트**

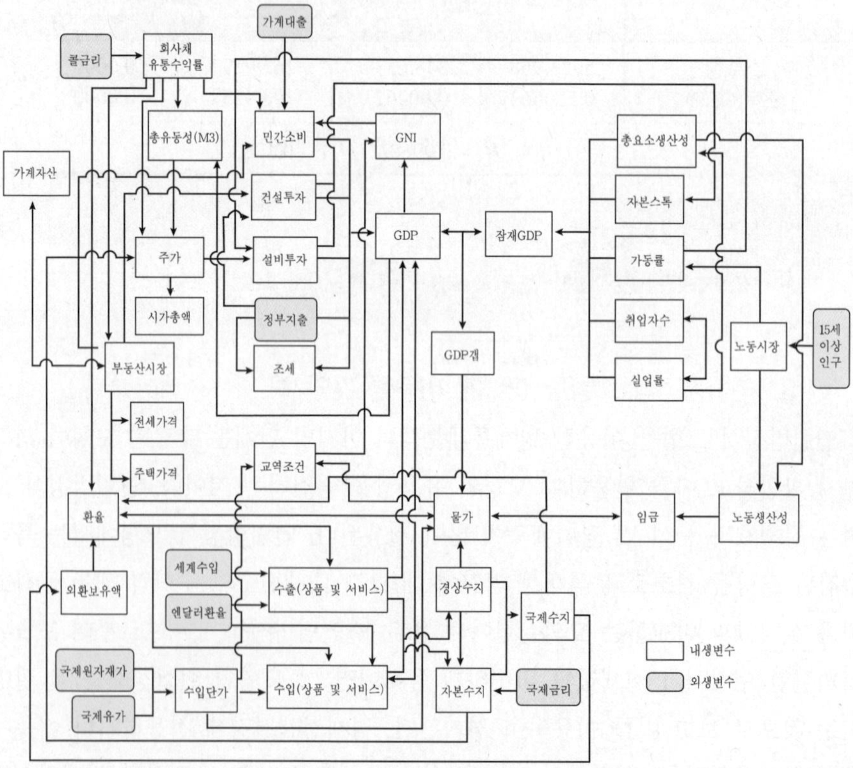

출처 : 황상필 외, 2005, 한국은행

3.2.1. 내생성과 외생성이란 무엇인가?

연립방정식 모형을 설정할 때 가장 먼저 고려해야 할 점은 어떤 변수를 내생변수로 설정하고 어떤 변수를 외생변수로 포함시키는가 하는 것이다. 통상적인 소비이론에서는 가장 먼저 주어진 소득의 변화에 대해 소비가 어떻게 반응하는가를 분석한다. 그러나 연립방정식 모형에서는 소득이 내생변수로 설정되었는데, 이는 소비의 변화가 기업의 생산 및 고용을 통해 소득에 미치는 효과를 반영한 것이다. 또한 앞의 연립방정식 모형에서는 투자가 외생적이라고 가정했으나 현실경제에서는 소비와 소득의 변화가 기업의 투자에 영향을 미친다. 현실적으로 [그림 7-12]와 같이 상호 복잡하게 연결된 구조에서는 내생변수와 외생변수의 구분이 매우 어려우며, 사실상 거의 모든 변수가 다른 변수에 의해 영향을 받는 내생변수가 된다.

제7장 제2절의 회귀분석에서는 소비이론의 분석을 위해 소득을 외생적인 것으로 간주하고 소비를 종속변수로 하는 계량모형을 설정했다. 그런데 복잡한 경제구조 중에서 다른 모형을 동시에 고려하지 않고 소비모형만 추정해도 소비이론의 현실적합성을 올바로 검증할 수 있는가? 앞의 거시경제모형과 같이 소비함수가 연립방정식을 구성하는 하나의 모형인 경우, 소비를 종속변수로 하는 계량모형만을 따로 추정하는 회귀분석 방법은 제약이 있을 수밖에 없다.

특히 소득이 소비에 의해 영향을 받기 때문에 순수한 외생변수가 될 수 없음을 고려할 때, 소득을 설명변수로 사용한 계량모형을 추정하면 내생성의 문제가 발생할 가능성이 있다. 그러나 연립방정식 모형에서는 내생변수라 할지라도 이를 다른 모형의 설명변수로 포함시킨 계량모형만을 대상으로 회귀분석 방법을 적용할 수 있는 경우가 있다. 엥글, 헨드리와 리샤르(Engle, Hendry, and Richard, 1983)에 의해 소개된 약외생성(weak exogeneity)의 개념은 단일방정식으로 표현된 통상적인 계량모형에 대한 회귀분석의 기초를 제공한다. 예를 들어 연립방정식 모형의 소비모형만을 대상으로 계수 α, β를 도출하더라도 전체 모형의 추정과 동일한 결과가 도출될 수 있는데, 이 경우 변수 Y_t를 계수 α, β의 추정에 대해 약외생적이라 한다. 즉, 복잡한 경제구조 중에서 다른 모형에는 관심이 없고 오직 소비모형의 추정에만 초점을 맞춘다고 할 때, 변수 Y_t가 약외생적이면 전체 모형에서 C_t, Y_t를 동시에 고려할 필요 없이 소비모형만을 대상으로 회귀분석을 시행하면 된다는 것이다. 이 경우 간접최소자승법 등 전체 모형을 동시에 고려하는 추정법을 사용하지 않더라도 불편성 또는 일치성을 갖는 추정치를 구할 수 있다.

3.2.2. 연립방정식 모형은 어떻게 식별되는가?

단일방정식으로 표현된 통상적인 회귀분석에서는 계량모형에 포함된 변수에 대한 자료가 주어지면, 각 계수에 대한 추정치를 직접 도출할 수 있다. 그러나 연립방정식 모형에 대해서는 내생변수의 수에 맞게 방정식이 설정되고 해당 자료가 확보되더라도 모형의 추정과 분석이 불가능한 경우가 발생할 수 있다. 이를 식별(identification)문제라 하는데, 연립방정식을 다룰 때에는 모형의 설정 단계에서 이를 고려해야 하며, 또한 모형추정에 앞서 식별문제를 해결해야 한다. 여기에서는 간단한 수요·공급 분석을 예로 이에 대해 소개하고자 한다.

어떤 제품의 수요·공급 분석을 위해 [그림 7-13]의 (a)와 같이 3개의 가격 및 수량 자료가 수집되었다고 하자. 이 자료는 시장에서의 수급균형을 나타내는 관측치일 뿐이며, 이로부터 수요곡선이나 공급곡선의 형태를 파악할 수는 없다. 이 경우 다양한 수요와 공급의 구조에 대해 이 자료가 관측될 수 있기 때문이다. 즉, [그림 7-13]의 (a)에 제시된 자료는 (b)와 (c)에 제시된 수요·공급 조건에서 모두 도출될 수 있기 때문에, 주어진 자료만으로는 이 자료를 생성하는 수요·공급 구조를 식별할 수 없다. 이 경우 수요함수와 공급함수는 모두 식별불가능(unidentified)하다.

[그림 7-13] 수요·공급 분석을 위한 시장 관측자료

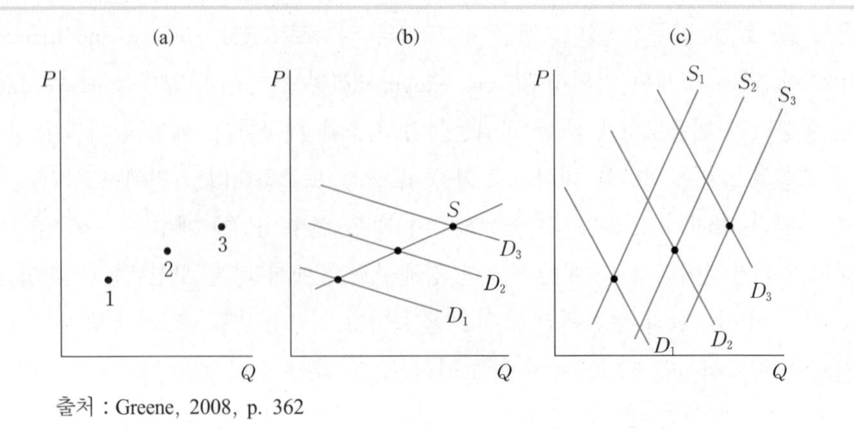

출처 : Greene, 2008, p. 362

여기서 식별문제에 관한 논의를 위해 이 자료가 공급조건이 변하지 않는 상태에서 구해진 것이라는 정보가 추가되었다고 하자. 이 경우 [그림 7-13]의 (c)와 같은 구조는 나타날 수 없고, [그림 7-13]의 (b)가 이런 정보로부터 도출 가능한 구조이다. 따라서 주어진 자료로부터 공급곡선이 어떤 형태를 갖는지 파악할 수 있다.

이제 [그림 7-13]을 이용해 제기한 식별문제는 다음의 예와 연결시켜 설명할 수 있다. 수요·공급 분석을 위한 연립방정식이 다음과 같이 설정되었다고 하자.

$$\begin{aligned} &\text{수요함수 : } Q_t^d = \alpha_0 + \alpha_1 P_t + u_{1t} \\ &\text{공급함수 : } Q_t^s = \beta_0 + \beta_1 P_t + u_{2t} \\ &\text{시장균형 : } Q_t^d = Q_t^s \end{aligned}$$

여기서 Q_t^d, Q_t^s는 각 시점에서의 수요량과 공급량을 나타내며, P_t는 균형가격을 의미한다. 이 모형은 3개의 변수(Q_t^d, Q_t^s, P_t)에 대한 3개의 방정식으로 구성되어 있어 수학적으로는 해를 구할 수 있는 구조를 갖고 있다. 그런데 균형조건에서 수요량과 공급량이 일치하기 때문에 수요함수와 공급함수는 동일한 모형이 된다. 따라서 균형거래량과 가격에 대한 자료를 이용해서 추정된 모형이 어떤 모형인지 구분할 수 없다. 즉, 주어진 정보만으로는 수요·공급 구조를 식별할 수 없는 문제가 발생한다.

이 경우 수요·공급 분석을 위한 구조모형이 식별되려면 추가적인 정보가 필요하다. 먼저 [그림 7-13]의 (b)에서와 같이 수집된 자료가 동일한 공급조건하에서 구해진 것이라 하자. 반면 수요조건은 시간의 흐름에 따라 소득이 증가하면서 변했다고 하자. 즉, 소득(Y_t)의 변화가 수요에 미치는 영향을 고려하여 수요함수를 다음과 같이 설정했다.

$$\begin{aligned} &\text{수요함수 : } Q_t^d = \alpha_0 + \alpha_1 P_t + \alpha_2 Y_t + u_{1t} \\ &\text{공급함수 : } Q_t^s = \beta_0 + \beta_1 P_t + u_{2t} \end{aligned}$$

수요함수에서는 가격이 변하지 않더라도 소득의 변화에 따라 수요량이 달라진다. 이는 [그림 7-13]의 (b)에서와 같이 수요곡선의 이동을 의미한다. 따라서 위의 연립방정식 모형에서는 공급함수가 식별된다.

한편 수요함수를 식별하려면 앞서의 구조와는 반대로 동일한 수요조건하에서 공급조건이 달라져야 한다. 즉, 수요곡선이 고정된 상태에서 공급곡선이 이동하면 공급곡선의 형태를 파악할 수 있다. 예를 들어 다른 조건은 변하지 않고 제품생산에 드는 비용이 상승하는 경우 공급은 감소한다. 이를 고려하여 이자율(R_t)의 변화가 공급에 미치는 영향을 반영한 공급함수를 다음과 같이 설정했다고 하자.

$$\text{수요함수}: Q_t^d = \alpha_0 + \alpha_1 P_t + u_{1t}$$
$$\text{공급함수}: Q_t^s = \beta_0 + \beta_1 P_t + \beta_2 R_t + u_{2t}$$

공급함수에서 공급량은 이자율의 변화에 따라 달라진다. 이는 [그림 7-13]에서 공급곡선의 이동을 의미하며, 이런 구조에서는 수요함수가 식별된다.

위의 예에서 소득은 소비에 영향을 미치며, 이자율은 공급에 영향을 미치는 것으로 설정했는데, 앞서의 식별조건을 동시에 고려하면 수요함수와 공급함수를 모두 식별할 수 있는 연립방정식 모형이 구성된다.

$$\text{수요함수}: Q_t^d = \alpha_0 + \alpha_1 P_t + \alpha_2 Y_t + u_{1t}$$
$$\text{공급함수}: Q_t^s = \beta_0 + \beta_1 P_t + \beta_2 R_t + u_{2t}$$

수요함수에서는 소득의 변화에 따라 수요량이 달라지기 때문에 수요곡선이 이동한다. 따라서 이 연립방정식 모형에서는 공급함수가 식별된다. 또한 공급함수에서 공급량은 이자율의 변화에 따라 달라지므로 공급곡선이 이동함에 따라 수요함수가 식별됨을 알 수 있다.

여기서 우리는 연립방정식을 구성하는 모형의 일부에만 포함된 변수들이 다른 모형을 식별해 주는 역할을 담당하고 있음을 알 수 있다. 앞의 국민소득 관련 거시경제모형에 대해 식별조건을 적용해 보자. 먼저 국민소득 식은 추정할 계수가 없는 항등식이라 식별이 필요하지 않다. 소비함수식에 포함된 계수 α, β는 국민소득 식에 포함된 외생변수(I_t)를 통해 식별이 가능한 구조를 가지고 있다. 연립방정식 모형을 이용하여 통계분석을 시행할 때에는 모형의 설정 단계에서 식별조건을 고려하여 적절한 변수를 포함한 모형을 구성해야 한다. 또한 모형추정에 앞서 이런 식별문제가 해결되었는지 확인해야 한다. 구조모형에 대한 식별이 불가능한 경우는 간접최소자승법 등의 연립방정식 추정법을 적용하여 연립방정식 모형의 계수에 대한 일치추정치를 도출할 수 없기 때문이다.

3.3. 연립방정식 모형의 식별조건과 추정방법은 무엇인가?

앞서 논의한 바와 같이 모형의 식별이 불가능한 경우에는 연립방정식 추정법으로 구조모형의 계수를 도출할 수 없기 때문에 모형추정에 선행하여 식별 가능 여부를 확인해야 한다. 연립방정식 모형에 대한 추정방법은 이러한 식별조건에 따라 결정된다.

첫째, 구조모형에 대한 식별이 불가능한 경우에는 간접최소자승법 등을 적용하여 구조모형의 계수를 추정할 수 없다. 이 경우 연립방정식을 동시에 추정하는 방법을 사용할 수 없으며 최소자승법 등을 이용하여 개별방정식을 따로 추정한다. 이 방법은 연립방정식 모형의 계수에 대한 일치추정치를 도출할 수 없는 문제가 있으나 모형이 복잡하고 식별 여부를 분석하기 어려운 경우 자주 사용되고 있다. 둘째, 연립방정식을 구성하는 모형의 계수가 적정식별(just-identified)된 경우에는 간접최소자승법을 적용하면 된다. 이는 구조모형의 계수가 축약형 방정식의 계수로부터 유일하게 도출되는 경우를 의미한다. 셋째, 구조모형의 계수를 축약형 방정식의 계수로부터 구할 수 있는 관계식이 도출되기는 하지만 그 관계식이 유일하지는 않고 과다식별(over-identified)된 경우에는 간접최소자승법을 적용하는 데에 제약이 있다.

3.4. 연립방정식 모형을 이용한 모의실험을 통해 무엇을 할 것인가?

모의실험이란 추정된 연립방정식 모형과 외생변수값을 이용하여 분석대상 기간에 대해 각 내생변수에 대한 수학적 해를 구하는 과정을 의미한다. 연립방정식

[그림 7-14] 적절한 모의실험 결과

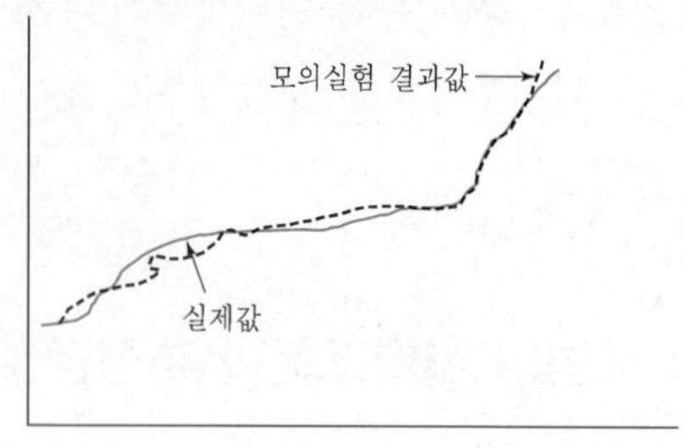

[그림 7-15] 발산되는 모의실험 결과

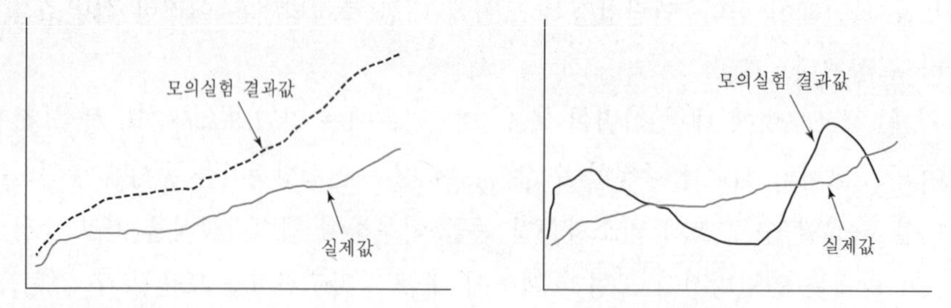

의 모의실험 결과값을 해당 변수의 실적치와 비교하여 모형의 전체 유효성을 파악할 수 있다. 통상 모의실험 결과값이 실적치와 비슷하게 움직이면 모형이 우리 경제를 잘 설명한다고 판단하고 이를 이용하여 경기를 판단하거나 경기예측을 실시하게 된다.

[그림 7-14]와 같이 모의실험 결과값(검은색 선)이 실제값(파란색 선)을 잘 추적해 가면 모형이 적절하다고 판단한다.

연립방정식 모형 내의 개별 방정식이 제대로 추정되었더라도 모의실험 결과가 아래와 같이 모의실험 결과값이 실제값을 제대로 추적하지 못하는 경우가 많다. [그림 7-15]는 모의실험 결과가 실제값을 제대로 추적하지 못하는 경우이다.

실제값과 모의실험 결과값 간의 차이는 다음과 같은 통계량으로 검토된다. 통상 모의실험 결과값과 실제값 간의 절대적 오차가 작을수록 모형이 과거를 더 잘 설명한다고 할 수 있다.

① RMSE(Root Mean Square Error)

$$RMSE = \sqrt{\frac{1}{T}\sum_{t=1}^{T}(Y_t^s - Y_t^a)^2}$$

② RMS%E(Root Mean Square Percent Error)

$$RMS\%E = \sqrt{\frac{1}{T}\sum_{t=1}^{T}(\frac{Y_t^s - Y_t^a}{Y_t^a})^2} \times 100$$

연립방정식 모형이 적절하다고 판단되면 모의실험을 통해 정책효과분석(policy simulation)과 미래값(내생변수) 예측을 실시하게 된다. 정책효과분석은 모수값이나 외생변수값에 변화를 주고 내생변수에 미치는 효과를 분석하며 정책대안별 효과를 파악하는 것이다. 미래값(내생변수) 예측은 모의실험 과정을 미래시점까지 연장하는 것이다. 이를 위해서는 외생변수에 대한 미래값이 사전적으로 마련되어야 한다.

예 7-5 물가모형의 안정성 평가

물가모형의 안정성 여부를 알아보기 위해 1990년부터 1998년 2/4분기까지를 대상으로 역사적 모의실험을 수행했으며 이를 통해 모형에 의해 계산된 내생변수값이 그 변수 과거의 시간경로를 얼마나 잘 추적하는지를 평가했다. 모의

[그림 7-16] 소비자물가의 모의실험 결과

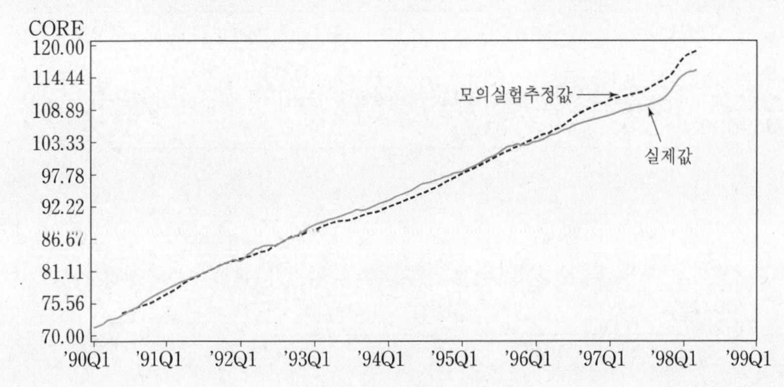

실험 방법으로는 가우스-자이델(Gauss-Seidel) 방법을 이용했다. [그림 7-16]에는 소비자물가의 동태적 모의실험 결과가 그림으로 표시되고 있는데 이를 보면 모의실험 추정값이 실제값을 비교적 잘 설명하고 있음을 알 수 있다.

3.4.1. 정책효과분석

정책모의실험이란 주요 정책변수 또는 외생변수의 변화가 성장, 물가, 경상수지 등 주요 내생변수에 미치는 가상적 파급효과의 시간경로를 계측하는 것이다.

예 7-6 물가모형을 이용한 정책효과분석

물가모형을 이용하여 콜금리가 1년간 실제값보다 1%p 낮았을 경우에 대해 정책모의실험을 실시했다. 정책모의실험 결과를 보면 소비자물가는 1차년에는 콜금리 하락 영향이 크지 않으나 2차년부터는 수요압력이 나타나면서 임금상승

[그림 7-17] 콜금리의 파급경로

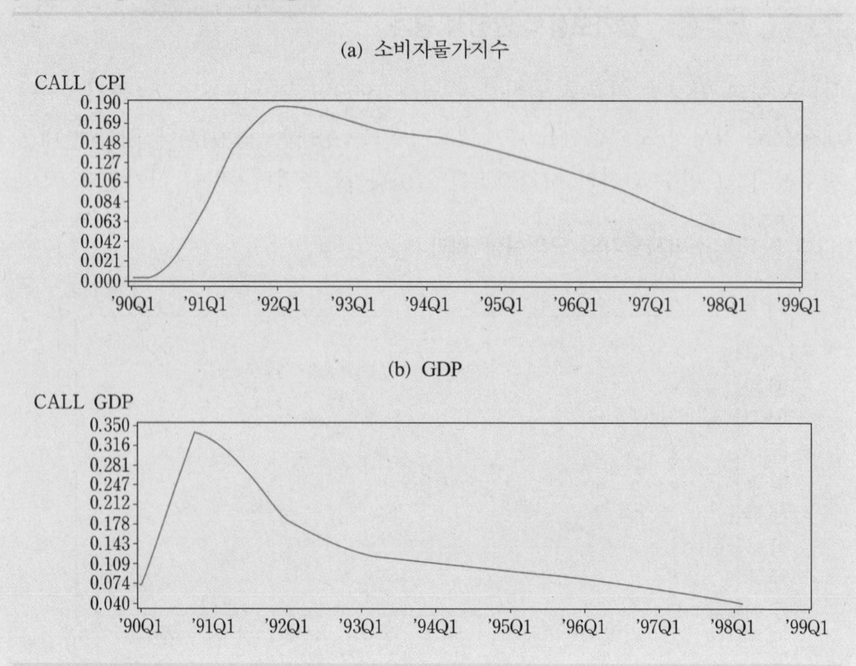

등 비용요인과 맞물려 3차년에 0.18%까지 상승한 후 서서히 하락하는 것으로 나타났다. 한편 GDP는 콜금리 하락에 따른 회사채유통수익률의 하락으로 가용자금 및 금융자산이 늘어나고, 소비 및 투자수요가 확대되는 데 주로 기인하여 2차년에 0.28%까지 증가한 후 총수요압력에 따른 물가상승으로 '−'의 실질잔고 효과가 나타나면서 그 영향이 급속히 사라지는 것으로 나타났다.

이를 통해 최적의 정책조합을 찾거나 외생적 충격이 경제에 미치는 영향을 사전에 측정하여 적절한 정책방향을 마련할 수 있다. 정책모의실험은 '경제충격의 식별 → 적정한 모형의 선택 → 추정모형의 설정 → 효과추정 및 해석'의 과정을 반복하여 실시되고 있다.

3.4.2. 연립방정식 모형을 이용한 예측

연립방정식 모형을 이용한 예측은 외생변수를 우선 예측하고 이를 바탕으로 미래시점에 대해 연립방정식 모형의 해를 구하는 모의실험을 통해 이루어진다. 그 과정을 구체적으로 살펴보면 다음과 같다.

[그림 7-18] **연립방정식 모형을 이용한 예측과정**

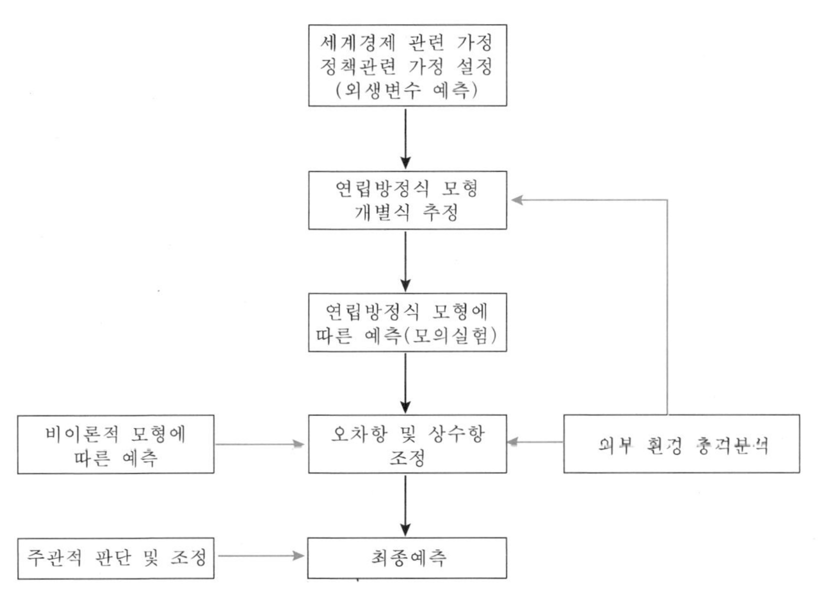

첫째, 경제전문가로 구성된 예측팀은 먼저 예상되는 외생변수(석유가격, 엔/달러 환율 등 우리나라 외부에서 발생하는 충격)를 소규모 모형으로 측정·분석한 후 기준모형인 거시계량경제모형으로 기준예측을 실시한다.

둘째, 최초 전망치 또는 분석결과에 대해 다른 예측부서의 조사·연구 직원과 토론·검토한 후 필요할 경우 모형을 조정하여 예측결과를 수정한다. 이 과정에서 오차항 및 상수항 조정을 실시한다.

마지막 단계에서는 정책결정자는 수정된 예측·분석 결과를 바탕으로 예측실무자와 상호 토론하여 최종 예측·분석 결과를 산출한다. 이러한 예측과정은 [그림 7-18]에 정리되어 있다.

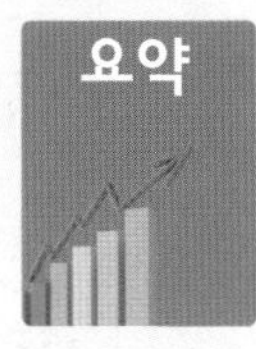

1. 경제학에서는 소비함수, 생산함수, 경제순환모형 등 경제의 기본적인 작동원리를 설명하기 위해 모형을 사용하는데, 대부분의 경제모형은 경제변수 사이에 나타나는 상관관계 또는 인과관계를 간단하게 표현하기 위하여 수학의 방정식이나 그래프 형태를 띤다.

2. 경제통계분석에 이용되는 모형은 구축방법에 따라 경제이론과 무관하게 경제통계 자체의 특징과 변동요인을 파악하고 이를 토대로 경제현상을 분석하기 위한 시계열모형과 기존의 경제이론이 현실과 적합한지를 검증하기 위한 계량경제모형으로 구분된다.

3. 계량경제모형으로는 한 변수의 움직임을 다른 변수의 변화로 설명하는 회귀모형이 가장 많이 이용된다.

4. 연립방정식 모형은 상호관계가 있는 경제변수끼리 여러 개의 회귀모형으로 그룹을 만들어 모형화한 것으로, 거시계량경제모형(macro-econometric model)이라고도 한다. 연립방정식 모형은 설정, 추정, 모의실험 과정을 거쳐 작성되며 정책효과분석과 경제예측에 이용된다.

제 8 장

경제현상을 동태모형으로 어떻게 설명할 것인가?

개 요

전통적 계량경제모형은 경제변수 사이의 관계를 규정하는 경제이론에 기초해서 설정되는데, 이 과정에서 변수선택 또는 모형선정기준이 뚜렷하지 않은 경우가 발생한다. VAR모형은 전통적 계량경제모형의 한계를 극복하고 경제통계 사이에 나타나는 통계적 관계를 파악하고 예측하기 위해 개발된 실증분석모형이다. 한편 분석대상 경제통계가 불안정한 경우, 공적분(cointegration)검정을 이용하여 이들 사이에 나타나는 장기적인 관계를 파악하고 이를 이용하여 오차수정모형(error-correction model)을 작성할 필요가 있다. 이 장에서는 VAR모형의 개념과 특징을 소개하고, 경제통계에 대한 동태적 관계분석에 유용한 공적분 및 오차수정모형의 특징과 이를 이용한 분석기법에 대해 설명한다.

1. VAR모형이란 무엇인가?

1970년대까지는 경제이론을 바탕으로 한 연립방정식 모형을 이용하여 정책분석 및 경제예측을 실시했다. 그러나 석유파동 등의 영향으로 경제변수 사이의 관계에 큰 변화가 발생하는 경우 연립방정식 모형이 정책분석과 예측에서 더 이상 적합하지 않은 것으로 나타났다.

심스(1980)는 이러한 문제가 연립방정식 모형에서의 내생변수 및 외생변수의 결정과 이론적 제약이 자의적이어서 발생했다고 생각하고 경제통계, 즉 시계열의 정보를 내생·외생 변수 구분 없이 이용할 수 있는 다변량 시계열모형인 벡터자기회귀(Vector Autoregressive : VAR)모형을 이용한 분석체계를 제시했다. VAR모형을 이용한 분석체계로 경제예측은 물론 충격반응함수, 예측오차분해 등의 경제분석을 실시할 수 있어서 연립방정식 모형을 대치하는 경제분석으로 다양하게 활용되고 있다.

예 8-1 원高시대, 전략적 해외투자 더 늘려라

원/달러 환율이 급격하게 하락하는 원화가치 절상기에 채산성을 유지하려면 우리 기업들이 전략적인 해외투자를 보다 적극적으로 추진해야 한다는 지적이 제기되었다. 삼성경제연구소는 22일 「엔고 시기 일본기업의 대응전략」이라는 제목의 보고서를 통해 이같이 주장했다. (중략)

VAR(벡터자기회귀)모형을 활용해 엔고 대응전략의 효과를 측정해 본 결과, 단기적으로는 가격전가 전략과 생산성 향상이나 인건비 절감 등을 통한 기존 설비의 원가절감 전략의 효과가 컸지만 장기적으로는 고부가가치화를 통한 수출가격 인상이나 해외직접투자의 효과가 큰 것으로 나타났다.

출처 : 「삼성경제연구소 보고서」, 2008.1, 『이데일리』, 2008.1.22

1.1. VAR모형은 어떤 구조를 가지고 있는가?

제4장에서 경제통계를 자신의 과거 움직임으로 설명하는 자기회귀(AR)모형을 살펴보았다. 경제통계는 변수 자체의 과거 움직임뿐만 아니라 다른 변수의 변동에 의해서도 영향을 받는다. 경제통계는 자신의 시차변수의 움직임과 다른 변수의 시차변수의 움직임으로 표현된다. 이는 경제통계를 벡터로 정의하고 이를 자기회귀모형으로 표현한 벡터자기회귀(VAR)모형의 구조를 갖는다.

둘 이상의 변수를 동시에 분석하는 벡터자기회귀모형으로 경제변수 간 상호연관 구조를 표현할 수 있다. 예를 들어 경제성장률(y_t)과 통화증가율(m_t)로 구성된 벡터 시계열을 다음과 같은 자기회귀모형 형태로 표현할 수 있다.

$$\begin{aligned} m_t &= \mu_1 + \alpha_1 m_{t-1} + \beta_1 y_{t-1} + \epsilon_{1t} \\ y_t &= \mu_2 + \alpha_2 m_{t-1} + \beta_2 y_{t-1} + \epsilon_{2t} \end{aligned}$$

위의 모형을 두 변수로 구성된 벡터 형식으로 표현하면 다음과 같다.

$$x_t = \mu + A_1 x_{t-1} + \epsilon_t$$

여기서 $\boldsymbol{x}_t = \begin{pmatrix} m_t \\ y_t \end{pmatrix}$, $\boldsymbol{\mu} = \begin{pmatrix} \mu_1 \\ \mu_2 \end{pmatrix}$, $\boldsymbol{A}_1 = \begin{pmatrix} \alpha_1 & \beta_1 \\ \alpha_2 & \beta_2 \end{pmatrix}$, $\epsilon_t = \begin{pmatrix} \epsilon_{1t} \\ \epsilon_{2t} \end{pmatrix}$이다. 이 모형은 벡터 시계열이 그 자신의 1기 전 값에 의해 결정되는 구조이므로 $x_t \sim \text{VAR}(1)$로 표기한다.

VAR모형은 경제성장률과 통화증가율이 1기뿐만 아니라 그 이전 값에 의해 결정되는 구조를 가지는 일반적인 모형으로 확대할 수 있다.

$$\begin{aligned} m_t &= \mu_1 + \sum_{i=1}^{p} \alpha_{1i} m_{t-i} + \sum_{j=1}^{p} \beta_{1j} y_{t-j} + \epsilon_{1t} \\ y_t &= \mu_2 + \sum_{i=1}^{p} \alpha_{2i} m_{t-i} + \sum_{j=1}^{p} \beta_{2j} y_{t-j} + \epsilon_{2t} \end{aligned}$$

성장률과 통화증가율로 구성된 벡터 시계열을 x_t라 하면, 벡터와 행렬기호를 사용하여 다음과 같이 벡터자기회귀모형의 구조로 표현할 수 있다.

$$x_t = \mu + A_1 x_{t-1} + A_2 x_{t-2} + \cdots + A_p x_{t-p} + \epsilon_t$$

이를 $x_t \sim \mathrm{VAR}(p)$로 표기한다. 여기서 $A_i = \begin{pmatrix} \alpha_{1i} & \beta_{1j} \\ \alpha_{2i} & \beta_{2j} \end{pmatrix}$이다. 시차연산자($B^k x_t = x_{t-k}$)를 이용하여 VAR$(p)$모형을 다음과 같이 표현할 수 있다.

$$A_p(B) x_t = \mu + \epsilon_t$$

여기서 $A_p(B)$는 다음의 시차연산자행렬을 나타낸다.

$$A_p(B) = I_n - A_1 B - A_2 B^2 - \cdots - A_p B^p$$

1.2. VAR모형을 어떻게 추정할 것인가?

VAR모형을 작성하려면 먼저 모형에 포함될 경제변수를 선정해야 한다. 경제성장률과 통화증가율에 대한 2변수 VAR모형은 n개 변수로 구성된 VAR모형으로 확장할 수 있다. 이때 분석에 포함되는 변수의 수가 많으면 추정해야 할 모수가 많아져 추정과 예측의 효율성이 낮아진다. 반면 분석에 포함되는 변수의 수가 작으면 현실경제에 나타나는 경제변수 간 상호작용을 제대로 포착하지 못할 수 있다. 따라서 분석의 목적 및 자료의 이용가능성을 고려하여 VAR모형에 포함될 경제변수를 적정하게 선정해야 한다.

VAR모형에 포함될 경제변수가 선정되면 관련 경제통계의 특징과 분석목적에 맞도록 VAR모형의 차수 p를 결정해야 한다. 이를 위해 주로 AIC(Akaike Information Criterion)와 SBC(Schwarz Bayesian Criterion) 등의 모형선정기준이 이용된다. 이러한 모형선정기준은 설명력 증가로 나타나는 이득(statistical benefit)과 추정해야 할 모수의 증가로 나타나는 비용(statistical cost)을 동시에 고려하는 방법으로 정보기준의 값을 최소화하는 차수 p를 최적차수로 선정한다. 그중 SBC는 AIC보다 p를 증가시키는 데 따르는 비용을 크게 설정하여 AIC보다 더 작은 최적차수를 선정하는 특징이 있다. VAR모형의 차수가 커지면 모형의 적합도는 높아지나 모형의 모수가 많아져 예측력이 나빠지는 경향이 있는데, SBC는 모형의 간결성을 달성할 수 있다는 장점이 있어서 실증분석에서 많이 사용된다.

일반적인 n개의 변수로 구성된 벡터 $\boldsymbol{y}_t$에 대한 VAR모형은 다음과 같이 n개의 종속변수에 대한 연립방정식의 구조를 나타낸다.

$$
\begin{aligned}
y_{1t} = \ & \alpha_{11}^{(1)} y_{1,t-1} + \alpha_{12}^{(1)} y_{2,t-1} + \cdots + \alpha_{1n}^{(1)} y_{n,t-1} \\
& + \alpha_{11}^{(2)} y_{1,t-2} + \alpha_{12}^{(2)} y_{2,t-2} + \cdots + \alpha_{1n}^{(2)} y_{n,t-2} + \cdots \\
& + \alpha_{11}^{(p)} y_{1,t-p} + \alpha_{12}^{(p)} y_{2,t-p} + \cdots + \alpha_{1n}^{(p)} y_{n,t-p} + \epsilon_{1t} \\
y_{2t} = \ & \alpha_{21}^{(1)} y_{1,t-1} + \alpha_{22}^{(1)} y_{2,t-1} + \cdots + \alpha_{2n}^{(1)} y_{n,t-1} \\
& + \alpha_{21}^{(2)} y_{1,t-2} + \alpha_{22}^{(2)} y_{2,t-2} + \cdots + \alpha_{2n}^{(2)} y_{n,t-2} + \cdots \\
& + \alpha_{21}^{(p)} y_{1,t-p} + \alpha_{22}^{(p)} y_{2,t-p} + \cdots + \alpha_{2n}^{(p)} y_{n,t-p} + \epsilon_{2t} \\
& \vdots \\
y_{nt} = \ & \alpha_{n1}^{(1)} y_{1,t-1} + \alpha_{n2}^{(1)} y_{2,t-1} + \cdots + \alpha_{nn}^{(1)} y_{n,t-1} \\
& + \alpha_{n1}^{(2)} y_{1,t-2} + \alpha_{n2}^{(2)} y_{2,t-2} + \cdots + \alpha_{nn}^{(2)} y_{n,t-2} + \cdots \\
& + \alpha_{n1}^{(p)} y_{1,t-p} + \alpha_{n2}^{(p)} y_{2,t-p} + \cdots + \alpha_{nn}^{(p)} y_{n,t-p} + \epsilon_{nt}
\end{aligned}
$$

여기서 각 방정식은 $n \times p$개의 설명변수를 포함한 회귀모형의 형태를 띠고 있다. 따라서 AR모형과 마찬가지로 VAR모형에 대해서도 최소자승법으로 계수를 추정할 수 있다.

1.3. VAR모형의 한계 및 고려사항

VAR모형은 모든 변수가 내생변수이므로 특정한 조건 없이 예측을 실행할 수 있지만, 추정해야 할 모수의 수가 많아 예측력이 저하될 수 있다. VAR모형은 모형설정에서 변수의 선성, 배열순서, 시차길이 등에 따라 분석결과가 달라지며, 분석결과가 경제이론에 근거하지 않는다는 한계가 있다.

VAR모형으로 예측하거나 충격반응분석으로 경제분석을 하는 경우 VAR모형의 구성 시계열이 안정적이 아니어도 무방하다. 그러나 인과관계분석 등 계수의 유의성 검정을 실시하는 경우 불안정 시계열을 차분하여 안정 시계열로 바꾸어 VAR모형을 작성하거나 다음 절에서 설명할 벡터오차수정모형(VECM)을 이용해야 한다.

예 8-2 VAR모형의 추정

VAR모형을 이용한 통계분석의 예로 통화량과 국민소득 사이의 상호관계를 파악하는 VAR모형을 추정해 보자. [그림 8-1]에서 통화량(M1)과 국민소득(실질

[그림 8-1] **통화량과 국민소득의 추이**

(a) M1과 실질GDP의 추이

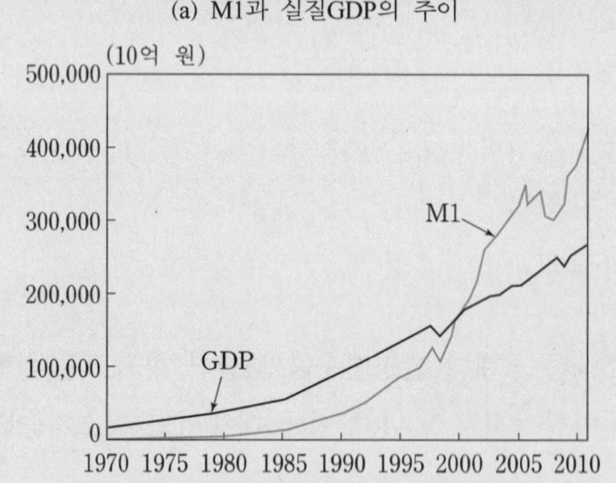

(b) 통화증가율과 경제성장률의 추이

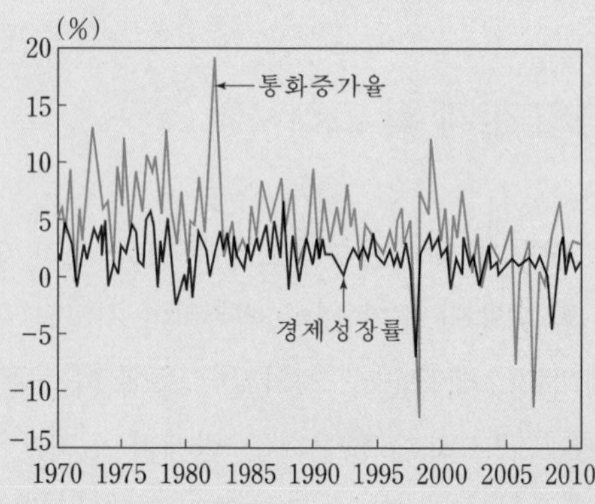

주) M1과 GDP는 계절조정계열이며, 이의 전기대비 변화율을 도출

표 8-1 통화증가율과 경제성장률에 대한 VAR모형 추정결과

종속변수	설명변수								
	상수항	m_{t-1}	m_{t-2}	m_{t-3}	m_{t-4}	y_{t-1}	y_{t-2}	y_{t-3}	y_{t-4}
m_t	1.8849 (3.308)	0.4904 (5.888)	−0.0729 (−0.807)	0.2568 (2.851)	−0.0984 (−1.159)	0.2855 (1.654)	−0.2836 (−1.641)	−0.0937 (−0.538)	0.1554 (0.920)
y_t	0.8985 (3.253)	0.1168 (2.894)	0.0303 (0.689)	0.0339 (0.778)	−0.0005 (−0.011)	0.1196 (1.429)	0.0179 (0.213)	−0.0691 (−0.820)	−0.0597 (−0.728)

주) ( )의 제시된 숫자는 t-통계치를 나타냄

GDP)이 불안정 시계열의 특징을 나타내고 있어 통화증가율(m)과 경제성장률(y)을 도출했다. 이는 인과관계분석에서 계수의 유의성 검정을 직접 적용할 수 있게 하기 위함이다. [표 8-1]은 1970~2010년 동안의 분기별 자료에 대해 상수항과 시차항 4개를 포함한 VAR모형을 추정한 결과이다. 통화증가율(m)모형에서는 통화증가율 시차항의 계수가 대체로 유의적인 데 반해 경제성장률 시차항의 계수는 유의성이 낮은 것으로 나타났다. 경제성장률(y)모형에서도 통화증가율 시차항의 계수추정치가 경제성장률 시차항의 계수보다 더 높은 유의성을 보이고 있다. 이는 단기적으로 통화량의 변화가 소득에 미치는 효과가 소득의 변화가 통화량에 미치는 영향보다 더 크다는 것으로 해석된다.

2. VAR모형으로 어떻게 분석할 것인가?

VAR모형은 변수 사이의 이론적 관계를 고려하지 않고 시계열 정보만을 토대로 모형을 구축하는 방법을 사용함에도 불구하고 변수 사이의 동태적인 관계를 분석하는 데 유용하다. 여기에서는 인과관계분석, 충격반응함수, 예측오차분해 등 최근 거시경제에 대한 실증분석에 많이 적용되고 있는 방법을 소개한다.

예 8-3 부동산 관련 정보의 통합관리 시스템 구축 절실

경기개발연구원은 부동산시장 불안을 근본적으로 모니터링하고 해결방안을 제시할 수 있는 부동산 관련 정보의 통합관리 시스템 구축방안에 관해 연구한 결과를 발표했다. 이 연구에서는 부동산 데이터베이스 통합 시스템을 구성하기 위한 계량적 방법으로 단위근검정, 벡터자기회귀모형, 인과관계(Granger causality)검정, 충격반응, 분산분해분석 등을 사용하여 분석을 시행했으며, 통합 부동산 데이터베이스 구축의 가능성을 제시했다.

출처 : 「경기개발연구원 보고서」, 2007.10, 『연합뉴스』 보도자료, 2007.10.17

2.1. 인과관계분석을 어떻게 할 것인가?

경제통계를 분석할 때 어떤 변수가 원인이고 어떤 변수가 결과인지 파악하기란 어렵다. 그레인저(Granger, 1969, 1980)는 경제통계를 자신의 과거만으로 설명할 때와 다른 변수의 과거와 같이 설명할 때를 비교하고 두 변수의 인과관계를 분석하는 방법을 제시했다. VAR모형에 포함된 변수 사이의 인과관계를 분석해 보자. 간단한 예로 Y(소득)와 M(통화량) 사이의 관계를 분석하고자 할 경우, 경제성장률(y_t)과 통화증가율(m_t)에 대한 다음의 2변수 VAR모형을 이용한다.[1)]

$$\text{통화증가율 모형} : m_t = \mu_1 + \sum_{i=1}^{p} \alpha_{1i} m_{t-i} + \sum_{j=1}^{p} \beta_{1j} y_{t-j} + \epsilon_{1t}$$

$$\text{경제성장률 모형} : y_t = \mu_2 + \sum_{i=1}^{p} \alpha_{2i} m_{t-i} + \sum_{j=1}^{p} \beta_{2j} y_{t-j} + \epsilon_{2t}$$

1) 국민소득이나 통화량과 같은 불안정 시계열 사이의 인과관계분석을 위해서는 차분이나 변화율에 대한 VAR모형을 작성할 필요가 있다.

통화증가율 모형에서 경제성장률(y)과 관련된 계수(β_{1j})가 모두 0이면, 통화증가율(m)의 현재값은 경제성장률의 과거값에 영향을 받지 않으므로 통화증가율(m)은 경제성장률(y)에 대해 외생적(exogenous)이라 한다. 마찬가지로 경제성장률 모형에서 통화증가율(m)과 관련된 계수(β_{2j})가 모두 0이면, 경제성장률(y)은 통화증가율(m)에 대해 외생적이다. 반면에 통화증가율 모형에서 경제성장률(y)과 관련된 계수 중 적어도 하나가 0이 아니면, 통화증가율(m)은 경제성장률(y)의 과거값에 영향을 받는다. 이 경우 소득(Y)에 관한 시차 정보가 통화량(M)에 영향을 주므로 "소득(Y)이 통화량(M)에 대해 인과관계에 영향을 미친다(Y Granger-causes M)."고 정의한다.

실증분석에서 두 변수 X와 Y 사이의 인과관계를 분석하려면 x_t와 y_t를 각각 상수항과 $x_{t-1}, x_{t-2}, \cdots, x_{t-p}$ 및 $y_{t-1}, y_{t-2}, \cdots, y_{t-p}$에 대해 회귀분석을 한 후, 두 변수 사이의 인과관계의 존재 여부를 판단한다. 예를 들어 과거의 소득이 통화량에 영향을 미치는지를 파악하려면 통화증가율모형에서 가설 $\beta_{11} = \beta_{12} = \cdots = \beta_{1p} = 0$의 성립 여부를 점검하면 되는데, 이에 대한 가설검정을 위해서는 F통계량이 주로 이용된다. 위와는 반대로 통화량의 변화가 소득에 미치는 영향을 분석하려면 경제성장률 모형에서 $\alpha_{21} = \alpha_{22} = \cdots = \alpha_{2p} = 0$ 이 성립하는지를 F통계량을 이용하여 점검한다.

예 8-4 인과관계분석

통화량과 국민소득 사이의 인과관계분석을 위해 통화증가율(m_t)과 경제성장률(y_t)의 VAR모형을 추정하고 인과관계 관련 F검정을 실시했는데 그 결과는 [표 8-2]와 같다. 이를 보면 M ⇒ Y 관계를 점검하기 위한 F통계량의 유의확률이 0.05보다 작으므로 인과관계가 없다(M ⇏ Y)라는 귀무가설은 기각된다. 반면,

표 8-2 인과관계 분석결과

귀무가설	F통계량	유의확률
M ⇏ Y(인과관계 없음)	3.8031	0.0056
Y ⇏ M(인과관계 없음)	1.4502	0.2203

Y $\nRightarrow$ M 관계에 대한 유의확률이 0.05보다 크므로 유의하지 않은 것으로 나타났다. 따라서 통화량이 국민소득에 영향을 주는 M $\Rightarrow$ Y 방향의 일방적 인과관계가 성립하는 것으로 분석된다. 이 결과는 단기적으로 통화량의 변화가 소득에 미치는 효과가 소득의 변화가 통화량에 미치는 영향보다 더 큰 것으로 나타난 [표 8-1]의 결과와 일치한다.

2.2. 충격반응함수분석이란 무엇인가?

충격반응함수분석은 VAR모형을 이용한 경제분석에 가장 많이 이용된다. 이 방법은 VAR모형의 계수에 대한 정보를 이용하여 모형에 포함된 여러 변수 중 하나의 변수에 충격이 나타났을 때, 시간이 경과함에 따라 다른 구성변수에 어떻게 영향을 미치는가를 측정하는 분석방법이다.

충격반응분석은 VAR모형을 갖는 벡터 $\boldsymbol{y}_t$를 VMA(Vector Moving Average)모형으로 나타내는 데에서 시작된다.

$$
\begin{aligned}
\boldsymbol{y}_t &= C(B)\epsilon_t = \sum_{j=0}^{\infty} C_j \epsilon_{t-j} \\
&= \epsilon_t + C_1\epsilon_{t-1} + C_2\epsilon_{t-2} + \cdots + C_s\epsilon_{t-s} + \cdots
\end{aligned}
$$

위의 식에서 $n \times n$ 행렬 C_s는 $C_s = \partial \boldsymbol{y}_{t+s} / \partial \epsilon_t{}'$를 나타내고 있는데, 이 행렬의 (i, j)번째 원소 $\partial y_{i,t+s} / \partial \epsilon_{jt}$는 변수 y_j 에 대한 충격(impulse or innovation) ϵ_j가 s기 후에 변수 y_i에 미치는 영향, 즉 변수 y_i가 변수 y_j의 변화에 반응(response)하는 정도를 나타낸다. 여기서 $\partial y_{i,t+s} / \partial y_{jt}$를 s의 함수 형태로 표현한 것을 충격반응함수(impulse-response function)라고 한다.

예 8-5 충격반응함수 분석

[예 8-3]에서 추정한 VAR모형을 이용하여 통화증가율(m_t)과 경제성장률(y_t) 사이의 충격반응함수를 구하면 [그림 8-2]의 결과가 도출된다. 충격반응함수의 추정결과에 따르면 통화증가율의 충격은 경제성장률에 유의적인 단기효과를 나타내는 데 반해 경제성장률이 통화증가율에 미치는 영향은 유의적이지 않은 것으로 분석된다. 이는 단기적으로 통화량의 변화가 소득에 일방적인 인과관계 효과를 갖는다는 [예 8-4]의 결과와 일치하는 것으로 해석된다.

[그림 8-2] 충격반응함수 추정결과

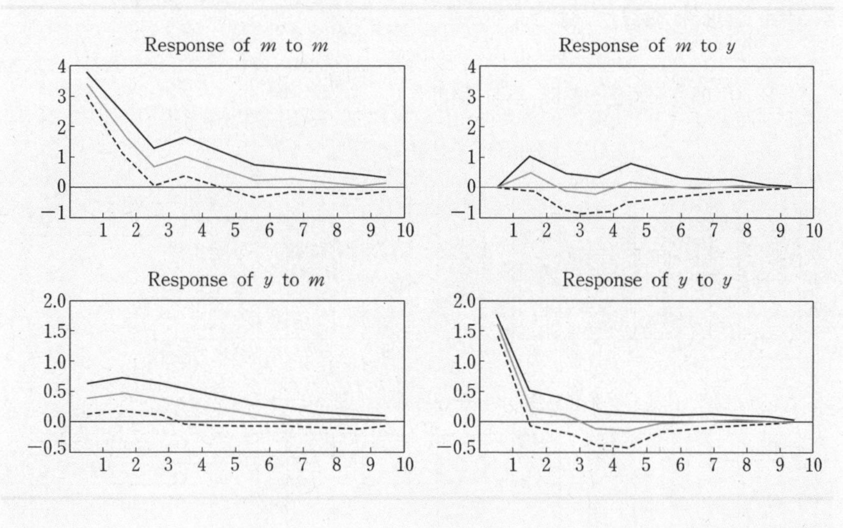

2.3. 예측오차분산분해란 무엇인가?

VAR모형의 계수에 대한 정보를 이용하여 모형에 포함된 각 변수의 상대적 중요성의 정도를 파악할 수 있다. 이는 VAR모형 내의 한 변수의 움직임에 대한 예측오차를 각 변수로부터 발생하는 비율로 분할하는 예측오차분산분해를 통해 가능하다.

예 8-6 예측오차분산분해

[예 8-3]에서 추정한 VAR모형을 이용하여 통화증가율(m_t)과 경제성장률(y_t) 사이의 예측오차분산분해를 시행하면 [그림 8-3]의 결과가 도출된다. 예측오차분산분해의 결과는 다음과 같이 해석된다. 통화증가율에 대해서는 그 자신에 나타나는 충격이 대부분의 영향을 미치는 반면 경제성장률은 8기까지 2% 미만의 미미한 영향을 미친다. 경제성장률의 경우, 그 자신에 나타나는 충격이 더 중요한 영향을 미치기는 하지만 통화증가율의 영향도 8기까지 20% 정도의 영향을 미친다. 이러한 결과는 통화증가율은 경제성장률에 유의적인 단기효과를 나타내는 데 반해 통화증가율에 미치는 경제성장률의 영향은 미미하다는 [예 8-5]의 결과와 같다.

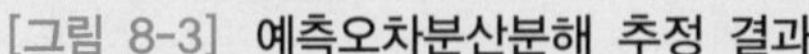
[그림 8-3] 예측오차분산분해 추정 결과

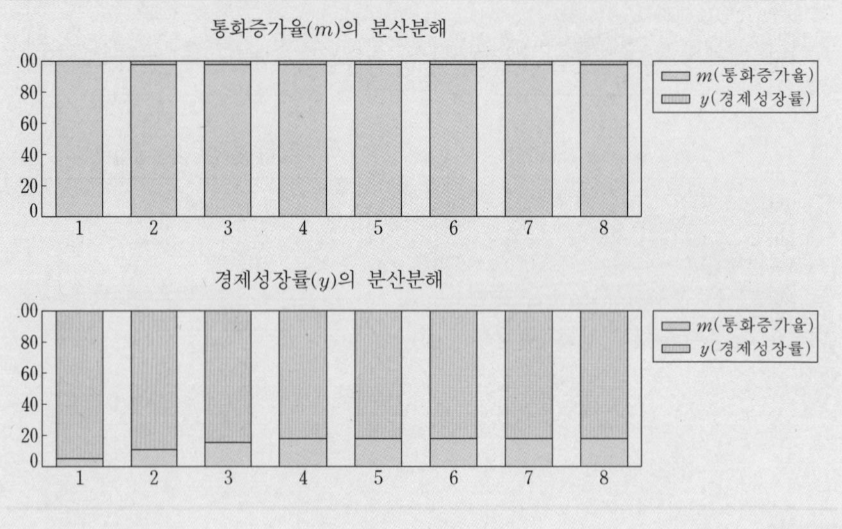

2.4. VAR모형으로 어떻게 예측할 것인가?

회귀모형을 이용하는 경우에는 설명변수의 미래값에 대응하는 조건부예측을 시행하는 데 반해, VAR모형은 모든 변수가 내생변수이므로 특정한 조건 없이 예측치 추정이 가능하다. 이와 같이 VAR모형을 이용하여 각 변수의 미래값에 대한 예측치를 도출하기가 쉽기 때문에 미래 전망을 위한 예측의 출발점으로 VAR모형을 이용하고 있다.

VAR모형을 이용하여 예측치를 추정하는 경우에도 최적예측통계량은 앞에서의 단일시계열에 대한 예측과 마찬가지로 평균제곱오차를 최소화하는 통계량이 된다. 예를 들어 VAR(1)모형 $y_t = \mu + A_1 y_{t-1} + \epsilon_t$의 계수에 대한 추정치 $\hat{\mu}$, $\hat{A}_1$가 도출되었다고 할 때, 현재시점(n)으로부터 1기 후, 즉 $(n+1)$ 시점에 대한 예측치는 다음의 관계식으로부터 도출할 수 있다.

$$\hat{y}_{n+1} = \hat{\mu} + \hat{A}_1 y_n$$

동일한 방법을 계속 적용하여 h기 이후, 즉 $(n+h)$ 시점에 대한 예측치를 다음과 같이 구할 수 있다.

$$\hat{y}_{n+h} = (\hat{A}_1^{h-1} + \hat{A}_1^{h-2} + \cdots + \hat{A}_1 + I_n)\hat{\mu} + \hat{A}_1^h y_n$$

예 8-7　하반기 집값 2% 하락 전망

국토연구원은 주택시세의 시계열자료와 금리소득 등 거시경제변수를 활용한 통계분석(VAR모형)에서 하반기 부동산시세 등락률을 △주택매매가 전국 −2.23%, 서울(아파트 대상, 이하 동일) −1.70%, △전세금은 전국 −2.87%, 서울 −1.77%, △토지가격은 전국 1.75%로 각각 전망했다.

출처 : 『매일경제』, 2004.7.14

2.5. 구조적 VAR모형이란 무엇인가?

통상적인 VAR모형은 이론적 관계에 대한 가정을 고려하지 않고 모형을 설정·추정하기 때문에 경제변수에 대한 구조적 관계를 직접 분석할 수 없다는 비판을 받았다. 또한 동일한 변수로 구성된 VAR모형을 이용하는 경우에도 변수의 배열순서에 따라 충격반응함수와 분산분해에 대한 추정 결과가 달라질 수 있다는 단점이 있다.

이를 극복하기 위해 심스(1980)와 블랑샤르와 콰(Blanchard and Quah, 1989)는 모형의 식별이 경제이론에 따라 이루어지는 구조적 VAR(Structural VAR : SVAR) 모형을 제시했다.

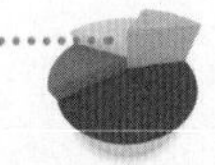

3. 공적분모형이란 무엇인가?

전통적인 회귀분석에서는 모형에 포함된 변수가 안정적(stationary)이라고 가정하고, 계수추정치의 t통계량 등을 이용하여 가설검정을 시행한다. 그런데 실증분석 결과에 따르면 우리가 이용하는 대부분의 경제통계는 불안정한 것으로 나타났다. 추세를 가지는 불안정 시계열에 대해 회귀분석을 적용하면, 변수 사이에는 아무런 상관관계가 없는데도 불구하고 유의성이 높은 것처럼 보이는 가성적 회귀(spurious regression)현상이 발생한다. 한편 불안정 시계열 사이에 공적분(cointegration) 관계가 존재하는 경우, 회귀분석을 비롯한 전통적 분석이론을 적용할 수 있다.

3.1. 가성적 회귀란 무엇인가?

불안정 시계열에 대해 회귀분석을 시행하는 경우, 실제로는 상관관계가 없는데도 불구하고 외견상 회귀모형의 유의성이 높은 것처럼 보이는 경우가 발생한다.

예를 들어 다음과 같은 시간추세를 나타낸다고 하자.

$$y_t = t\,,\ x_t = t^2\ \ (t = 1, 2, \cdots, 30)$$

이를 대상으로 최소자승법을 적용하여 회귀모형을 추정하면, 다음의 추정치가 도출된다.

$$y_t = \underset{(9.9)}{5.92} + \underset{(21.2)}{0.03}\, x_t \qquad R^2 = 0.94, DW = 0.06$$

위의 추정결과를 보면 결정계수 R^2값은 매우 높으며, 괄호 안에 제시된 t통계치도 매우 유의하게 나타났다. 한편 더빈-왓슨 통계량이 낮게 추정되어 모형의 오차항에 자기상관 문제가 있음을 시사하고 있다. 위의 모형은 외견상 매우 적합한 것으로 보이나 실제로는 별 의미가 없는 회귀모형이다. 이러한 현상을 가성적 회귀라고 한다.

회귀모형에 포함된 변수의 평균 또는 분산이 증가하여 불안정성을 나타내는 경우, 즉 확률적 추세가 있는 계열의 경우에도 비슷한 현상이 나타난다. 예를 들어 두 시계열 x_t와 y_t가 각각 다음과 같이 확률보행을 따른다고 하자.

$$y_t = y_{t-1} + \epsilon_{1t}, x_t = x_{t-1} + \epsilon_{2t}$$

여기서 ϵ_{1t}와 ϵ_{2t}가 서로 독립이면, x_t와 y_t도 관계없는 시계열이다. 이러한 자료를 대상으로 통상적인 회귀분석을 시행하면, 회귀식의 결정계수와 기울기계수에 대한 t통계치가 유의하게 나타난다. 실제로 시계열 관측치가 100개인 두 개의 적분계열 x_t와 y_t에 대해 회귀분석을 시행하는 경우, 67%(100번의 시행에서 67번) 정도에서 귀무가설 '$H_0 : \beta = 0$'이 기각되는 것으로 나타난다. 따라서 시계열에 추세변동요인이 포함되어 있으면, 회귀분석 결과가 통계적으로 유의하게 보이더라도 그 결과를 그대로 적용할 수 없다.

예 8-8 가성적 회귀

1970년부터 2010년까지의 연간 자료에 대해 우리나라의 소비자물가지수(CPI)를 종속변수(y)로 하고 17세 남자의 평균 키를 설명변수(x)로 하는 회귀모형을 추정한 결과 다음의 추정식이 도출되었다.

$$y_t = -2071.9 + 12.50\, x_t \qquad R^2 = 0.98,\ DW = 0.31$$
$$\quad (-38.5) \qquad (39.6)$$

이 경우 더빈-왓슨 통계량을 제외하면 적합한 모형처럼 보인다. 그러나 이 결과를 토대로 키가 물가지수를 설명한다는 의미를 부여할 수는 없다. 이처럼 그럴듯한 결과가 도출된 이유는 [그림 8-4]에서 볼 수 있듯이 두 변수가 모두 시간의 흐름에 따라 증가하는 추세를 나타내기 때문이다. 이 경우 서로 인과관계 또는 상관관계가 없는데도 불구하고 추정식의 유의성이 높은 가성적 회귀현상이 발생한다. 이런 현상은 두 변수의 추세가 서로 다른 경우에도 나타날 수 있다. 예를 들어 같은 기간 동안 감소추세를 보인 합계출산율을 종속변수(y)로 하고 소비자물가지수를 설명변수(x)로 하는 회귀모형을 추정한 결과는 다음과 같다.

$$y_t = 3.473 - 0.025\, x_t \qquad R^2 = 0.73,\ DW = 0.10$$
$$\quad (21.8) \qquad (-10.4)$$

이 경우도 더빈-왓슨 통계량을 제외하면 적합한 모형처럼 보이지만, 이 추정결과를 토대로 물가가 상승함에 따라 출산율이 하락했다고 해석할 수는 없다. 이와 같이 시계열에 추세요인이 포함되어 있는 경우, 차분을 통해 안정 시계열로 변환하여 회귀분석을 시행할 수 있다. 위의 예에서 소비자물가지수와 17세 남자 평균 키를 차분해서 회귀모형을 추정하면 다음의 회귀식이 도출된다.

$$\Delta y_t = 2.83 - 0.410\, \Delta x_t \qquad R^2 = 0.003,\ DW = 1.08$$
$$\quad (8.68)(-0.35)$$

[그림 8-4] 추세를 보이는 시계열

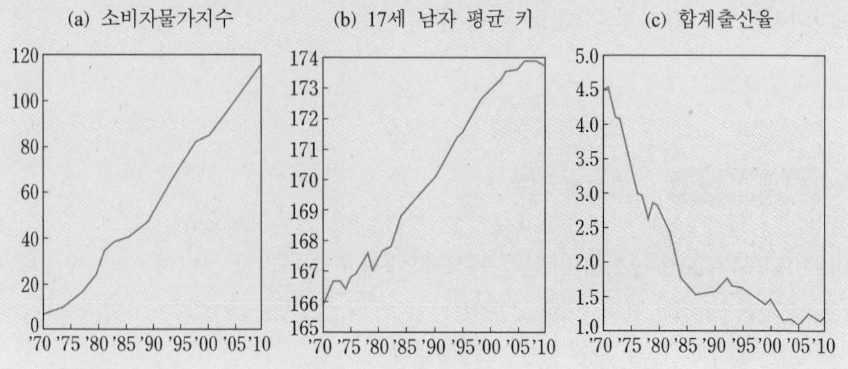

이 경우 결정계수값이 0에 가깝게 나타났으며, 두 변수 사이의 관계를 나타내는 기울기계수에 대한 유의성이 낮게 추정(유의확률=0.726)되어 가성적 회귀의 문제가 나타나지 않았음을 알 수 있다.

3.2. 공적분의 의미는 무엇인가?

경제통계에 대한 단위근검정 결과 불안정 시계열로 판명되었는데도 불구하고, 경제통계에 대해 전통적 회귀분석 이론을 그대로 적용하여 가성적 회귀현상이 나타난다. 따라서 경제통계 x_t, y_t가 적분계열인 경우, 회귀모형 $y_t = \alpha + \beta x_t + \epsilon_t$를 직접 추정하지 않고, 다음과 같이 차분하여 안정 시계열로 변환한 후 회귀분석을 시행하면 가성적 회귀의 문제를 해결할 수 있다.

$$\Delta y_t = \beta \Delta x_t + \epsilon_t$$

이 경우 경제통계의 차분으로 원래 통계의 장기적 특성을 배제하고 모형을 작성하게 되므로 두 변수 사이의 장기적인 정보를 잃게 된다. 따라서 경제통계의 장기적 특성을 고려하면서도 회귀분석의 안정성을 유지하는 모형을 작성할 필요가 있다.

불안정 시계열 사이에 안정 시계열을 생성하는 선형결합이 존재하는 경우, 이들 경제통계에 나타나는 적분계열은 공통 추세를 공유한다는 의미에서 공적분 관계에 있다고 한다. 불안정 시계열 사이에 공적분 관계가 존재하면, 일련의 경제변수가 단기적으로는 상호 괴리를 보이지만 장기적으로는 일정한 관계를 유지한다고 판단한다. 공적분 관계가 존재하면 이를 이용하여 회귀분석을 비롯한 전통적 계량이론을 적용하여 불안정 시계열의 장기적인 관계를 분석할 수 있다.

공적분 개념을 설명하기 위해 제7장에서 다룬 우리나라의 국내총소득(GDP)과 소비지출의 시계열을 다시 살펴보자. [그림 7-8]의 시계열도표를 보면 두 변수 모두 시간에 따라 증가하는 추세를 갖는 불안정 시계열임을 알 수 있다. 특히

예 8-9 국내증시, 미증시와 동조화 강화 추세

2007년 하반기 이후 미국과 국내증시 간의 동조화가 더 강화되고 있다는 분석이 나왔다. 금융연구원은 「국내외 주식시장 동조화에 대한 평가 및 시사점」이라는 보고서에서 "지난해 하반기 이후 미국 주식시장과 장단기 동조관계가 뚜렷하게 나타나고 있다."고 밝혔다.

이 보고서에서 지수 사이의 장기관계는 공적분분석으로, 단기관계는 수익률 사이의 그레인저 인과관계로 분석했다. 또한 계수추정에는 공적분 여부에 따라 VAR모형 혹은 벡터오차수정모형(VECM)을 사용했다.

출처 : 『연합인포맥스』, 2008.2.25

두 시계열 모두 전체적으로 증가하는 추세를 보이기는 하지만 경제여건의 변화에 따라 변동하는 확률적 추세를 나타내고 있어 평균뿐만 아니라 분산도 달라지는 적분계열의 특징을 보이고 있다. 따라서 두 시계열을 따로 제시한 시계열도표에서는 두 변수 사이에 공통으로 나타나는 장기적 패턴을 파악하기가 쉽지 않다. 한편 두 시계열을 동시에 나타낸 [그림 8-5]를 살펴보면, 이들 변수 사이에 나타나는 장기적 관계를 포착할 수 있다. 전체적으로는 국내총소득이 소비지출보다 더 큰 상승폭을 보이며 증가하고 있지만 평균적으로 비슷한 증가율을 나타

[그림 8-5] GDP 및 소비지출의 추세

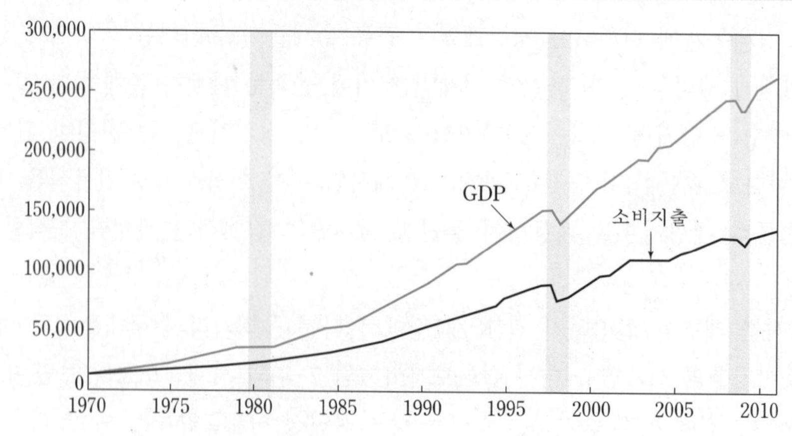

낸다. 특히 1998년의 외환위기와 2008년의 글로벌 금융위기 등 경기침체기에 소득과 소비가 동시에 크게 감소(그림 8-5의 파란색 음영 부분)했는데, 경제여건의 변화에 따른 확률적 추세는 두 시계열 모두에서 비슷한 패턴을 보인다. 이와 같이 비슷한 확률적 추세를 나타내는 경우, 두 변수 사이에 안정 시계열의 특징을 갖는 선형결합을 구할 수 있다.

두 개의 경제통계 y_{1t}, y_{2t}가 모두 확률적 추세를 갖는 불안정 시계열이고, 두 변수의 특정한 선형결합($z_t = \delta_1 y_{1t} + \delta_2 y_{2t}$)이 안정 시계열이 되면, 두 변수 사이에 공적분 관계가 존재한다고 판단한다. 여기서 공적분 관계를 나타내는 계수 벡터 (δ_1, δ_2)를 공적분 벡터라고 하고, 선형결합 z_t를 균형오차라고 한다.

예를 들어 소득(x_t)과 소비(y_t)라 할 때, 두 경제통계 사이에 공적분 관계가 존재하면 안정적 선형결합($z_t = y_t - \alpha - \beta x_t$)을 도출할 수 있다. 이 경우 소득과 소비 사이의 공적분 관계는 선형함수 $y_t = \alpha + \beta x_t$로 표현된다. 이러한 관계는 두 변수를 그래프로 나타낸 [그림 7-3]에서 확인할 수 있다. 즉, 두 경제통계는 각각 시간에 따라 확률적 추세를 보이며 크게 변동하는 패턴을 보이지만, [그림 7-3]에서는 모두 직선을 중심으로 밀집해 있는 형태를 띠고 있다. 이는 장기적으로 두 변수가 [그림 7-3]의 직선으로 표현된 균형관계를 유지함을 의미한다. 여기서 소득과 소비는 이 직선을 중심으로 약간 흩어져 있는데, 이러한 형태는 두 변수의 선형결합이 균형관계($y_t = \alpha + \beta x_t$)로부터의 단기적 괴리인 균형오차 ($z_t = y_t - \alpha - \beta x_t$)를 나타낸다. 다른 예로 어떤 회사의 주식가격이 합리적으로 결정된다면, 그 회사의 주가는 각 지분으로부터 예상되는 미래 배당소득의 현재가치를 반영할 것이다. 이 경우 주식가격과 예상배당소득의 합은 경제여건에 따라 변동하는 확률적 추세를 나타내는 불안정 시계열의 특징을 가지는데, 두 변수 사이에는 공적분 관계가 존재하여 장기적으로는 일정한 관계를 유지할 것이다.

이와 같이 두 개(또는 그 이상)의 불안정 시계열이 동일한 확률적 추세를 서로 공유하는 이론적·실증적 예는 경제학에서 많이 발견된다. [그림 8-6]은 우리나라의 콜금리와 예금증서(CD)금리를 비롯하여 만기가 다른 여러 채권의 이자율을 동시에 시계열도표로 나타낸 것이다. 이자율은 1998년의 외환위기 직후를 제외하면 장기적으로 경제발전과 함께 안정화되는 형태를 보이고 있다. 이는 뚜렷한 증가추세를 보이는 소득이나 소비 등의 거시지표와는 다른 패턴으로 경제여건에 따라 변화하는 확률적 추세만을 나타내고 있다. 이 경우 일련의 이자율이 개별적으로는 확률적 추세를 나타내 크게 변동하지만 이들은 모두 거의 동일한 패턴을 보이고 있다. 이런 특징은 모든 이자율이 하나의 공통적인 추세에 따라 움직이는 공적분 관계를 가짐을 의미한다. 따라서 서로 다른 이자율 차이($z_t = r_{1t} - r_{2t}$)는 안정 시계열의 특징을 보인다. 여기서 만기가 다른 국고채 사이의 금리차이는 기간 프리미엄(term premium)을 나타내는 것이라 할 수 있다.

[그림 8-7]의 (a)는 5년 만기와 3년 만기 국고채의 수익률 차이(GB5Y－GB3Y)를 시계열도표로 나타낸 것으로, 1998년 외환위기 전후와 2008년 글로벌 금융위기 이후의 기간을 제외하면 전체적으로 안정적인 기간 프리미엄의 패턴을 보이는 것으로 해석된다. 또한 BBB^- 등급의 회사채유통수익률(RCB3YBBB)은 다른 이자율보다 3～5%p 더 높은 수준을 보이는데, 이는 위험 프리미엄(risk premium)을 반영한 것이라 할 수 있다. 이러한 위험 프리미엄은 동일한 만기(3년)를 갖고 있는 국고채금리와 회사채유통수익률의 차이(RCB3YAA－GB3Y)를 나타낸 [그림 8-7]의 (b)에서도 볼 수 있다. 이 경우 1998년의 외환위기와 2008년 글로벌 금융위기 직후의 불안정한 경제여건에서 위험 프리미엄이 크게 높아지기는 했으나 이 기간을 제외하면 전체적으로 1% 내외의 안정적인 패턴을 보이고 있다.

이와 같이 일련의 경제변수가 동일한 확률적 추세를 서로 공유하고 있으면, 이들 시계열로부터 안정 시계열을 생성하는 선형결합을 도출할 수 있는 공적분

[그림 8-6] 여러 시장금리의 추이

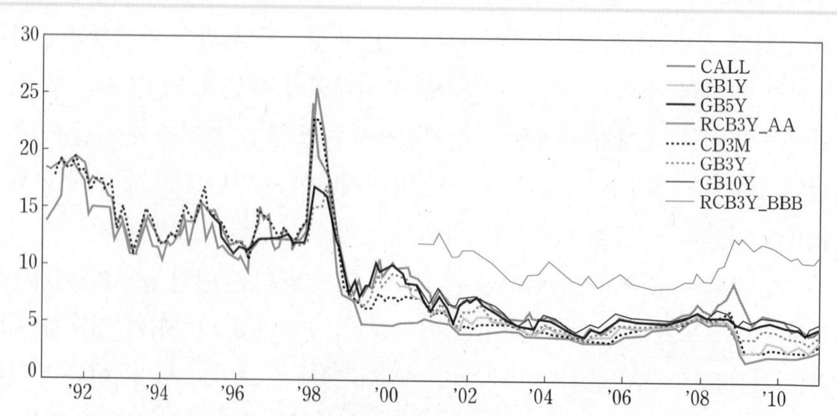

주) CALL은 1일 콜금리, CD3M은 91일 CD유통수익률, GB는 1년, 3년, 5년, 10년 만기 국고채금리, RCB는 AA^-와 BBB^- 등급의 3년 만기 회사채유통수익률을 나타냄

[그림 8-7] **금리차이(스프레드)의 추이**

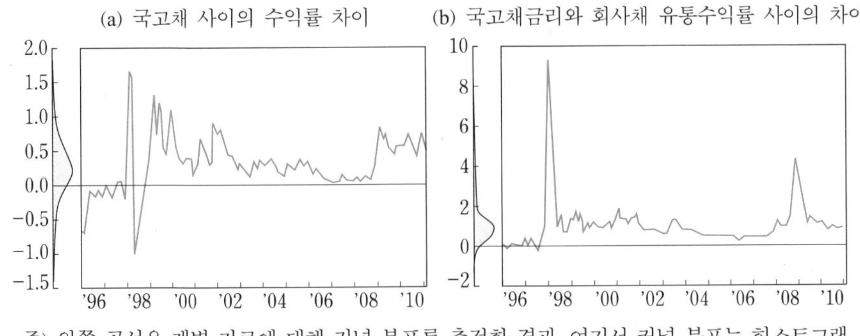

주) 왼쪽 곡선은 개별 자료에 대해 커널 분포를 추정한 결과. 여기서 커널 분포는 히스토그램의 막대그래프를 평활화하여 연결시키는 방법으로 추정

관계가 존재한다. 이 경우 각 경제변수가 개별적으로는 확률적 추세를 보이며 크게 변동하지만, 서로 단기적인 괴리만 보일 뿐 장기적으로는 일정한 균형관계를 유지한다. 즉, 공적분 관계의 존재는 불안정 시계열의 특징을 보이는 경제변수 사이에 균형관계가 존재함을 의미한다.

3.3. 공적분검정이란 무엇인가?

제7장에서 논의한 바와 같이 경제학에서는 소비함수, 공급함수, 이자율의 기간구조 등 경제변수 사이의 관계를 함수 형태로 표현한 경제모형이 많이 개발되었다. 이와 함께 대부분의 경제통계는 불안정하다는 연구결과가 발표되었는데, 공적분 개념은 이처럼 불안정 시계열의 특징을 보이는 경제변수를 대상으로 경제이론 및 경제모형의 현실적합성을 검증하는 실증분석에 널리 사용되고 있다.

불안정 시계열 사이에 공적분 관계가 존재하면, 이들 자료로부터 안정 시계열을 생성하는 선형결합을 도출할 수 있음을 의미한다. 따라서 일련의 경제 시계열 사이에 공적분 관계가 있는가를 분석하려면 이들 사이의 선형결합이 안정 시계열을 이루는지를 점검하면 된다. 여기서 먼저 선형결합을 어떻게 도출할 것인가를 고려해야 하는데, 가장 간단하게 사용할 수 있는 방법으로 해당 시계열로 구성된 계량모형에 대한 회귀분석을 적용해 적합한 선형결합을 구할 수 있다. 또한 선형결합의 안정성 여부를 분석하려면 회귀모형에서 도출된 잔차항을 대상으로 단위근검정을 시행하는 방법을 사용할 수 있다.

예를 들어 두 변수 X, Y에 대한 회귀모형($y_t = \alpha + \beta x_t + \epsilon_t$)을 최소자승법으로 추정하고, 단위근검정법을 적용하여 이 회귀식의 잔차항($z_t = y_t - a - bx_t$)이 안정 시계열을 이루는가를 분석한다. 여기서 잔차항(z_t)에 대한 단위근검정 결과, 잔차항이 안정 시계열이면 두 변수 X, Y 사이에 공적분 관계가 존재하며, 잔차항이 단위근을 갖는 불안정 시계열로 판정되면 이들 사이에는 공적분 관계가 없는 것으로 해석한다. 엥글과 그레인저(Engle and Granger, 1987)의 공적분검정법은 이러한 방법을 적용하여 공적분의 존재 여부를 분석하는 2단계 과정으로 구성되어 있다.

엥글과 그레인저 2단계 검정법은 통상적인 회귀모형에 대한 t통계량을 이용하기 때문에 이해가 쉽고 간편하다. 그러나 최근 불안정 시계열에 대한 분포이론이 발전함에 따라 공적분벡터의 추정과 검정력 등 공적분분석에 더 유용한 방법이 많이 개발되었다. 그중 벡터자기회귀(VAR)모형을 이용하여 적분계열 사이에 안정적인 공적분 관계가 있는지를 점검하는 요핸슨(Johansen, 1991)의 최대우도검정법이 가장 널리 사용되고 있다.

예 8-10 공적분검정

[그림 8-6]에 제시된 일련의 금리 시계열은 모두 동일한 확률적 추세를 서로 공유하고 있어 안정 시계열을 생성하는 선형결합을 도출할 수 있는 공적분 관계가 존재하는 것으로 나타났다. 엥글-그레인저 2단계 검정법을 적용한 공적분검정을 위해 그중 두 개의 시계열을 대상으로 공적분검정을 시행해 보자. 여기에서는 여러 금리 시계열 중 가장 많은 시계열을 확보할 수 있으며, 동일한 만기(3년)를 나타내고 있어 위험 프리미엄 분석에 유용할 것으로 판단되는 회사채유통수익률(RCB3YAA)과 국고채금리(GB3Y)를 이용했다. 먼저 회사채유통수익률을 종속변수로 하여 회귀모형을 추정한 후, 이로부터 잔차 z_t를 도출했다. 잔차에 자기상관이 나타나는 것을 고려하여 1개의 시차를 포함한 ADF검정모형으로 단위근검정을 시행한 결과 t통계치$= -5.54$로 도출되었다.

$$\Delta z_t = -0.250 z_{t-1} + 0.242 \Delta z_{t-1}$$
$$(-5.287) \qquad (3.304)$$

이 통계치는 5% 임계치($\hat{\tau}$=−3.37)는 물론이고 1% 임계치($\hat{\tau}$=−3.96)보다도 작으므로, 이 경우 귀무가설이 기각되어 공적분 관계가 있는 것으로 판단된다. 이는 이자율의 기간구조에 관한 이론과 일치하는 결과로 해석된다.

동일한 방법을 제7장의 [예 7-5]에서 다룬 소비함수에 적용하여 잔차를 구하고, 이에 대해 단위근검정을 시행한 결과 t통계치=−2.37로 도출되었다. 이는 10% 임계치($\hat{\tau}$=−3.07)보다 크므로, 귀무가설이 기각되지 않아 공적분 관계가 없는 것으로 나타났다.

$$\Delta z_t = -0.074 z_{t-1} - 0.040 \Delta z_{t-1} + 0.196 \Delta z_{t-2} + 0.099 \Delta z_{t-3}$$
$$(-2.373) \qquad (-0.498) \qquad (2.428) \qquad (1.212)$$

이는 [그림 7-3]에서 두 시계열이 선형함수 $y_t = \alpha + \beta x_t$로 표현되는 직선을 중심으로 밀집해 있는 형태를 띠고 있는 것과는 서로 모순되는 결과라고 할 수 있다. 이러한 결과는 회귀분석을 이용한 엥글-그레인저 2단계 검정법의 검정력이 낮기 때문에 발생하는 것으로 판단된다. 따라서 아래에서 다룰 요핸슨 검정법의 분석결과와 비교해 볼 필요가 있다.

4. 경제현상을 오차수정모형으로 어떻게 설명할 것인가?

불안정 시계열을 대상으로 한 회귀분석에서 불안정 시계열을 차분하여 안정 시계열로 만든 후에 차분자료에 대한 회귀식을 추정하면, 불안정 시계열을 사용할 때 발생하는 기성적 회귀의 문제는 해결할 수 있지만 두 변수 사이의 장기적 관계에 대한 정보는 잃어버리게 된다. 두 변수 사이에 장기적인 관계가 있는 경우 오차수정모형을 이용하면 장기적 균형관계에 대한 정보와 함께 단기적 움직임도 동시에 파악할 수 있다.

4.1. 오차수정모형이란 무엇인가?

오차수정모형은 변수 사이에 공적분 관계가 존재하는 경우, 임의의 어느 한 시점에서 장기균형으로부터 괴리가 나타날 때 균형오차가 시간의 흐름에 따라 조정된다는 개념에 기초하고 있다. 따라서 오차수정모형은 공적분 관계를 갖는 변수 간의 단기적 변동뿐만 아니라 장기균형 관계에 대한 특성을 표현할 수 있다. 전형적인 오차수정모형은 한 변수의 변화분이 전기의 균형오차와 두 변수의 변화분의 시차값에 의존하는 형태로 이루어져 있다.

두 개의 시계열 X, Y 모두 한 개의 단위근을 포함하는 적분계열이고, 두 변수 사이에 공적분 관계가 존재하는 경우, 두 변수의 동태적인 움직임을 나타내는 오차수정모형은 다음의 2단계 추정법을 이용하여 도출할 수 있다.

① 다음의 회귀모형에서 α, β의 최소자승추정치 a, b를 구하고 잔차항 z_t를 구한다.

$$y_t = \alpha + \beta x_t + \epsilon_t$$

② 위 ①에서 도출된 잔차를 이용하여 다음의 회귀모형을 추정할 수 있다.

$$\Delta y_t = \gamma + \delta z_{t-1} + \sum_{j=1}^{k} \pi_j \Delta x_{t-j} + \sum_{j=1}^{k} \phi_j \Delta y_{t-j} + \epsilon_t$$

여기서 잔차항($z_t = y_t - a - bx_t$)은 균형으로부터의 괴리를 나타내는 오차항(ϵ_t)의 추정치로서, 전기의 균형오차를 나타내는 변수 z_{t-1}을 통해 수준변수가 갖고 있는 정보($z_{t-1} = y_{t-1} - a - bx_{t-1}$)를 반영한다. 이와 같이 오차수정모형은 수준변수(z_{t-1}) 와 차분변수($\Delta x_{t-j}, \Delta y_{t-j}$)가 가지고 있는 정보를 동시에 하나의 모형에 포함하는 구조를 가진다. 이 모형에서는 모든 변수가 안정적이기 때문에 가성적 회귀의 문제는 발생하지 않는다. 따라서 수준변수가 가지고 있는 장기적인 균형관계에 대한 정보를 잃지 않으면서 동시에 불안정 시계열에 의해 야기되는 분석상의 문제를 해결할 수 있다는 장점이 있다. 앞의 식에서 β는 시계열 X, Y 사이의 장기관계를 나타내는 계수이며, δ는 장기균형에서 이탈했을 때 균형으로 복귀하려는 속도를 나타내는 조정계수를 의미한다. 여기서 $\delta < 0$일 때 변수 Y는 균형점에 안정적으로 접근하려는 경향이 있다.

예 8-11 금리 시계열에 대한 오차수정모형의 추정

[예 8-10]에서 공적분 관계가 존재하는 것으로 분석된 회사채유통수익률과 국고채금리에 대해 오차수정모형을 추정해 보자.

① 공적분 회귀모형의 추정 : 먼저 회사채유통수익률을 종속변수(y_t)로 하고 국채수익률을 설명변수(x_t)로 하는 회귀모형을 추정한다.

$$y_t = 0.772 + 1.026\,x_t + z_t$$

이 추정결과는 상대적으로 안전한 자산인 국고채 대신 회사채를 보유하는 데 따르는 위험 프리미엄이 분석기간 중에 평균적으로 0.77%p 정도의 수준을 보인 것으로 해석된다.

② 오차수정모형의 추정 : 위 ①에서 도출된 잔차($z_t = y_t - 0.772 - 1.026\,x_t$)의 시차항($z_{t-1}$)과 설명변수 및 종속변수의 차분변수의 시차항(Δx_{t-j}, Δy_{t-j})을 포함한 회귀모형을 추정한다. 여기에서는 유의성이 낮은 것으로 나타난 상수항을 제외하고 각각 1개씩의 시차항을 포함하여 다음의 오차수정모형을 추정했다.

$$\begin{aligned}\Delta y_t = &-0.236\,z_{t-1} + 0.1278\,\Delta y_{t-1} + 0.363\,\Delta x_{t-1} \\ &(-3.797) \qquad (1.289) \qquad\quad (2.100)\end{aligned}$$

이 경우 균형으로의 복귀속도를 나타내는 조정계수 δ가 '−' 부호를 가지며 유의성이 높게 추정되었다. 이는 어느 한 시점에서 회사채유통수익률이 장기균형점보다 더 커서 '+'의 균형오차가 발생할 때, 다음 기에는 회사채유통수익률이 국고채금리보다 상대적으로 더 많이 감소하도록 반응한다는 것이다. 이와는 반대로 회사채유통수익률이 장기균형점보다 작거나 국채수익률이 균형점보다 더 커서 '−'의 균형오차가 발생할 때에는 다음 기에 회사채유통수익률이 국채수익률보다 상대적으로 더 많이 증가(또는 상대적으로 덜 감소)하여 불균형이 조정되는 작용이 나타남을 의미한다.

4.2. 벡터오차수정모형이란 무엇인가?

VAR모형은 모형에 포함된 변수 사이의 관계분석에 초점을 맞추기 때문에 구성 시계열의 안정성 조건을 충족시키지 않아도 VAR모형을 직접 사용할 수 있다. 그러나 계수추정치를 이용하여 인과관계분석 등 계수의 유의성 검정을 시행하는 경우에는 해당 시계열의 안정성을 확인해야 한다.

VAR모형에 포함된 변수가 불안정 시계열인 경우 차분자료에 대해 VAR모형을 추정하면 불안정성으로 인한 문제를 해결된다. 예를 들어 수준변수로 구성된 VAR(p)모형에 대해 차분을 하면 VAR($p-1$)모형이 되는데, 이 경우 모든 변수가 안정 시계열이기 때문에 가성적 회귀의 문제는 발생하지 않는다. 그러나 VAR모형에 포함된 변수 사이에 공적분 관계가 있는 경우, 차분된 자료를 이용하면 두 변수 사이의 장기적 관계에 대한 정보는 잃어버리게 된다.

VAR(p)모형을 변형(reparameterization)한 다음과 같은 벡터모형을 살펴보자.

$$\Delta y_t = \Pi y_{t-1} + A_1^* \Delta y_{t-1} + A_2^* \Delta y_{t-2} + \cdots + A_{p-1}^* \Delta y_{t-p+1} + \epsilon_t$$

여기서 $A_j^* = -(A_{j+1} + A_{j+2} + \cdots + A_p)$, $\Pi = A_1 + A_2 + \cdots + A_p - I_n$이다. Π는 VAR모형에 포함된 수준변수 사이의 관계에 대한 정보를 반영하고 있는데, $\Pi = 0$이 아니면 VAR모형을 구성하는 각 방정식은 오차수정모형의 구조를 나타낸다. 따라서 VAR모형에서 Π에 관한 가설검정을 통해 공적분 관계의 존재 여부를 분석할 수 있다. 이 경우 벡터오차수정모형(Vector Error-Correction Model : VECM)을 이용하면 장기적 균형관계에 대한 분석과 함께 단기적 움직임도 동시에 파악할 수 있다.

예 8-12 환율변동, 경제 펀더멘탈보다 심리요인 커졌다

금융연구원은 25일 「주가 및 금리의 환율에 대한 장단기 영향 분석」 보고서에서 "최근 한·미 양국 주가 및 금리차가 환율에 미치는 영향을 분석해 본 결과 장기에서 국내 주가 하락이나 미국 주가 상승, 한미 금리차 축소가 원/달러 환율은 상승시키는 효과는 존재하지만 과거에 비해서는 그 정도가 약해진 것으로 나타났다."는 의견을 제시했다.

이 보고서에 따르면 지난해 하반기 이후 비교를 위해 과거 2002년부터 2006년까지 일별 자료를 대상으로 코스피, 미국 다우존스지수, 3개월물 미 달러 리보(LIBOR)와 국내 CD금리 기준 양국 단기 금리차, 원/달러 환율을 내생 변수로 한 벡터오차수정모형(VECM)을 구성해 분석한 결과 1%의 코스피 하락, 다우존스지수 상승, 한미 금리차 축소(2004년 4월 평균기준 약 0.026%p)는 각각 원/달러 환율을 0.004%, 1.24%, 0.22% 상승시키는 것으로 나타났다고 설명했다. 이 같은 장기적 효과는 각각 3.91%, 9.78%, 0.55%의 환율상승을 야기했던 과거에 비해 상당히 약화된 것이라고 분석했다.

출처 : 「한국금융연구원 보고서」, 2008.5, 『아시아경제』, 2008.5.25

4.2.1. 요핸슨 공적분검정법이란 무엇인가?

요핸슨(1991)이 개발한 공적분검정법은 VAR모형에 대한 가설검정을 통해 적분계열 사이에 안정적인 장기 균형관계가 있는지를 점검하는 방법이다. 이는 단위근검정에서 φ의 특징을 이용하는 것과 비슷하게 VAR모형에 대해 Π의 특징을 분석하여 공적분 관계의 존재 여부를 점검하는 방법이다. 즉, 단위근검정에서 종속변수(Δy_t)와 설명변수(y_{t-1}) 사이의 상관관계 존재유무를 파악하는 것과 같이, VAR모형을 이용한 공적분검정에서는 두 벡터 Δy_t와 y_{t-1} 사이의 정규상관계수를 분석하여 통계량을 도출한다.[2)]

VAR모형에 포함된 n개의 변수 사이에 r개의 공적분 관계가 존재한다는 가설을 검정하려면 다음과 같이 귀무가설과 대립가설을 설정한다.

$$H_0 : rank(\Pi) \le r\ ,\ H_1 : rank(\Pi) \ge r+1$$

공적분검정에는 다음의 우도비(Ikelihood Ratio : LR) 통계량을 이용한다.

2) 정규상관계수는 두 변수 사이의 상관계수 개념을 벡터 시계열로 확장한 개념이다. 여기에서는 요핸슨 공적분검정법의 기본적인 접근방법만 소개하고, 공적분 벡터 추정량의 특징과 가설검정 등 일반적인 요핸슨 공적분모형에 대해서는 이긍희·이한식(2009), 해밀턴(1994) 참조.

$$LR = -T\sum_{i=r+1}^{n}\ln(1-\hat{\lambda}_i)$$

여기서 $\hat{\lambda}_i$ 는 i번째로 큰 (부분) 정규상관계수를 나타낸다.

4.2.2. 벡터오차수정모형은 어떤 구조로 표현되는가?

일반적인 VAR(p)모형을 따르는 벡터 시계열 $\boldsymbol{y}_t$의 구성변수 사이에 공적분 관계가 존재하면, 다음과 같은 형태의 벡터 시계열모형으로 표현할 수 있다.

$$\Delta\boldsymbol{y}_t = -\rho\delta'\boldsymbol{y}_{t-1} + A_1^*\Delta\boldsymbol{y}_{t-1} + A_2^*\Delta\boldsymbol{y}_{t-2} + \cdots + A_{p-1}^*\Delta\boldsymbol{y}_{t-p+1} + \epsilon_t$$

이를 오차수정항 $z_t = \delta'\boldsymbol{y}_{t-1}$을 나타내는 식으로 다시 정리하면 다음의 벡터오차수정모형이 된다.

$$\Delta\boldsymbol{y}_t = -\rho z_{t-1} + A_1^*\Delta\boldsymbol{y}_{t-1} + A_2^*\Delta\boldsymbol{y}_{t-2} + \cdots + A_{p-1}^*\Delta\boldsymbol{y}_{t-p+1} + \epsilon_t$$

여기서 ρ는 장기균형으로부터 이탈했을 때 균형점으로 복귀하는 속도를 반영하는 조정계수(벡터)를, δ는 장기관계를 규정하는 공적분벡터를 나타낸다. 이 경우 공적분벡터는 계수행렬 Π의 0이 아닌 특성근에 대응하는 특성 벡터로 추정된다.

한 개의 공적분 관계가 존재하며, 하나의 시차항을 포함하는 2변수 벡터오차수정모형을 이용하여 벡터오차수정모형의 기본구조를 살펴보자.

$$\begin{aligned}\Delta y_{1t} &= \rho_1 z_{t-1} + \pi_{11}\Delta y_{1,t-1} + \pi_{12}\Delta y_{2,t-1} + \epsilon_{1t}\\ \Delta y_{2t} &= \rho_2 z_{t-1} + \pi_{21}\Delta y_{1,t-1} + \pi_{22}\Delta y_{2,t-1} + \epsilon_{2t}\end{aligned}$$

여기서 $z_t = \delta'\boldsymbol{y}_t = y_{1t} - \beta y_{2t}$는 균형오차를 의미한다. 이 경우 각 모형은 엥글-그레인저 2단계 추정법으로 도출된 오차수정모형과 동일한 구조를 나타낸다. 따라서 구성변수 사이의 장기관계에 관한 정보는 오차수정항 z_{t-1}에 포함되어 있으며, 단기적인 움직임은 시차항의 변화로 나타난다.

예 8-13 VAR모형을 이용한 공적분검정과 벡터오차수정모형의 추정

[예 8-10]과 [예 8-11]에서 다룬 회사채유통수익률과 국고채금리에 대해 요핸슨방법을 적용하여 공적분검정을 시행하고, 벡터오차수정모형 추정 결과를 살펴보자.

① 요핸슨 공적분검정 : [표 8-3]은 우리나라 회사채유통수익률과 국고채금리를 대상으로 공적분검정을 시행한 결과인데, 여기서 트레이스 통계량(trace statistic)은 LR통계량을 나타낸다. 두 변수 사이에 공적분 관계가 없다($r=0$)는 귀무가설은 검정통계치가 1% 유의수준의 임계치보다 훨씬 커서 기각된다. 한편 $r \leq 1$의 가설은 10% 수준에서도 채택되는 것으로 나타나 두 변수 사이에 한 개의 공적분 관계를 갖는 것으로 분석되었다. 이는 두 시계열이 하나의 확률적 추세를 서로 공유하고 있다는 [그림 8-7]의 특징과 일치하며, 엥글-그레인저 검정법을 적용한 결과와 동일한 것으로 판단된다.

표 8-3 요핸슨 공적분검정 결과

공적분 관계	트레이스 통계량	5% 임계치	유의확률
None ($r=0$)	38.1569	20.2618	0.0001
At most 1 ($r \leq 1$)	5.5494	9.1645	0.2285

② 벡터오차수정모형 추정 : [표 8-4]는 요핸슨 공적분검정법으로 추정된 공적분모형을 토대로 벡터오차수정모형을 추정한 결과이다. 이 경우 벡터 구조를 고려하여 추정한 회사채유통수익률(RCB3Y)에 대한 공적분 회귀모형과 오차수정모형은 [예 8-9]에서 다룬 회사채유통수익률의 공적분 회귀모형과 오차수정모형의 추정결과와 비슷한 것으로 나타났다. 여기에서는 벡터 구조를 고려하여 두 변수를 동시에 분석하므로 회사채유통수익률과 함께 국채수익률에 대한 오차수정모형도 동시에 추정되었다. 국채수익률(GB3Y)에 대한 오차수정모형에서 오차수정항의 계수가 낮은 유의성을 보이고 있는데, 이는 시장에서 이들 사이의 관계가 균형에서 벗어나는 경우 국채수익은 이런 균형오차에 반응하지 않고 외생적으로 결정됨을 의미하는 것으로 해석된다. 이와는 달리 회사채유통수익률의 오차수정모형에서는 오차수정항의 계수가 '−' 부호의 높은 유의성을 보이고 있어, 균형오차가 발생하면 이에 반응하여 균

형으로 복귀하는 움직임을 보이는 것으로 분석된다. 이와 같이 추정된 벡터 오차수정모형은 통상적인 VAR모형과 마찬가지로 충격반응분석과 예측치 추정에 사용될 수 있다.

표 8-4 벡터오차수정모형 추정 결과

공적분 회귀식	$y_t = 0.684 + 1.054\ x_t$ (20.05)	
오차수정모형		
설명변수	종속변수	
	D(RCB3Y)	D(GB3Y)
z_{t-1}	−0.2219 (−3.5837)	0.0274 (0.8397)
D(RCB3Y(−1))	0.11906 (1.2089)	−0.1106 (−2.1279)
D(GB3Y(−1))	0.3734 (2.1528)	0.5174 (5.6519)
R^2	0.1158	0.1613

예 8-14 VAR모형을 이용한 소득과 소비 사이의 공적분검정

[예 8-10]에서 적용한 엥글-그레인저 2단계 검정법에 따르면 소득과 소비 사이에 공적분 관계가 존재하지 않은 것으로 나타났다. [표 8-5]는 [예 8-10]과 동일한 자료에 대해 요핸슨 검정법을 적용하여 공적분검정을 시행한 결과이다. 여기서 두 변수 사이에 공적분 관계가 없다($r=0$)는 귀무가설은 5% 유의수준에서 기각되는 한편 $r \leq 1$의 가설은 10% 수준에서도 채택되는 것으로 분석되었다. 이는 두 변수 사이에 한 개의 공적분 관계가 존재함을 나타내는 것으로 [예 8-10]과는 다른 결과를 의미한다. 그러나 이런 결과는 두 시계열이 하나의 확률적 추세를 서로 공유하고 있어 선형함수로 표현되는 직선을 중심으로 밀집해 있는 형태를 띠고 있는 [그림 7-3]의 특징과 일치하는 것이라 할 수 있다. 따라서 엥글-그레인저 2단계 검정법이 통상적인 선형모형을 적용하기 때문에

이해가 쉽고 간단하기는 하지만, 실증분석에서는 공적분 벡터의 추정과 검정력 등에서 더 유용한 것으로 평가된 요핸슨 검정법이 더 적합할 것으로 판단된다.

[표 8-6]은 [표 8-5]의 공적분 관계를 고려하여 벡터오차수정모형을 추정한 결과이다. 이 경우 소비에 대한 오차수정모형에서는 오차수정항 계수추정치의 유의성이 낮은 데 반해, 소득에 대한 오차수정모형에서는 균형오차항의 계수가 높은 유의성을 보이고 있다. 이 결과는 이들 사이의 관계가 균형에서 벗어나는 경우 이에 반응한 국민경제 전체의 총소득이 소비의 변화에 의해 영향을 받는 관계를 반영하는 것으로 해석된다.

표 8-5 소득과 소비의 요핸슨 공적분검정 결과

공적분 관계	트레이스 통계량	5% 임계치	유의확률
None ($r=0$)	15.8142	15.4947	0.0448
At most 1 ($r \leq 1$)	1.9221	3.8415	0.1656

표 8-6 벡터오차수정모형 추정 결과

공적분 회귀식	$y_t = 16398.9 + 0.425x_t$ (16.60)

오차수정모형

설명변수	종속변수	
	D(CP)	D(GDP)
z_{t-1}	0.0069 (0.4527)	0.0597 (2.7990)
D(CP(−1))	0.2423 (2.0612)	0.6494 (3.9477)
D(GDP(−1))	0.0748 (0.9207)	−0.0856 (−0.7529)
상수항	464.684 (3.4697)	1166.07 (6.2214)
R^2	0.1203	0.2154

1. 벡터자기회귀(Vector Autoregressive : VAR)모형은 경제통계의 정보를 내생·외생 변수 구분 없이 이용할 수 있는 다변량 시계열모형이며 충격반응함수, 예측오차분해 등을 통해 경제통계분석과 경제예측을 실시할 수 있다.

2. 충격반응함수는 VAR모형의 계수에 대한 정보를 이용하여 모형에 포함된 여러 변수 중 하나의 변수에 충격이 나타났을 때, 시간이 경과함에 따라 다른 구성변수에 어떻게 영향을 미치는가를 측정하는 분석방법이다.

3. 가성적 회귀현상은 회귀모형의 설명변수와 종속변수 사이에 아무 관계가 없는데도 불구하고, 외견상 회귀모형의 유의성이 높은 것처럼 보이는 현상을 의미한다.

4. 불안정 시계열 사이에 안정 시계열을 생성하는 선형결합이 존재하는 경우, 이들 통계에 나타나는 적분계열의 특징이 공통적인 추세를 공유한다는 의미에서 공적분 관계에 있다고 한다.

5. 두 변수 사이에 공적분 관계가 있는 경우 차분계열을 이용하면, 두 변수 사이의 장기적 관계에 대한 정보는 잃어버리게 된다. 이러한 경우 오차수정모형을 이용하면 장기적 균형관계에 대한 정보와 함께 단기적 움직임도 동시에 파악할 수 있다.

참고문헌

김기화(1990), 『경기순환이론』, 다산출판사.

김병화 · 김윤철(1992), 「우리나라 잠재GNP 추정」, 『조사통계월보』, 한국은행, pp. 21~48.

김병화(2000), 「한국은행 계량모형의 연혁」, 『우리나라 거시계량모형』.

김신호(1999), 「전년동기비의 한계와 추세순환치의 성장분석」, 『통계분석연구』 제4권 제2호, 통계청, pp. 135~160.

김양우 · 이긍희(1998), 「새로운 연간거시계량경제모형-BOKAM97」, 『경제분석』 제4권 제1호, 한국은행 금융경제연구소, pp. 31~79.

김양우 · 이긍희(1998), 「한국의 재정모형」, 『경제분석』 제4권 제3호, 한국은행 조사부, pp. 93~124.

김양우 · 이긍희 · 장동구(1997), 「우리나라 거시계량경제모형-BOK97」, 『경제분석』 제3권 제2호, 한국은행 금융경제연구소, pp. 1~71.

김양우 · 이긍희 · 장동구(1997), 「한국의 단기 경제예측시스템」, 『경제분석』 제3권 제3호, 한국은행 금융경제연구소, pp. 1~61.

김종욱(2002), 「자산가격 변동의 인플레이션 선행성 분석」, 『조사통계월보』, 한국은행, pp. 23~47.

김치호(2000), 「계량모형의 유용성과 앞으로의 발전방향」, 『우리나라 거시계량모형』.

김치호 · 문소상(1999), 「잠재GDP 및 인플레이션 압력 측정결과」, 『금융경제연구』 제96호.

김현정(2008), 「경기순환도를 이용한 경기판단방법」, 『계간 국민계정』 제4권 제35호, pp. 64~86.

남준우 · 이한식(2010), 『계량경제학 : 이론과 EViews 활용』(제3판), 홍문사.

성병희 · 이긍희(2001), 「새로운 선행지수를 이용한 경기전환점 예측」, 『한국경제의 분석』 제7권 제1호, pp. 125~186.

양준모(1998), 「우리나라 경기변동의 양태에 관한 연구」, 『경제학연구』 제47집 제1호, pp. 3~23.

이긍희(1998), 「한국경제시계열의 계절조정방법 : X-12-ARIMA방법을 중심으로」, 『경제분석』 제3권 제4호, 한국은행 금융경제연구소, pp. 205~42.

이긍희(1999), 「한국의 물가모형」, 『경제분석』 제5권 제1호, 한국은행 조사부, pp. 53~114.

이긍희(2000), 「국민소득통계의 추세 및 순환변동계열 추출방법」, 『계간 국민계정』 창간호, 한국은행 경제통계국, pp. 23~58.

이긍희(2004), 「한국형 계절변동조정 프로그램 개발 : BOK-X-12-ARIMA 0.2」, 『계간 국민계정』 제4호, pp. 73~117.

이긍희·이한식(2009), 『예측방법론』, 한국방송통신대학교출판부.

이종건·권승혁(1998), 「우리나라의 근원 인플레이션율 추정」, 『조사통계월보』, 한국은행, pp. 3~27.

이한식(2002), 「한국 경제시계열에 적합한 계절조정방법의 모색」, 『경제분석』 제8권, pp. 203~245

장동구(1996), 「우리나라 잠재GNP의 추정」, 『경제분석』 제2권 제1호, pp. 29~68

장동구(1997), 「잠재GDP추정과 생산갭의 인플레이션 지표로서의 유용성 검토」, 『경제분석』 제3권 제4호, 한국은행 금융경제연구소, pp. 123~150.

조하현(1991), 「우리나라 경기변동현상의 특성과 연구과제 : Hodrick-Prescott 필터에 의한 분석」, 『경제학연구』 39(2), pp. 285~313.

최창규·이범호(1999), 「주가변동이 소비에 미치는 영향」, 『조사통계월보』, 한국은행.

통계청(2011), 「산업활동동향」.

통계청 홈페이지 http://www.nso.go.kr

한국은행(1989.12), 『경기변동의 측정과 분석방법』, 통계분석자료, 89-42.

한국은행(1990), 『한국경제의 거시계량모형』.

한국은행(2009), 『연쇄가중성장률의 이해』.

한국은행(2010a), 『우리나라 국민계정체계』.

한국은행(2010b), 『알기쉬운 경제지표해설』.

한국은행(2011.7.14), 「국내외 경제동향」.

한국은행 홈페이지 http://www.bok.or.kr

함정호·최운규(1989.11), 「우리나라 거시계량경제모형－BOK89」, 『조사통계월보』, 한국은행.

황상필·문소상·윤석현·최영일(2005), 「한국은행 분기 거시계량모형의 재구축」, 『조사통계월보』, 한국은행.

Austrian Bureau of Statistics(2003), "A Guide to Interpreting Time Series-Monitoring Trends."

Austrian Bureau of Statistics(2005), "An Introductory Course on Time Series Analysis-Electronic Delivery."

Bank of England(1999), *Economic Models at the Bank of England.*

Baxter, M. and R. G. King(1995), "Measuring Business Cycles: Approximate Band-Pass Filters for Economic Time Series," *NBER Working Paper*, No. 5022.

Baxter, M. and R. G. King(1999). "Measuring Business Cycles: Approximate Band-Pass Filters For Economic Time Series," *Review of Economics and statistics*, 81, 575~593

Bell, W. R. and S. C. Hillmer(1983), "Modeling Time Series with Calendar Variation," *Journal of the American Statistical Association*, 78, pp. 526~534.

Bell, W. R. and S. C. Hillmer(1984), "Issues Involved with the Seasonal Adjustment of Economic Time Series(with Discussion)," *Journal of Business and Economic Statistics*, 2, pp. 291~349.

Beveridge, S. and C. R. Nelson(1981), "A New Approach to Decomposition of Economic Time Series into Permanent and Transitory Components with Particular Attention to Measurement of the Business Cycle," *Journal of Monetary Economics*, 7, pp. 151~174.

Blanchard, O. J. and S. Fisher(1989), *Lectures on Macroeconomics*, Cambridge: MIT Press.

Blanchard, O. J. and D. Quah(1989), "The dynamic Effects of Aggregate Demand and Supply Distributions," *American Economic Review*, 79, pp. 655~673.

Bollerslev, T.(1986), "Generalized Autoregressive Conditional Heteroscedasticity," *Journal of Econometrics*, 31, pp. 307~327.

Boone, L., C. Giorno, and P. Richardson(1998), "Stock Market Fluctuations and Consumption Behaviour: Some Recent Evidence," *OECD Working Paper*, No. 208.

Box, G. and G. Jenkins(1976), *Time Series Analysis, Forecasting, and Control*, San Fransisco: Holdem Day.

Brayton, F., E. Mauskopf, D. Reifschneider, P. Tinsley, and J. Williams(1997), "The Role of Expectations in the FRB/US Macroeconomic Model,"

Division of Research and Statistics, Federal Reserve Board, *Federal Reserve Bulletin*, pp. 227～245.

Brayton, F. and P. Tinsley(1996), "A Guide to FRB/US : A Macroeconomic Model of the United States," Macroeconomic and Quantitative Studies Division of Research and Statistics, Federal Reserve Board, *FRB staff working paper*.

Brayton, F., A. Levin, R. Tryon, and J. C. Williams(1996), "The Evolution of Macro Models at the Federal Reserve Board," *Paper Presented at Carnegie-Rochester Conference on Public Policy*, pp. 22～23.

Bureau of the Census(1998), *X-12-ARIMA Reference Manual.*

Bureau of the Census(2009), *X-13A-S Reference Manual*, Version 0.1(Beta).

Butler, B.(1996), "A Semi-Structural Method to Estimate Potential Output: Combining Economic Theory with Time-Series Filter," *Working paper*, The Bank of Canada.

Chen, B. C. and D. F. Findley(1996), "Comparison of X-11 and RegARIMA Easter Holiday Adjustments," *Technical Report*, Bureau of the Census.

Christiano, Lawrence J. and Terry J. Fitzgerald(2003), "The Band Pass Filter," *International Economic Reviews*, 44, pp. 435～465.

Cogley, T.(1997), "Evaluating Non-structural Measure of Business Cycle," *FRBSF Economic Review*, No. 3, pp. 3～21.

Dagum, E. B.(1980), *The X-11-ARIMA Seasonal Adjustment Method*, Statistics Canada, Ottawa.

Dagum, E. B.(1988), "X-11-ARIMA/88 Seasonal Adjustment Method-Foundations and Users' Manual," Statistics Canada.

Dickey, D. and W. A. Fuller(1979), "Distribution of the Estimates for Autoregressive Time Series with a Unit Root," *Journal of the American Statistical Association*, 74, pp. 421～431.

Donald-Johnson, K., B. Monsell, R. Fescina, R. Feldpausch, C. Hood, and M. Wroblewski(2006), *Seasonal Adjustment Diagnostics: Census Bureau Guideline,* Washington, DC : U.S. Census Bureau.

Edison, H. J. and J. Marquez(1998), "U.S. Monetary Policy and Econometric Modeling : Tales from the FOMC Transcripts 1984～1991," Board of Governors of the Federal Reserve System, *International Finance Discussion Papers*, No. 607.

Elliot, G., T. Rothenberg, and J. Stock(1996), "Efficient Tests for an Autoregressive Unit Root," *Econometrica*, 64, pp. 813～836.

Engle, R. F.(1982), "Autoregressive Conditional Heteroscedastacity with Estimate of the Variance of United Kindom Inflation," *Econometrica*, 50, pp. 987～1007.

Engel, R. F. and C. W. J. Granger(1987), "Cointegration and Error Correction: Representation, Estimation and Testing," *Econometrica*, 55, pp. 251～276.

Engle, R. F., D. F. Hendry, and J. F. Richard(1983), "Exogenity", *Econometrica*, 51, pp. 277～304.

Eo, W. S.(2009), "A Comparative Study of the Two Main Seasonal Adjustment Methods: X-12-ARIMA and TRAMO-SEATS", *Manuscript*, Statistics Korea.

Estrella, A. and F. S. Mishkin(1998), "Predicting U.S. Recessions: Financial Variables as Leading Indicators," *Review of Economics and Statistics*.

Eubank, R. L.(1988), *Spline Smoothing and Nonparametric Regression,* Marcel Dekker Inc..

Findly, D. F., W. R. Bell, B. Chen, C. Monsell, and M. C. Otto(1995), "The X-12-ARIMA Program," Proceedings of Workshop on the Seasonal Adjustment, Washington, D. C., U. S. Bureau of the Census.

Findly, D. F., C. Monsell, H. B. Shulman, and M. G. Pugh(1990), "Sliding Spans diagnostics for seasonal and related adjustments," *Journal of the American Statistical Association*, 85, pp. 345～355.

Fisher, P. and J. Whitley(1998), "Macroeconomic Models at the Bank of England," *Mimeo*, the Bank of England.

Flores, B. E., D. L. Olson, and C. Wolfe(1992), "Judgemental Adjustment of Forecasts: A Comparison of Methods," *International Journal of Forecasting*, 7, pp. 421～433.

Fuller, W. A.(1976), *Introduction to Statistical Time Series*, New York: Wiley, 1976.

Gersch, W. and G. Kitagawa(1998), "A Smoothness Priors State Space Modeling of Time Series with Trend and Seasonality," *Journal of American Statistical Association*, 83, pp. 168～172.

Gomez, V. and A. Maravall(1996), "Program TRAMO and SEATS, Instruction for the User," *Working Paper*, No. 9628, Bank of Spain.

Granger, C. W. J.(1969), "Investigating Causal Relations by Econometric Models and Cross-spectral Methods," *Econometrica*, 37(3), pp. 424～438.

Granger, C. W. J.(1980), "Testing for Causality, a personal viewpoint," *Journal of Economic Dynamics and Control*, Vol. 2, pp. 329～352.

Granger, C. W. J. and P. Newbold(1986), *Forecasting Economic Time Series,* 2nd ed, Academic Press Inc. Orlando, Florida.

Greene, W.(2008), *Econometric Analysis*, 6th ed., Pearson Prentice Hall.

Hallman, J. J., R. H. Porter, and D. H. Small(1989), "M2 per Unit of Potential GNP as an Anchor for the Price Level," *Board of Governors of the Federal Reserve System Staff Study*, No. 157.

Hamilton, J.(1989), "A New Approach to the Economic Analysis of Nonstationary Time Series and the Business Cycle," *Econometrica*, 57, pp. 357～384.

Hamilton, J.(1994), *Time Series Analysis*, Princeton.

Hillmer, S. C. and G. C. Tiao(1982), "An ARMA-Model-Based Approach to Seasonal Adjustment," *Journal of the American Statistical Association*, 77, pp. 63～70.

Hiro, M. and S. K. Nakada(1998), "How Can We Extract a Fundamental Trend from an Economic Time Series?," *Monetary and Economic Studies*, Bank of Japan, pp. 61～111.

Hodrick R. and E. C. Prescott(1997), "Postwar U.S. Business Cycles: An Empirical Investigation," *Journal of Money, Credit, and Banking*, 29, pp. 1～16.

Janssen, R. J. A.(1997), "Working Day Correction and Seasonal Adjustment in the Netherlands' Quarterly National Accounts," The 23rd Ciret Conference, Helsinki, 1997.

Johansen, S.(1991), "Estimation and Hypothesis Testing of Cointegration Vectors in Gaussian Vector Autoregressive Models," *Econometrica*, 59, pp. 1551～1580.

Kendall, M. G.(1975), *Time Series*, 2nd ed., Griffin, London.

Klein L. R.(1950), *Economic Fluctuations in the United States 1921-1941*, New York: John Wiley & Sons, Inc.
http://cowles.econ.yale.edu/P/cm/m11/index.htm

Klein, L. R.(1946), *The Keynesian Revolution*, New York: MacMillan.

Klein, P. A., and M. P. Niemira(1994), *Forecasting Financial and Economic Cycles*, New York: John Wiley and Sons, Inc.

Kwiatkowski, D., P. Phillips, P. Schmidt, and Y. Shin(1992), "Testing the Null Hypothesis of Stationarity Against the Alternative of a Unit Root: How Sure Are WE That Economic Time Series Have a Unit Root?," *Journal of Econometrics*, 54, pp. 159~178.

Ladiray, D. and B. Quenneville(2001), *Seasonal Adjustment with the X-11 Method*, New York : Springer-Verlag.

Laytras, D. P., R. M. Feldpausch, and W. R. Bell(2007), *Determining Seasonality: A Comparison of Diagnostics from X-12-ARIMA*, U.S. Census Bureau.

Ljung, G. and G. Box(1978), "On a Measure of Lack of Fit in Time Series Models," *Biometrica*, 65, pp. 297~303.

Lothian, J. and M. Morry(1978), "A Set of Quality Control Statistics for X-11-ARIMA Seasonal Adjustment Program," Research Paper, Statistics Canada, Ottawa.

McNees, S. K.(1986), "Forecasting Accuracy of Alternative Techniques: A Comparison of US Macroeconomic Forecasts," *Journal of Business and Economic Statistics*, 4, pp. 5~15.

Neftci, S.(1982), "Optimal Prediction of Cyclical Downturns," *Journal of Economic Dynamics and Contro*.

Nelson, C. R. and C. I. Plosser(1982), "Trends and Random Walks in Macro-economic Time Series," *Journal of Monetary Economics*, 10, pp. 139~162.

NBER(1978), "Program for the Selection of Cyclical Turing Points and Measurement of Long-term Trend."

Ng, S. and P. Perron(2001), "Lag Length Selection and the Construction of Unit Root Tests with Good Size and Power," *Econometrica*, 69, pp. 1519~1554.

OECD(2008), *Handbook on Constructing Composite Leading Indicators: Methodology and user Guide*.

Őller, L. E.(1978), "Time Series Analysis of Foreign Trade," The Finnish Statistical Society.

Orphanides, A. and S. van Norden(1999), "The Reliability of Output Gap Estimates in Real Time," *Finance and Economics Discussion Series*, 1999-38, Federal Reserve Board.

Orphanides, A. and Simon van Norden(2002), "The Unreliability of Output Gap Estimates in Real Time," *Review of Economics and Statistics,* 84(4), pp. 569～583.

Phillips, P. and P. Perron(1988), "Testing for a Unit Root in Time Series Regression," *Biometrika*, 75, pp. 335～346.

Price, L.(1996), "Economic Analysis in a Central Bank-Models versus Judgment," Centre for Central Banking Studies, Bank of England *Handbooks in Central Banking*, No. 3.

Ravan, M. O., and H. Uhlig(2002), "On Adjusting the HP-filter for the Frequency of Observations," *Review of Economics and Statistics*, 84, pp. 371～380.

Samuelson, P.(1939), "Interactions between the Multiplier Analysis and the Principle of Acceleration," *Review of Economic Statistics*, 21, pp. 75～78.

Schuster, A.(1898), "On the Investigation of Hidden Periodicities with Application to a Supposed 26-day Period of Meteorological Phenomena," *Terrestrial Magnetism*, 3, pp. 13～41.

Sims, C. A.(1979), "Seasonality in Regression," *Journal of the American Statistical Association*, 69, pp. 618～626.

Sims, C. A.(1980), "Macroeconomics and Reality," *Econometrica*, Jan 1980, pp. 1～48.

Slutsky, E.(1927), "The Summation of Random Causes as the Source of Cyclic Process."

Stock, J. H. and M. W. Watson(1991), "Turning Point Predication with Composite Index: An Ex Ante Analysis," *Leading Economic Indicators*, Cambridge University Press.

Stock, J. H. and M. W. Watson(1998), "Business Cycle Fluctuations in U.S. Macroeconomic Time Series," *NBER Working Paper*, 6528.

Tinsley, P. A.(1993), "Fitting both Data and Theories : Polynomial Adjustment Costs and Error-correction Decision Rules," Federal Reserve Board, *Finance and Economic Discussion Series*.

Watson M. W.(1986), "Univariate Detrending Methods with Stochastic Trends," *Journal of Monetary Economics*, 18, pp. 49～75.

Whitley, J.(1997), "Economic Models and Policy-making," *Bank of England Quarterly Bulletin*, pp. 163～173.

Wold, H. O. A.(1954), *A Study in the Analysis of Stationary Time Series*, 2nd ed. Uppsala: Almqvist and Wiksells.

Yule, G. U.(1927), "On a Method of Investing Periodicities in Distributed Serirs. with Special Reference to Wolfer's Sunspot Numbers," *Philosophical Transactions*, 226A.

Zarnowitz and Moore(1982), "Sequential Signals of Recession and Recovery," *Journal of Business*, Vol. 55. No. 1.

찾아보기

ㅇ

ㅈ

ㅊ

ㅋ

ㅌ

ㅍ

ㅎ

A~Z